光学元件磁流变抛光理论与关键技术

Magnetorheological Polishing Theory and Key Technology of Optical Components

石峰　宋辞　著

国防工业出版社

·北京·

图书在版编目（CIP）数据

光学元件磁流变抛光理论与关键技术/石峰,宋辞著.—北京:国防工业出版社,2023.7
ISBN 978−7−118−12997−7

Ⅰ.①光… Ⅱ.①石…②宋… Ⅲ.①光学元件—抛光—研究 Ⅳ.①TH74

中国国家版本馆 CIP 数据核字(2023)第 113944 号

※

*国防工业出版社*出版发行
（北京市海淀区紫竹院南路23号　邮政编码100048）
北京龙世杰印刷有限公司印刷
新华书店经售

＊

开本 710×1000　1/16　插页8　印张 18$\frac{1}{2}$　字数 280 千字
2023 年 7 月第 1 版第 1 次印刷　印数 1—2000 册　定价 128.00 元

（本书如有印装错误,我社负责调换）

| 国防书店:(010)88540777 | 书店传真:(010)88540776 |
| 发行业务:(010)88540717 | 发行传真:(010)88540762 |

致 读 者

本书由中央军委装备发展部**国防科技图书出版基金**资助出版。

为了促进国防科技和武器装备发展，加强社会主义物质文明和精神文明建设，培养优秀科技人才，确保国防科技优秀图书的出版，原国防科工委于1988年初决定每年拨出专款，设立国防科技图书出版基金，成立评审委员会，扶持、审定出版国防科技优秀图书。这是一项具有深远意义的创举。

国防科技图书出版基金资助的对象是：

1. 在国防科学技术领域中，学术水平高，内容有创见，在学科上居领先地位的基础科学理论图书；在工程技术理论方面有突破的应用科学专著。

2. 学术思想新颖，内容具体、实用，对国防科技和武器装备发展具有较大推动作用的专著；密切结合国防现代化和武器装备现代化需要的高新技术内容的专著。

3. 有重要发展前景和有重大开拓使用价值，密切结合国防现代化和武器装备现代化需要的新工艺、新材料内容的专著。

4. 填补目前我国科技领域空白并具有军事应用前景的薄弱学科和边缘学科的科技图书。

国防科技图书出版基金评审委员会在中央军委装备发展部的领导下开展工作，负责掌握出版基金的使用方向，评审受理的图书选题，决定资助的图书选题和资助金额，以及决定中断或取消资助等。经评审给予资助的图书，由国防工业出版社出版发行。

国防科技和武器装备发展已经取得了举世瞩目的成就，国防科技图书承担着记载和弘扬这些成就，积累和传播科技知识的使命。开展好评审工作，使有限的基金发挥出巨大的效能，需要不断摸索、认真总结和及时改进，更需要国防科技和武器装备建设战线广大科技工作者、专家、教授，以及社会各界朋友的热情支持。

让我们携起手来，为祖国昌盛、科技腾飞、出版繁荣而共同奋斗！

国防科技图书出版基金
评审委员会

国防科技图书出版基金
2020年度评审委员会组成人员

主 任 委 员 吴有生

副主任委员 郝 刚

秘 书 长 郝 刚

副 秘 书 长 刘 华

委　　　员 （按姓氏笔画排序）

于登云　王清贤　甘晓华　邢海鹰　巩水利

刘　宏　孙秀冬　芮筱亭　杨　伟　杨德森

吴宏鑫　肖志力　初军田　张良培　陆　军

陈小前　赵万生　赵凤起　郭志强　唐志共

康　锐　韩祖南　魏炳波

前　言

随着现代科学技术的发展，光学系统的研究与应用呈现井喷式发展，因此对于光学元件也提出了越来越高的性能要求。例如在空间对地观测、激光惯性约束核聚变、激光武器、大规模集成电路制造等国家重大领域，光学元件不仅需要面形精度高、中高频误差好以及形位误差可控等控形要求，而且还需要表面质量好、亚表面损伤小、抗激光辐照能力强等控性要求，对于光学制造技术与水平提出了严峻的挑战。目前我国的光学制造还处在手工加工、机械化加工向数字化加工过渡的阶段，不仅在加工精度、表面质量、亚表面损伤、中高频误差控制等方面存在关键技术落后的情况，还在加工效率、加工产能方面与国外存在较大的差距，高端的光学制造方法、装备和工艺欠缺，成为制约国家相关领域发展的瓶颈。

磁流变抛光技术（MRF）是一种新兴的高端光学制造技术，该技术将磁流变液的流变控制特性和计算机数字控制加工相结合，建立以数字建模、计算机数控、模拟预测为一体的光学数字化加工工艺方法，替代传统的依赖于人的经验的光学加工方法，体现出高稳定性、高确定性、高可预测性、高可重复性和高可复制性等优势，能够有效解决光学元件的加工精度高、收敛要求高、表面质量好、亚表面损伤低以及中高频误差可控等需求，广泛地被光学系统应用单位、光学元件生产单位以及相关研究机构所使用，成为光学元件高精度、低成本、自动化制造的有效手段之一。

高精度光学元件磁流变抛光技术，既是对传统光学制造理论与技术的进一步改进，也是磁流变抛光技术向新型超轻材料、薄型、异形镜和拼接镜纳米精度制造的延伸和拓展，是超精密加工和光学制造领域的前沿科学问题。《国家中长期科学和技术发展规划纲要（2006—2020年）》中规划了16个重大专项，其中高分辨率对地观测系统、极大规模集成电路制造技术等重大专项都需要大批高精度光学元件,传统光学加工技术已经难以满足现代光学系统的制造需求,成为我国相关领域核心技术突围的关键制约。目前美国QED公司是世界上唯一一家生产商品化磁流变抛光机床的厂商,美国政府却把磁流变抛光机床和工艺作为战略技术对我国实施禁运。习主席提出,要矢志不移自主创新,坚定创新信心,着力增强自主创新能力,勇于攻坚克难、追求卓越、赢得胜利,积极抢占科技竞争和未来发展制高点。要以关键共性技术、前沿引领技术、现代工程技术、颠覆性技术创新为突破口,敢于走前人没走过的路,努力实现关键核心技术自主可控,把创新主动权、发展主动权牢牢掌握在自己手中。因此突破国外的技术封锁,形成我国自己的核心关键技术,强化科技创新体系能力,加快构筑支撑高端引领的先发优势,就成为夺取21世纪世界科技战略制高点的重要一环。

因此,作者团队把在磁流变抛光技术方面多年的研究成果进行归纳总结,从磁流变抛光的理论、加工工艺和装备技术方面的研究成果进行了系统全面的梳理,一方面旨在给光学领域的科研人员、技术人员提供系统详实的知识;另一方面也希望借此推动光学领域的进一步发展,为国家和国防科技战略发展提供技术支撑,促进我国尽快实现从制造大国向制造强国的转变。

作　者
2022年10月

目 录

第1章 绪论 …………………………………………………… 1
1.1 研究背景和意义 ………………………………………… 1
1.1.1 高精度光学镜面的需求 …………………………… 1
1.1.2 高精度光学镜面抛光方法 ………………………… 4
1.1.3 本书研究的意义 …………………………………… 6
1.2 磁流变抛光国内外研究现状 …………………………… 7
1.2.1 磁流变抛光技术发展过程 ………………………… 7
1.2.2 磁流变抛光技术国内外发展现状 ………………… 9
1.2.3 磁流变抛光关键技术与研究热点 ………………… 12
1.3 主要研究内容 …………………………………………… 21

第2章 磁流变抛光系统 ……………………………………… 24
2.1 计算机控制光学表面成形原理 ………………………… 24
2.1.1 计算机控制光学表面成形的理论基础 …………… 24
2.1.2 计算机控制光学表面成形工艺对磁流变
抛光系统的基本要求 ……………………………… 25
2.2 KDMRF-1000F 系统组成与性能分析 ………………… 26
2.2.1 系统组成及主要性能 ……………………………… 26
2.2.2 多轴运动系统性能分析 …………………………… 27
2.2.3 循环控制系统性能分析 …………………………… 33
2.2.4 磁流变液配制与性能分析 ………………………… 34

第3章 磁流变抛光区域流体动力学分析与计算 …………… 38
3.1 Bingham 流体动力学基本方程 ………………………… 38

3.2 抛光区域磁流变液成核状态分析 ·················· 40
3.3 实验验证 ·················· 43

第4章 磁流变抛光表面与亚表面质量实验分析 **48**

4.1 磁流变抛光表面质量实验分析 ·················· 48
    4.1.1 磁流变抛光表面质量影响因素分析 ·················· 48
    4.1.2 常见光学材料磁流变抛光表面粗糙度 ·················· 52
4.2 磁流变抛光亚表面损伤实验分析 ·················· 57
    4.2.1 磁流变消除磨削亚表面裂纹层实验分析 ·················· 58
    4.2.2 磁流变消除传统抛光亚表面损伤实验分析 ·················· 62

第5章 磁流变修形驻留时间高精度求解与实现 **66**

5.1 磁流变修形过程评价指标 ·················· 66
5.2 磁流变修形驻留时间求解算法 ·················· 69
    5.2.1 线性方程组模型 ·················· 70
    5.2.2 加权非负广义最小残差算法 ·················· 72
    5.2.3 驻留时间求解仿真分析 ·················· 73
5.3 基于运动系统动态性能的驻留时间实现方法 ·················· 80
5.4 驻留时间求解与实现的联合优化 ·················· 84
5.5 驻留时间求解与实现的实验验证 ·················· 89
    5.5.1 线性扫描加工路径 ·················· 89
    5.5.2 极轴扫描加工路径 ·················· 90
5.6 基于熵增原理抑制磁流变修形中高频误差 ·················· 92
    5.6.1 基于熵增原理的局部随机加工路径 ·················· 93
    5.6.2 实验验证 ·················· 95

第6章 高精度光学镜面磁流变抛光试验 **99**

6.1 磁流变抛光试验设计 ·················· 99
6.2 大中型平面反射镜磁流变抛光试验 ·················· 101
    6.2.1 口径202mm平面反射镜 ·················· 101
    6.2.2 口径605mm平面反射镜 ·················· 104
6.3 大中型球面、非球面反射镜磁流变抛光试验 ·················· 108
    6.3.1 口径200mm球面反射镜 ·················· 108

    6.3.2 口径200mm非球面反射镜 ·············· 110

    6.3.3 口径500mm非球面反射镜 ·············· 111

  6.4 轻质薄型、异形平面反射镜磁流变抛光试验 ·············· 113

    6.4.1 轻质薄型碳化硅平面反射镜 ·············· 114

    6.4.2 异形碳化硅平面反射镜 ·············· 116

▶第7章 离轴非球面加工技术简介 ·············· **119**

  7.1 离轴非球面背景和意义 ·············· 119

    7.1.1 离轴非球面特征分析 ·············· 119

    7.1.2 离轴非球面应用需求 ·············· 120

  7.2 离轴非球面加工技术现状 ·············· 122

    7.2.1 加工方法综述 ·············· 122

    7.2.2 关键参数控制研究现状 ·············· 125

    7.2.3 国内离轴非球面加工现状 ·············· 126

  7.3 离轴光学零件磁流变抛光研究现状 ·············· 127

▶第8章 离轴非球面修形理论 ·············· **129**

  8.1 变曲率去除函数建模 ·············· 129

    8.1.1 去除函数模型分析 ·············· 129

    8.1.2 去除函数形状模型 ·············· 130

    8.1.3 去除函数效率模型 ·············· 136

    8.1.4 去除函数实验 ·············· 139

  8.2 计算机控制成形模型 ·············· 141

    8.2.1 线性成形过程 ·············· 142

    8.2.2 非线性成形过程 ·············· 144

  8.3 高动态性驻留时间模型及算法 ·············· 148

    8.3.1 高动态性驻留时间模型 ·············· 148

    8.3.2 高动态性驻留时间算法 ·············· 153

    8.3.3 不同驻留时间模型仿真 ·············· 155

▶第9章 去除函数多参数建模与实验分析 ·············· **161**

  9.1 去除函数多参数理论模型 ·············· 161

    9.1.1 磁流变抛光过程理论分析 ·············· 162

9.1.2　单颗磨粒所受载荷与压入深度理论计算 ……………… 163
　　9.1.3　去除效率理论模型 …………………………………… 169
　　9.1.4　表面粗糙度理论模型 ………………………………… 170
9.2　去除函数多参数模型实验分析 ……………………………… 171
　　9.2.1　工艺参数对去除函数的影响 ………………………… 171
　　9.2.2　去除函数多参数模型准确性分析 …………………… 177
　　9.2.3　材料和磁流变液对去除函数的影响 ………………… 180
9.3　去除函数基本特性实验分析 ………………………………… 185
　　9.3.1　去除函数稳定性 ……………………………………… 185
　　9.3.2　去除函数相似性 ……………………………………… 188
　　9.3.3　去除函数线性 ………………………………………… 189
9.4　去除函数误差影响分析与优化方法 ………………………… 190
　　9.4.1　去除函数误差影响分析 ……………………………… 191
　　9.4.2　去除函数误差优化方法 ……………………………… 200
　　9.4.3　实验验证 ……………………………………………… 205

第 10 章　离轴非球面修形工艺　207

10.1　加工位姿模型 ………………………………………………… 207
　　10.1.1　加工位姿建模 ………………………………………… 207
　　10.1.2　加工特性分析 ………………………………………… 209
　　10.1.3　加工位姿模型仿真 …………………………………… 213
10.2　离轴非球面修形工艺评估 …………………………………… 219
　　10.2.1　去除函数特性评估 …………………………………… 219
　　10.2.2　补偿修形工艺选择 …………………………………… 220
10.3　去除函数线性补偿修形工艺 ………………………………… 221
　　10.3.1　去除函数线性误差分析 ……………………………… 221
　　10.3.2　修形过程误差传递模型 ……………………………… 222
　　10.3.3　修形过程误差作用仿真 ……………………………… 224
　　10.3.4　线性补偿修形工艺及实验 …………………………… 226
10.4　去除函数非线性补偿修形工艺 ……………………………… 228
　　10.4.1　去除函数非线性误差分析 …………………………… 228
　　10.4.2　非线性补偿修形工艺分析 …………………………… 230
　　10.4.3　非线性补偿修形实验验证 …………………………… 232

第 11 章 特征量参数测量与控制 ··· **236**

11.1 离轴量测量与控制 ·· **236**
11.1.1 离轴量标定过程 ·· 236
11.1.2 离轴量测量实验 ·· 237
11.2 顶点曲率半径及二次曲面常数控制 ···························· **238**
11.2.1 理论测算模型 ··· 238
11.2.2 标定实验 ·· 241
11.3 面形误差测量与控制 ·· **243**
11.3.1 面形误差测量方法 ·· 243
11.3.2 非线性畸变误差控制 ······································ 245
11.3.3 特征量参数公差域约束的像差分离 ······················· 247

第 12 章 加工工艺路线优化及加工实例 ·································· **255**

12.1 离轴非球面加工工艺路线优化 ·································· **255**
12.1.1 典型工艺路线分析 ·· 255
12.1.2 优化工艺路线分析 ·· 256
12.2 离轴非球面光学零件加工实例 ·································· **258**
12.2.1 加工背景简介 ··· 258
12.2.2 工艺路线分析 ··· 259
12.2.3 加工过程分析 ··· 260

参考文献 ··· **266**

Contents

» Chapter 1　Introduction 1

　　1.1　Research background and significance of monograph 1
　　　　1.1.1　Demand for high precision optical mirrors 1
　　　　1.1.2　High precision optical mirror polishing method 4
　　　　1.1.3　Significance research of monograph 6
　　1.2　Current status of domestic and international research on magnetorheological finishing 7
　　　　1.2.1　The developing process of magnetorheological finishing 7
　　　　1.2.2　Magnetorheological polishing technology development status at home and abroad 9
　　　　1.2.3　Key technology and hotspot in magnetorheological finishing 12
　　1.3　Main Research Contents 21

» Chapter 2　The system of magnetorheological finishing 24

　　2.1　Forming principle of CCOS 24
　　　　2.1.1　Theoretical basis of CCOS forming 24
　　　　2.1.2　Basic requirements for magnetorheological polishing systems for the CCOS process 25
　　2.2　The system construction diagrams and performance analysis of KDMRF-1000F 26
　　　　2.2.1　System composition and main performance 26

   2.2.2 Multi – axis control system performance analysis ········ 27
   2.2.3 Circulation control system performance analysis ········· 33
   2.2.4 Configuration of magnetorheological fluid and
     performance analysis ··· 34

≫ Chapter 3 Analysis and calculation of fluid dynamics in magnetorheological polishing area ················ 38

 3.1 Bingham's basic equations for fluid dynamics ················· 38
 3.2 Analysis of the nucleation state of magnetorheological fluid in
   the polished area ·· 40
 3.3 Experimental verification ··· 43

≫ Chapter 4 Experimental analysis of magnetorheological finishing surface and subsurface quality ················ 48

 4.1 Experimental analysis of magnetorheological finishing
   surface quality ·· 48
   4.1.1 Analysis of factors for magnetorheological finishing
     surface quality ··· 48
   4.1.2 Magnetorheological finishing surface roughness of
     optical material ·· 52
 4.2 Experimental analysis of magnetorheological finishing
   subsurface damage ·· 57
   4.2.1 Experimental analysis of magnetorheological elimination
     of grinding subsurface crack layers ······················ 58
   4.2.2 Experimental analysis of magnetorheological elimination
     of conventional polished subsurface damage ············ 62

≫ Chapter 5 High – precision solution and implementation of magnetorheological shape modification residence time ················ 66

 5.1 Evaluation index of magnetorheological modification
   process ·· 66
 5.2 A residence time solution algorithm for magnetorheological

    shape modification ·· 69
    5.2.1 Linear equations model ·································· 70
    5.2.2 Weighted nonnegative generalized minimum
       residual algorithm ·· 72
    5.2.3 Dwell time solution simulation analysis ·················· 73
  5.3 Dwell time implementation method based on dynamic
    performance of motion system ·································· 80
  5.4 Joint optimization of dwell time solution and
    implementation ·· 84
  5.5 Experimental verification of residence time
    solution and implementation ······································ 89
    5.5.1 Tool path of linear scanning ··························· 89
    5.5.2 Tool path of polar axis scanning ······················ 90
  5.6 Suppression of high-frequency errors in magnetorheological
    modifications based on the entropy increase principle ·········· 92
    5.6.1 Local random machining path based on entropy
       increase principle ·· 93
    5.6.2 Experimental verification ································ 95

≫ Chapter 6 High precision magnetorheological finishing of optical mirror ·· 99

  6.1 Magnetorheological finishing experimental design ············· 99
  6.2 Magnetorheological finishing experiment of large
    and medium plane mirror ·· 101
    6.2.1 The plane mirror in calibre of 202mm ················· 101
    6.2.2 The plane reflector in calibre of 605mm ·············· 104
  6.3 Experiments on magnetorheological finishing of large and
    medium-sized spherical and aspherical mirrors ············· 108
    6.3.1 The Spherical mirror in aperture of 200mm ·········· 108
    6.3.2 The aspherical mirror in aperture of 200mm ········· 110
    6.3.3 The aspheric mirror in aperture of 500mm ··········· 111
  6.4 Magnetorheological finishing experiment of light and thin
    shaped plane mirror ·· 113

	6.4.1	Light weight thin silicon carbide plane reflector	114
	6.4.2	Profiled silicon carbide plane mirror	116

≫ Chapter 7 Introduction of off – axis aspheric surface machining technology 119

7.1 Background and significance of off – axis aspherical 119
    7.1.1 Characteristic analysis of off – axis aspheric surface 119
    7.1.2 Surface application requirements of off – axis aspheric 120
7.2 Current status of off – axis aspheric surface machining technology 122
    7.2.1 Review of processing methods 122
    7.2.2 Research status of key parameter control 125
    7.2.3 Current status of domestic off – axis aspheric machining 126
7.3 Status of research on magnetorheological finishing of off – axis optical parts 127

≫ Chapter 8 Off – axis aspheric shaping theory 129

8.1 Modeling of variable curvature removal function 129
    8.1.1 Analysis of removal function model 129
    8.1.2 Removal function shape model 130
    8.1.3 Removal function efficiency model 136
    8.1.4 Removal function experiment 139
8.2 Computer controlled forming model 141
    8.2.1 Linear forming process 142
    8.2.2 Nonlinear forming process 144
8.3 High dynamic residence time model and algorithm 148
    8.3.1 High dynamic residence time model 148
    8.3.2 High dynamic residence time algorithm 153
    8.3.3 Simulation of high dynamic residence time models 155

Chapter 9 Multi-parameter modeling and experimental analysis of removal function … 161

9.1 Multi-parameter theoretical model of removal function …… 161
    9.1.1 Theoretical analysis of magnetorheological finishing process … 162
    9.1.2 Theoretical calculation of load and depth of single abrasive grain … 163
    9.1.3 Theoretical model of removal efficiency … 169
    9.1.4 Theoretical model of surface roughness … 170

9.2 Experimental analysis of multi-parameter model of removal function … 171
    9.2.1 Influence of process parameters on removal function … 171
    9.2.2 Accuracy analysis of multi-parameter model of removal function … 177
    9.2.3 Influence of material and magnetorheological finishing fluid on removal function … 180

9.3 Experimental analysis of basic characteristics of removal function … 185
    9.3.1 Stability of removal function … 185
    9.3.2 Similarity of removal function … 188
    9.3.3 Linearity of removal function … 189

9.4 Analysis and optimization methods for removing the influence of function errors … 190
    9.4.1 Removal function error impact analysis … 191
    9.4.2 Removal function error optimization method … 200
    9.4.3 Experimental verification … 205

Chapter 10 Off-axis aspheric shaping process … 207

10.1 Machining pose model … 207
    10.1.1 Machining pose modeling … 207
    10.1.2 Analysis of machining characteristics … 209
    10.1.3 Machining pose model simulation … 213

10.2 Evaluation of off – axis aspheric shaping process ············ 219
    10.2.1 Evaluation of removal function characteristics ······ 219
    10.2.2 Compensation shaping process selection ············· 220
10.3 Removal of function linear compensation shaping process ·· 221
    10.3.1 Analysis of linear error of removal function ········· 221
    10.3.2 Error transfer model for shaping process ············ 222
    10.3.3 Simulation of the error effect of the shaping process ··· 224
    10.3.4 Linear compensation shaping process and experiment ·· 226
10.4 Removal of function nonlinear compensation shaping process ··· 228
    10.4.1 Nonlinear error analysis of removal function ········· 228
    10.4.2 Analysis of non – linear compensated shaping process ··· 230
    10.4.3 Experimental verification of nonlinear compensation shaping ··· 232

≫ Chapter 11 Measurement and control of characteristic parameters ·· 236

11.1 Off – axis measurement and control ························· 236
    11.1.1 Off – axis calibration process ······························· 236
    11.1.2 Off – axis measurement experiment ···················· 237
11.2 Vertex curvature radius and quadric constant control ······ 238
    11.2.1 Theoretical measurement model ·························· 238
    11.2.2 Calibration experiment ·· 241
11.3 Measurement and control of face shape error ············· 243
    11.3.1 Face shape error measurement method ············· 243
    11.3.2 Nonlinear distortion error control ························· 245
    11.3.3 Aberration separation constrained by tolerance domain of characteristic parameters ·························· 247

≫ Chapter 12 Machining process route optimization and machining examples ······ 255

    12.1 Optimization of off – axis aspheric surface machining process ······ 255
        12.1.1 Typical process route analysis ······ 255
        12.1.2 Optimize process route analysis ······ 256
    12.2 Example of machining off – axis aspherical optical parts ······ 258
        12.2.1 Process background introduction ······ 258
        12.2.2 Process route analysis ······ 259
        12.2.3 Machining process analysis ······ 260

≫ Reference ······ 266

第1章 绪　　论

1.1　研究背景和意义

1.1.1　高精度光学镜面的需求

光学镜面的加工精度是影响光学系统整体性能的关键因素之一,观测系统、强激光系统和光刻投影系统等现代光学系统都需要大量面形精度高、表面质量好、亚表面损伤小、中高频误差低的高精度光学镜面[1-3]。我国目前采用的手工加机械抛光为主的传统光学加工技术,难于满足现代光学系统制造需求,严重制约了我国相关高技术的发展。如何高效地加工出满足现代光学系统需求的高精度光学镜面是现代光学制造业亟待解决的关键问题。

大口径观测系统可用于太空观测和高分辨率对地观测,其光学镜面的加工精度要求常常达到或接近纳米精度[4-5]。图1.1(a)所示为美国航空航天局(NASA)发射的詹姆斯·韦伯(JWST)空间望远镜[6-8]。JWST空间观测望远镜采用三反式(主反射镜、次反射镜和三反射镜均为非球面)光学望远镜系统,在$2\mu m$波长达到衍射极限,其主反射镜口径为6.5m,聚光面积为$25m^2$,由18块六边形铍镜拼接而成,次镜是整体式铍镜。图1.1(b)所示为美国在20世纪90年代初发射的KH-12对地观测侦察卫星,轨道高度为$280km \times 1000km$,其对地观测分辨率达到0.1m。主反射镜的低频面形误差直接影响成像系统的分辨率,中高频误差会使图像变得模糊,因此JWST空间望远镜主镜对于高、中、低频面形误差都提出了明确而严格的要求[9-10]:每块六边形分块镜都要求空间周期大于222mm的尺度内,面形误差小于RMS 20nm(RMS(root-mean-square)表示均方根);空间周期在0.08~222mm的尺度内,面形误差小于RMS 7nm;而空间周期小于0.08mm的尺度内,面形误差小于RMS 4nm。JWST空间望远镜光学系统采用了分块子镜拼接方式,为保证拼接后获得共相位主镜,轻质薄型、异形子镜的面形精度必须达到或接近纳米精度。特殊的镜面材料、薄型结构、特异形状以及纳米精度要求等加工难点是传统整体式光学镜面制造和检测中从未遇到的新问题。

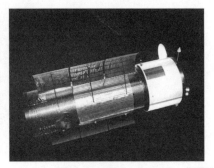

(a) JWST空间观测望远镜　　　　　　(b) KH-12对地观测侦察卫星

图1.1　太空观测和高分辨率对地观测系统

激光惯性约束核聚变装置也需要大量高精度光学镜面[11],图1.2所示为美国激光惯性约束聚变(inertial confinement fusion,ICF)工程的"国家点火装置"(national ignition facility,NIF)示意图[12],其光学系统主要包括6个子系统:激光脉冲产生系统、注入系统、主激光系统、光束分组和靶场系统、终端光学系统以及瞄准和诊断系统。整个装置的光学系统共需使用7000多件大口径高精度光学镜面(长宽尺寸大于400mm×400mm),其中包括大量的窗口平面镜、传输反射镜、大型偏振片、球面透镜、非球面透镜和具有静态波前校正的变形反射镜。根据对光学性能的影响,NIF装置中光学镜面的面形误差被划分为3个空间波段[13-14]:空间波长大于33mm为低频段(low spatial frequency range,LSFR),波长在0.12~33mm之间为中频段(mid spatial frequency range,MSFR),波长小于0.12mm为高频段(high spatial frequency range,HSFR)。低频段误差主要影响激光的聚焦性能,需要严格控制面形误差的梯度;中频段误差主要影响激光的焦斑和拖尾,需要严格控制功率谱密度;高频段误差主要通过控制表面粗糙度来解决。此外,为提高抗激光损伤阈值,用于NIF装置的光学镜面还要求几乎为零的表面疵病和亚表面损伤。

图1.3(a)所示为美国研制的"星火"地基激光反卫星武器,图1.3(b)所示为美国研制的安装在波音747上的机载反导激光武器[15]。这些高能激光武器的核心部件是能够输出高能量、高功率的高能激光器。为减小激光的发散角,提高激光的聚焦能量,高能激光器的输出光束需要扩展到高精度反射镜上进行发射,其面形误差会对激光光束产生调制作用,降低激光的能量集中度。可见,

提高激光反射镜的面形加工精度,有利于提高激光的能量集中度,减少能量损失。

(a) NIF装置外观图

(b) NIF装置点火示意图

图1.2 美国ICF工程的NIF装置

(a) 地基激光武器

(b) 机载激光武器

图1.3 美国研制的高能激光武器系统

图1.4所示为光刻系统的发展蓝图及其核心部件光刻物镜[16-17]。目前国际上正在大力发展极紫外光刻(EUV)系统,其核心部件光刻物镜的加工精度要求达到纳米精度。由于光学镜面不同频段误差对成像质量的影响规律不同,需要对不同频段误差分别进行控制。一般情况下,低频误差会使系统成像扭曲变形,中频误差会引起小角度散射,影响光刻系统的分辨率,高频误差会引起广角散射,导致反射率降低。根据极紫外光刻系统的工作波长为13.5nm,而光学系统要达到衍射极限,面形误差必须小于光学系统工作波长的1/14[18],由此对系统各光学镜面进行等精度设计,最终确定各频段的误差要求为[19-20]:低频误差(波长大于1mm)RMS应小于0.25nm,中频误差(波长为1μm~1mm)RMS应小于0.2nm,高频误差(波长小于1μm)RMS应小于0.15nm。

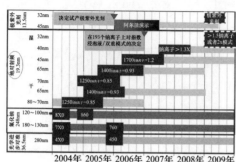
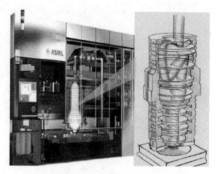

(a) 光刻系统发展蓝图　　　　　(b) 光刻物镜(ASML公司)

图 1.4　光刻系统发展蓝图及其核心部件光刻物镜

可见,用于不同光学系统的高精度光学镜面具有不同的特点。观测系统所需的光学镜面具有非球面、大(相对)口径、面形精度要求高的特点,一般要求低频面形误差 RMSλ/30 ~ λ/50(λ = 632.8nm);强激光系统所需的光学镜面具有材料特殊、表面与亚表面质量要求高和近批量的特点,一般要求表面粗糙度小于 1nm;光刻投影系统所需的光学镜面具有超高面形精度、高表面质量和误差全频段严格要求的特点,一般要求面形精度达到纳米精度,表面粗糙度小于 0.5nm。磁流变抛光(magneto - rheological finishing,MRF)的面形加工精度可达 RMSλ/200 ~ λ/300,表面粗糙度可达 1nm 以下,并且基本无亚表面损伤层(近零亚表面损伤),因此磁流变抛光技术有望满足上述高精度光学镜面的加工需求。

总之,高精度光学镜面在对地侦察卫星、空间望远镜、激光核聚变、激光武器、大规模集成电路制造等军事和民用高技术领域有着广泛的应用和需求,其非球面、大(相对)口径、高面形精度、高表面与亚表面质量和近批量需求的特点对现代光学加工技术提出了更高的要求。磁流变抛光作为一种新型的先进光学制造技术,具有高效、高精度、高表面质量和低亚表面损伤的特点,有望实现高精度光学镜面的高效、自动化制造。

1.1.2　高精度光学镜面抛光方法

目前广泛应用于高精度光学镜面抛光的加工方法包括计算机控制小工具抛光[21-22](computer controlled polishing,CCP)、应力盘抛光[23-24](stressed - lap polishing,SLP)、液体射流抛光[25-26](fluid jet polishing,FJP)、离子束抛光[27-28](ion beam figuring,IBF)、气囊抛光[29-30](bonnet polishing)和磁流变抛光。各种

抛光方法的基本特点和主要优缺点见表1.1。

表1.1 高精度光学镜面抛光方法对比表

抛光方法	基本特点	主要优点	主要缺点
计算机控制小工具抛光（CCP）	小尺寸抛光工具,聚氨酯或沥青抛光模	具有各种直径的可更换磨头,投资低	去除函数稳定性差,存在亚表面损伤,存在边缘效应
应力盘抛光（SLP）	大尺寸工具,工具与工件面形实时吻合	有利于控制中高频误差,效率较高	边缘区域误差不易控制,存在亚表面损伤,投资较高
液体射流抛光（FJP）	柔性抛光模,磨料自动更新	适应于高陡度、小曲率半径工件抛光	加工效率较低,不适用于大尺寸工件,存在边缘效应
离子束抛光（IBF）	非接触式抛光,无化学抛光液	无边缘效应,面形收敛率高,加工精度高	工件材料受限,破坏表面粗糙度,加工效率低,成本高
气囊抛光	柔性抛光模,调节气压控制效率	抛光模贴合性好,成本较低,效率高	边缘区域误差不易控制,技术还在不断发展、完善
磁流变抛光（MRF）	可控柔性抛光模,磁流变液不断循环,磨料自动更新	去除函数稳定,近零亚表面损伤,面形精度高、表面质量好	存在边缘效应

由表1.1知,磁流变抛光技术具有应用范围广、亚表面损伤小、加工精度高、面形收敛效率高等特点,具有广阔的发展前景。磁流变抛光技术的主要优点包括：

(1)去除函数稳定性好。磁流变抛光过程中,"柔性抛光模"内部的磁流变液与磨粒不断循环更新,并且磁流变抛光过程中磁流变液循环进入加工区域,带走加工产生的热量和材料碎屑,保持了加工区域的温度稳定性。

(2)加工面形精度高。通过计算机控制,磁流变抛光实现了对光学镜面的确定性抛光,对光学镜面的面形误差进行定量去除,加工后的面形精度高。

(3)能够获得高表面与亚表面质量的光学镜面。不同于传统抛光的压力主导材料去除,磁流变抛光具有独特的剪切去除机理,能够实现微米级甚至纳米级的材料去除,获得具有纳米精度的超光滑表面。同时,由于磁流变抛光是由"柔性抛光模"实现材料去除的,工件表面层和亚表面层几乎不会产生内部应力,因此几乎不产生表面或亚表面损伤,能够实现近零亚表面损伤。

(4)易于实现计算机控制和高效加工。由于磁流变抛光过程实现了工件材料的确定性去除,高精度光学镜面的抛光可以通过计算机控制"柔性抛光模"的运动轨迹和驻留时间来实现,因而磁流变抛光过程的面形收敛率高,加工效率高。

(5)磁流变抛光对工件支撑方式和环境温度要求不高,并且抛光模变形、磨损等传统抛光中难以控制的误差影响因素对磁流变抛光影响较小。

由于磁流变抛光技术具有众多优点,从被提出到现在,磁流变抛光技术取得了巨大的发展,特别是在高精度光学镜面加工中表现出色,磁流变抛光技术已成为高精度光学镜面高效、自动化制造的有效加工方法之一。

1.1.3 本书研究的意义

本书研究所要解决的高精度光学镜面磁流变抛光关键技术问题,既是对传统光学制造理论与技术的进一步创新,也是磁流变抛光技术向新型超轻材料、薄型、异形镜和拼接镜纳米精度制造的延伸和拓展,是超精密加工和光学制造领域的前沿科学问题。《国家中长期科学和技术发展规划纲要(2006—2020年)》中规划了16个重大专项,其中高分辨率对地观测系统、极大规模集成电路制造、激光核聚变系统3个重大专项都直接需要大批高精度光学镜面。我国目前的传统光学加工技术,难以满足现代光学系统的制造需求,制约了我国相关高技术的发展,因此突破和发展高精度光学镜面的加工新技术已经成为我国的迫切需要。目前美国QED公司是世界上唯一一家生产商品化磁流变抛光机床的厂商,但是美国政府把磁流变抛光机床和工艺作为战略技术对中国大陆禁运,因此必须自主发展磁流变抛光技术以满足我国高精度光学镜面制造的迫切需要,推动我国在空间观测、高能激光和微电子制造等领域的发展进步。本书的研究成果还将提升我国的先进光学制造水平,推动光学制造业的产业结构调整和技术升级。

磁流变抛光技术作为一种先进光学制造技术,具有加工过程确定可控、加工结果精确可测及高精高效去除等特点,有望解决离轴非球面制造中的相关难题。迄今为止,国内外的磁流变抛光技术研究均尚未涉及离轴非球面光学零件的制造,本书作者团队所在的国防科技大学经过多年发展已经完成相关装备开发和技术储备。因此,针对离轴非球面光学零件的制造需求和磁流变抛光技术发展趋势,深入研究利用磁流变抛光技术加工离轴非球面的理论和工艺,创新工艺路线,解决离轴非球面高精高效制造难题,有利于突破国外封锁,引领磁流变抛光研究前沿,最终形成具有自主知识产权的核心技术竞争力,为国家和国防科技战略发展提供技术支撑。

1.2 磁流变抛光国内外研究现状

1.2.1 磁流变抛光技术发展过程

磁流变抛光技术起源于各类磁介质辅助光学抛光方法,主要包括磁流体辅助抛光[31-33](magnetic field polishing,MFP)、磁场辅助类磨削抛光技术[34-36](magnetic field – assisted grinding – like polishing)和磁力研抛法[37-40](magnetic abrasive finishing,MAP)。1984 年,Y. Tain 和 K. Kawata 采用磁场辅助抛光的方法加工聚丙烯平片,加工中使用了非磁性抛光粉(直径为 4μm 的碳化硅)和包含有机溶剂的磁性液体,材料去除效率为 2μm/min,工件表面粗糙度降低了 90%。1987 年,Y. Satio 等又在水基磁性液体中对聚丙烯平片进行了抛光,取得了良好的加工效果。磁流体辅助抛光的抛光压力较小,对玻璃及其他较硬材料的去除效率较低,并难以准确控制工件面形。为获得更大的抛光压力,N. Umehara 发展了 MFP 技术,在磁流体中放置非磁性浮板,增大了抛光压力,提高了抛光效率,获得了无损的亚纳米级光滑表面。20 世纪 80 年代初,Kurobe 首先提出磁场辅助类磨削抛光,采用这种抛光方法,1989 年,Suzuki 对曲率半径为 50mm 的硬脆晶体进行抛光,工件表面粗糙度从 $Rz\ 0.15\mu m$ 降低到 $Rz\ 0.01\mu m$,面形误差从 $0.4\mu m$ 降低到 $0.3\mu m$。1993 年,Suzuki 等又对直径为 40mm 的非球面玻璃工件进行了抛光实验,取得了良好的加工效果。Suzuki 等还将该方法用于超微细砂轮的修整。T. Shinmura 发展了磁力研抛技术,并系统地研究了工艺参数、磁粉粒度和添加剂对抛光的影响。T. Shinmura 采用磁力研抛法加工了平面、曲面、内孔和外圆等各种形状的表面,都取得了较好的效果。磁力研抛法适用于各类非磁性材料,但是对玻璃等脆性材料容易产生亚表面损伤,不能用于高精度光学镜面加工。国内哈尔滨工业大学和哈尔滨科技大学等单位也对磁力研抛法进行了深入研究,取得了一定的研究成果。山东工程学院和大连理工大学还联合研制出自由曲面数字化磁性磨粒光整加工机床。20 世纪 80—90 年代发展的这些磁介质辅助抛光方法,普遍存在抛光效率较低、抛光力不易控制、亚表面损伤较大等问题,不适于高精度光学镜面的加工需求。

为解决一般磁介质辅助光学抛光加工效率低、面形不易控制、亚表面损伤大等缺点,1993 年 Kordonski 与美国罗切斯特大学光学制造中心(center for optics manufacturing,COM)的 Jacobs 等合作,将电磁学、流体动力学、分析化学相结合发明了磁流变抛光技术——MRF[41-42]。磁流变抛光技术是利用磁流变液在磁场中的流变性对工件进行抛光,其基本原理如图1.5(a)所示[43]。磁流变液循环进入抛光区域内,在高强度梯度磁场的作用下,成为具有黏塑性的Bingham介质,硬度、黏度显著增大,形成能适应工件形状的"柔性抛光模"对工件材料进行塑性剪切去除[44]。图1.5(b)所示为磁流变面形误差修正加工流程。首先通过计算机控制磁流变抛光的各项工艺参数,实现"柔性抛光模"(去除函数)的长时稳定性,而后对被加工表面的面形误差进行分析,计算出去除函数在工件各局部区域的驻留时间,进而控制"柔性抛光模"在工件的相应位置完成驻留,对工件面形误差进行确定性修形,提高工件的面形精度。

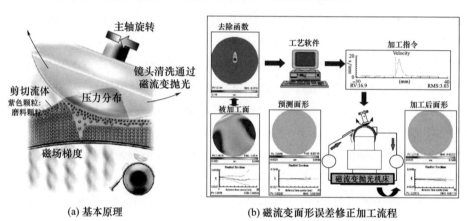

(a) 基本原理　　　　　(b) 磁流变面形误差修正加工流程

图1.5　磁流变抛光基本原理与加工流程

从20世纪90年代初期到现在,磁流变抛光技术取得了巨大的发展和进步。1994年,COM光学中心Kordonski等对磁流变液进行了深入研究,得出磁流变液剪切应力随磁场强度的变化规律,对磁流变液在抛光过程中的流变学特性做了微观解释,建立了磁流变抛光实验装置,并对一些玻璃元件进行了初步的抛光实验[45]。1995年,COM光学中心改进了磁流变抛光实验装置,利用改进后的磁流变抛光样机对一批直径小于50mm的球面和非球面光学元件进行了加工,石英玻璃球面光学元件表面粗糙度达到RMS 0.8nm,面形精度达到PV 0.09μm,SK7球面光学元件面形精度达到PV 0.07μm,BK7非球面光学元件表面粗糙度达到RMS 1.0nm,面形精度达到PV 0.86μm[46-47]。1996年,Kordonsky等根据流体动力学润滑理论对磁流变抛光区域进行了初步的理论分析[48-49]。Kordonsky提出磁流变抛光区域中磁流变液的运动方式类似于轴承润滑中润滑脂的运动方式,并对抛光区域中心线上的剪切应力进行了理论推导,对磁流变抛光的剪切去除机理进行了初步的理论分析。Kordonsky 建立了完整的磁流变液循环、回收、搅拌和冷却系统,并研制了首台立式磁流变抛光样机[50-51]。1997 年,Kordonsky 等对初始表面粗糙度 RMS 30nm 的石英等 7 种玻璃材料进行磁流变抛光实验,经过 5~10min 的磁流变抛光,表面粗糙度均达到 RMS 1nm 左右,而后用氧化铝和金刚石微粉代替氧化铈抛光粉,成功地对一些红外材料进行了磁流变抛光[52-53]。1998 年,QED 公司和 COM 光学中心将快速文本编辑程序(QED)技术引入磁流变抛光样机中,开发了一种高效、高精度的 Q22 型计算机控制磁流变抛光机床,MRF 技术实现了商业化[54-55]。如图 1.6 所示,QED 公司和 COM 光学中心、德国施耐德公司共同合作,在短短 6 年内完成了磁流变抛光技术从试验系统到商业化产品的过程!

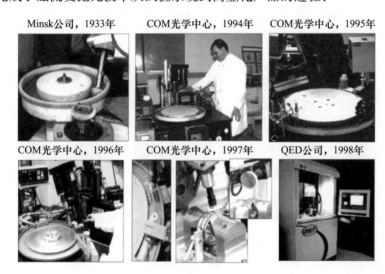

图 1.6 磁流变抛光技术发展过程

1.2.2 磁流变抛光技术国内外发展现状

1999 年,COM 光学中心对磁流变抛光技术的机械和化学原理进行了研究,确定了一系列不同硬度的非磁性抛光粉对不同光学玻璃材料的去除关系,并对磁流变抛光区域进行了研究,分析了不同材料的抛光区域特性[56]。同年,COM 光学中心对一批直径为 35mm,曲率半径分别为 20mm、60mm 和 200mm 的球面光学元件进行了抛光实验,面形精度从初始的 $PV\lambda/4$ 提高到 $PV\lambda/20$,平均加工时间仅为 2min;直径为 38mm 的石英玻璃经过 6min 的磁流变抛光,面形精度从 $PV\lambda/3$、$RMS\lambda/14$ 分别提高到 $PV\lambda/30$、$RMS\lambda/250$[57]。近几年,利用 Q22 磁流变抛光机床，COM 光学中心进行了一系列实验研究，对各类光学聚合物进行了抛光加工，表面粗糙度达到 0.5nm，金刚石车削加工的刀痕也被完全去除[58]。COM 光学中心还研究了氧化铝磨料对聚苯乙烯等光学聚合物的加工效果，研究了硅片抛光、金属材料抛光、新型 SiC 光学材料磁流变抛光等问题，取得了丰硕的研究成果[59]。QED 公司使用 Q22 – 400X 机床加工口径为 150mm 的 SiC 材料平面镜，面形精度从 PV 0.696λ 提升到 PV 0.029λ[60]。2007 年，QED 公司使用 Q22 – 950F 机床进行了大量的抛光试验，在非球面光学元件上加工精度达到了 PVλ/20，表面粗糙度达到 0.5nm[61]。2008 年，QED 公司使用最新研制的 Q22 – 2000F 机床加工直径为 1.1m、曲率半径为 3m 的低膨胀材料球面反射镜，加工 20h 后（两次工艺循环），面形精度从初始 RMSλ/7 提高到 RMSλ/70[62]。QED 公司不断发展丰富 Q22 系列磁流变抛光机床，先后开发出 Q22 – X、Q22 – Y、Q22 – 400X、Q22 – 750P2、Q22 – 950F 和 Q22 – 2000F 等型号，使其加工范围包括平面、球面、非球面和大尺寸棱镜，尺寸范围从 5 ~ 2000mm，涵盖了大部分的光学、光电子零件。图 1.7 所示为 QED 公司开发的系列磁流变抛光机床[55]，其中 Q22 – 750P2 磁流变抛光机床具有直径为 370mm 和 50mm 的两个抛光轮，最大加工平面为 750mm × 1000mm，Q22 – 950F 磁流变抛光机床最大可加工口径为 950mm 的光学零件，Q22 – 2000F 磁流变抛光机床最大能加工口径为 2m 的光学零件。目前，美国 QED 公司继续与美国罗切斯特大学 COM 光学中心、德国施耐德公司进行技术与商业合作，深入开展磁流变抛光基础理论与工艺研究，继续开发商业化的磁流变抛光机床。由于磁流变抛光技术对国防、航天、核能等敏感领域的技术支撑作用明显，美国商务部瓦森纳协议（Wassenaar Arrangement）的 ECCN – 2B002 条款明确规定磁流变抛光设备和技术作为战略技术严格限制对中国大陆出口。

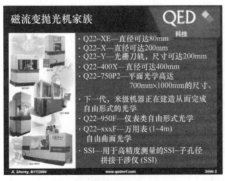

(a) Q22系列磁流变系列机床

(b) Q22-750P2磁流变抛光机床

(c) Q22-950F磁流变抛光机床　　(d) Q22-2000F磁流变抛光机床(2008年推出)

图1.7　QED公司开发的系列磁流变抛光机床

除美国COM光学中心和QED公司以外,白俄罗斯的Prokhorov对各种硬脆材料也进行磁流变抛光试验,研究不同抛光参数对加工效率和表面质量的影响[63]。德国代根多夫(Deggendorf)应用技术大学的Rascher和Schinhaerl改进了QED磁流变机床的磁流变液循环系统,延长了磁流变液的使用寿命,研究了磁流变抛光去除函数建模和磁流变抛光过程中磁流变液的pH变化[64-68]。日本、韩国和印度也有学者在进行磁流变抛光材料去除机理、去除函数预测、表面质量与亚表面损伤控制等相关研究[69]。国外学者多数是购买QED公司的磁流变抛光机床,然后开展材料去除机理、工艺参数对抛光效率和表面粗糙度的影响规律等研究。国内对于磁流变抛光技术的研究大都处在建立磁流变抛光试验平台、研制磁流变液、完善磁流变液循环系统、开发磁流变抛光驻留时间算法和摸索磁流变抛光工艺的阶段,正逐步向应用型研究发展。国内长春光学精密机械研究所、哈尔滨工业大学、苏州大学、清华大学、国防科技大学、湖南大学等单位都对磁流变抛光技术开展了研究。长春光学精密机械研究所张峰在国内率先进行磁流变抛光技术研究,详细研究了磁流变抛光技术的去除函数形状和抛光区内的表面粗糙度,最终加工出表面粗糙度RMS 0.76nm的光学元件[70]。哈尔滨工业大学孙希威用磁流变抛光技术加工了曲率半径为41.3mm、口径为20mm的K9光学玻璃球面工件,获得了面形精度PV 57.911nm的光学表面[71]。清华大学程灏波在20mm的通光口径内制造了面形精度RMS 20nm的非球面[72]。哈尔滨工业大学张飞虎和清华大学冯之敬也对磁流变抛光技术进行了原理性创新研究,取得了一定的研究成果[73-76]。湖南大学尹韶辉与日本学者联合研究了磁流变抛光SiC材料的工艺问题,取得了较好的实验结果。国防科技大学彭小强利用自研的水基磁流变液和磁流变抛光实验样机进行了以抛光去除效率和表面粗糙度为考核指标的工艺参数实验[77-79]。作者加工的直径为100mm平面工件,面形精度可达PVλ/15、RMSλ/100[80]。图1.8所示为国内研究单位研制的具有代表性的磁流变抛光实验装置。哈尔滨工业大学、清华大学和国防科技大学在对磁流变抛光机理进行深入研究的基础上,分别研制了磁流变抛光实验装置,并进行了各种磁流变抛光实验。如图1.8(a)所示,哈尔滨工业大学早在2003年就成功研制出磁流变抛光装置,实现磁流变抛光[81]。如图1.8(b)所示,清华大学早在2003年就创新地研制了公自转形式的磁流变抛光工具,该新型工具可以完成公转和自转相结合的运动方式,产生中心对称的去除函数,实现光学零件的修形[76]。如图1.8(c)、图1.8(d)所示,国防科技大学系统地研究了磁流变抛光技术,在机床设计、磁流变液配置、磁流变加工工艺等方面取得进展,在2007年成功研制出KDMRF-1000F和KDMRF-200F磁流变抛光试验装置。

(a) 磁流变抛光装置(哈尔滨工业大学)　　(b) 公自转形式的试验装置(清华大学)

(c) KDMRF-1000F试验装置(国防科技大学)　(d) KDMRF-200F试验装置(国防科技大学)

图1.8　国内研制的磁流变抛光实验装置

1.2.3　磁流变抛光关键技术与研究热点

1.2.3.1　磁流变液与材料去除机理

磁流变液(MR fluid)是实现高精度光学镜面磁流变抛光的关键因素之一。

磁流变液是将微米尺度的磁性颗粒分散于绝缘基载液中形成的特定非胶态悬浮液体。磁流变液的流变特性随着外加磁场的变化而变化,磁流变抛光正是利用磁流变液在高梯度磁场下的流变性来实现加工的。磁流变液的流变性、稳定性、抗氧化性和零磁场黏度等性能指标将直接影响磁流变抛光的加工效果。QED 公司研制的磁流变液主要包括 C10 + 和 D10 + 两种型号,分别在美国申请了磁流变液成分(US005804095A)和磁流变液及其配制方法(US005525249)两项专利,因此必须开发具有自主知识产权的磁流变液。张峰、程灏波、张云、彭小强等都对磁流变液进行过深入的研究,开发出了可用于磁流变抛光的水基或油基磁流变液[82-89]。作者在彭小强研究成果的基础上,采用加入表面活性剂(分散剂)、调节剂和纳米 Fe_3O_4 颗粒的方法,进一步提高了水基磁流变液的流变性、稳定性和抗氧化性,开发出了具有自主知识产权的 KDMRW 系列水基磁流变液[90-91]。

将 KDMRW-1 磁流变液与 QED 公司开发的 C10 + 磁流变液进行性能对比测试。图 1.9 所示为 KDMRW-1 和 C10 +(QED)磁流变液的流变性对比结果。由图 1.9 可知,在相同的磁场强度下,KDMRW-1 磁流变液的剪切屈服强度已经超过 C10 +。

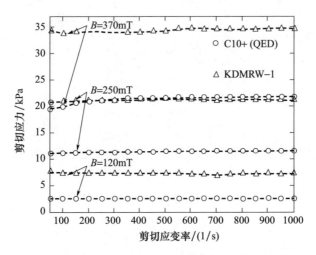

图 1.9 KDMRW-1 和 C10 + 磁流变液流变性对比结果

图 1.10 所示为 KDMRW-1 水基磁流变液中羰基铁粉的扫描电镜图和粒径分布图。由图 1.10 可知,羰基铁粉表面光滑,分布均匀,粒径主要分布在 3~5μm。图 1.11(a)、1.11(b)所示分别为 KDMRW-1 磁流变液和 C10 + 磁流变液的扫描电镜图。由图 1.11 知,两种型号磁流变液的磁性颗粒和抛光粉的粒径都较为平均,并且都分散均匀,因此两种磁流变液都具有较好的稳定性。可

见,在流变性和稳定性这两项关键性能指标上 KDMRW-1 磁流变液已经达到国外同类产品水平。本书还将对 KDMRW 系列磁流变液加工常见光学材料的去除效率与表面粗糙度进行实验研究。

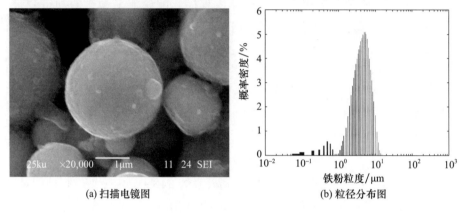

(a) 扫描电镜图　　　　　　　　　(b) 粒径分布图

图 1.10　羰基铁粉的扫描电镜图和粒径分布图

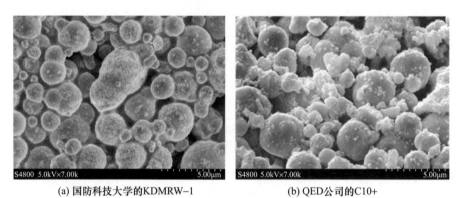

(a) 国防科技大学的KDMRW-1　　　　　(b) QED公司的C10+

图 1.11　磁流变液扫描电镜对比图

磁流变抛光的剪切去除机理与传统抛光的压力主导材料去除有本质不同。图 1.12 所示为材料去除效率与剪切力和峰值压力的关系曲线[92]。Rochester 大学的 Shorey 利用 Tekscan 压力传感器和测力仪对抛光区域内工件表面的峰值压力和剪切力进行了测量,并将测量结果与去除效率进行比较分析。根据去除效率与剪切力的关系曲线基本通过坐标原点[图 1.12(a)],而与峰值压力的关系曲线不通过坐标原点[图 1.12(b)],得出了磁流变抛光中工件材料的去除是剪切去除的结论[92-93]。图 1.13 所示为材料去除效率与剪切力的关系曲线[94]。Rochester 大学的 DeGroote 通过大量的工艺试验进一步验证了磁流变加工过程中材料去除量与剪切力(drag force)成正比[94]。Shorey 和 DeGroote 还对磁流变液的磨粒、羰基铁粉及磁流变液环境下被抛光材料的纳米硬度(Nanohardness)进行了测试,揭示了磁流变抛光的材料去除微观机理[95-96]。图 1.14 所示为 DeGroote 在大量工艺试验的基础上建立的采用纳米金刚石磨料进行磁流变抛光的材料去除效率实验模型。该模型主要包括材料表面机械特性、磁流变抛光区域流体力场、磁流变液特性、材料的化学稳定性和材料的结合强度等参数[93]。由于该实验模型十分复杂,并且需要精确测定材料表面的机械特性参数和磁流变液的性能参数,因此难于实际应用。作者在文献[80]中分析了磁流变抛光区域的磨粒受力状态,验证了磁流变抛光塑性剪切去除的材料去除机理,得出压力与剪切力共同作用完成材料去除,剪切力是材料去除的主导,压力是材料去除的必要辅助条件的结论。本书还将深入分析磁流变抛光区域的磨粒受力和磨粒有效压入深度,从理论上解释磁流变抛光的材料剪切去除机理。

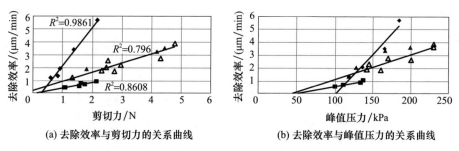

(a) 去除效率与剪切力的关系曲线　　(b) 去除效率与峰值压力的关系曲线

图 1.12　材料去除效率与剪切力和峰值压力的关系曲线

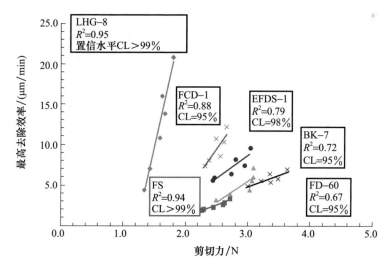

图 1.13　材料最高去除效率与剪切力的关系曲线

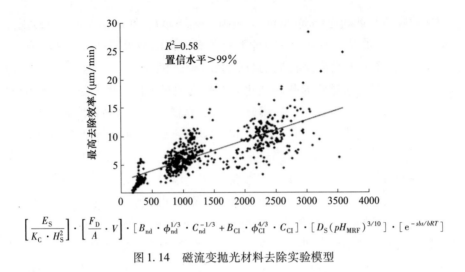

图 1.14 磁流变抛光材料去除实验模型

1.2.3.2 磁流变抛光去除函数建模

磁流变抛光过程采用 CCOS 工艺流程,首先需要确定材料去除模型(去除函数),然后根据初始面形误差计算驻留时间并完成路径规划,最后采用数控的方法完成加工过程。准确获取去除函数是磁流变抛光的关键技术之一,目前获取材料去除模型的方法主要有实验法和数学建模法。实验获取去除函数的基本方法是四点平均差动法,即首先测量材料样片的初始面形(要求与目标工件的材料严格一致),而后控制磁流变抛光模在 4 个不同位置依次驻留一定时间,然后再次测量材料样片的面形,根据差动处理得到的材料去除量来计算材料去除模型。机械定位精度、样片位姿调整精度和样片测量一致性以及后续处理软件的误差修正能力是影响实验法获取去除函数准确性的关键。实验法建立的模型准确度较高,但受到制作工艺烦琐、制作时间长和制作样片材料一致性等因素的限制,实验法的应用具有一定的局限性;数学建模法仿真模型的准确性与实验法有一定差距,但数学建模法操作简单,并且不受样片材料的限制,尤其在理论分析方面具有良好的应用前景。通过逐步积累、对比实验法和数学建模法获取的去除模型,可以形成具有一定规模的去除模型数据库,利用该数据库预测去除模型,既可以提高模型的准确性,又可以提高模型的制作效率,降低制作成本。数学建模法的关键是计算抛光区域的流体力场分布,其主要难点包括:抛光区域的物理场比较复杂,磁场、流场和力场相互耦合;磁流变液是 Bingham 流体,属于非牛顿流体,流体动力学方程复杂;抛光区域无固定刚性边界,流体力场解算属于自由边界问题[97-98]。张峰、张云、彭小强等将磁流变抛光的去除模型简化为一维情况,忽略磁性力、黏滞力和重力,获得了一维的材料去除模型,但模型的预测误差普遍较大。Schinhaerl 建立了磁流变抛光的三维近似实验去除模型,并使用该实验模型进行磁流变修形,取得了较好的效果[68]。图 1.15 所示为不同工艺参数下的磁流变去除函数。如图 1.15 所示,不同工艺参数下去除函数的形状与去除效率变化较大,并且工件边缘也会对去除函数产生影响。本书应用 Bingham 流体动力学理论计算抛光区域的流体力场分布,并建立了能够预测去除函数几何形状、去除效率和表面粗糙度的去除函数多参数模型,较为准确地预测了不同工艺参数下的去除函数。

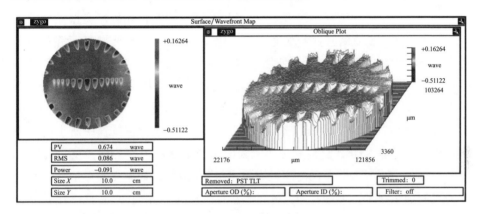

图 1.15　不同工艺参数下的磁流变去除函数

1.2.3.3　磁流变抛光表面质量与亚表面损伤

国内外学者对磁流变抛光的表面质量开展了深入细致的研究工作。早在 1997 年,Kordonsky 等就对石英等 7 种光学玻璃材料进行磁流变抛光,使它们的表面粗糙度均达到了 1nm 左右,国内学者基于自制的水基或油基磁流变液也获得了粗糙度小于 1nm 的超光滑表面。近年来,新型光学材料不断出现,特别是 SiC 材料以其优良的性能成为制作空间反射镜和大型地基反射镜的首选材料。由于碳化硅材料种类多样、光学抛光特性差异明显,因此不同种类碳化硅材料磁流变抛光后的表面质量值得进行深入研究。本书对 KDMRW 系列水基磁流变液抛光常见光学玻璃材料和新型碳化硅材料的去除效率和表面粗糙度进行了系统的实验研究。

光学材料抛光后的亚表面损伤直接影响光学元件的抗激光损伤能力和成像质量,尤其是惯性约束聚变工程(inertial confinement fusion,ICF)对光学元件的亚表面损伤提出了更为严格的要求。为提高光学元件的抗激光损伤能力,除了对原材料质量提出严格要求外,还必须通过优化抛光工艺或引入新型抛光技术和后续处理技术的方法消除光学材料抛光后的亚表面损伤。传统抛光技术由于较高的抛光压力,难以从根本上消除光学材料的亚表面机械缺陷,因此必须引入新型抛光技术,从原理上避免亚表面损伤的产生[99]。磁流变抛光具有独特的剪切去除机理,抛光过程中单颗磨粒对试件施加的压力远小于传统抛光,因此磁流变抛光能够有效去除磨削和研磨过程残留的亚表面裂纹和脆性划痕以及抛光过程引入的亚表面塑性划痕等机械损伤[100-101]。CaF_2 作为典型的软脆材料,传统抛光过程会引入大量的塑性划痕,但是磁流变抛光的材料去除量达到600nm 以后,传统抛光在 CaF_2 表层引入的塑性划痕完全消失,表面仅存磁流变抛光产生的单方向小尺度划痕。程灝波发现 K9 玻璃磁流变抛光后的表面粗糙度在 HF 酸蚀刻前后未发生明显变化,据此认为磁流变抛光能够获得无可视损伤表面。图 1.16 所示为使用暗场显微镜观测石英玻璃传统抛光和磁流变抛光后的亚表面质量。如图 1.16 所示,磁流变抛光将传统抛光后残留的散射点和振纹彻底去除,显著提高了石英玻璃的亚表面质量。大量的实验结果证明,磁流变抛光具有消除传统光学制造(磨削、研磨和抛光)过程中产生的亚表面损伤层的能力。QED 公司更是将亚表面损伤消除能力作为磁流变抛光机床的一大特色[102-104]。除了磁流变抛光技术以外,化学机械抛光和浮法抛光等超光滑表面加工技术也能获得近零/无亚表面损伤的极优表面,并且浮法抛光成功加工出迄今为止最优的表面粗糙度和无亚表面损伤的超光滑表面[105-107]。但相对于磁流变抛光,上述加工方法的材料去除效率较低,并且难于加工具有复杂面形的光学元件;离子束和数控化学抛光虽然不产生新的亚表面机械损伤,但抛光中机械损伤的复制作用使其难于彻底消除传统抛光残留的机械损伤。虽然磁流变抛光过程中也存在着光学元件表层水解和抛光颗粒嵌入等问题,但通过适当的后续处理方法可以消除对激光损伤阈值的不利影响。例如,Brusasco 采用 HF 酸蚀刻和紫外激光调制技术对磁流变抛光后的石英玻璃进行

图 1.16 传统抛光与磁流变抛光件亚表面质量对比

后续处理,大幅提高了 355nm 激光辐照环境下的抗损伤能力,激光损伤密度比传统抛光后进行 HF 酸刻蚀低一个数量级,进行激光预处理后,最高激光损伤阈值达到 14J/cm^2,接近 NIF 的激光损伤阈值指标[108]。作者与成都精密光学工程研究中心开展合作研究,采用磁流变抛光工艺成功消除了传统抛光后石英玻璃的亚表面损伤层,获得了近零亚表面损伤的超光滑表面,提高了石英玻璃光学元件的抗激光损伤能力。

1.2.3.4 磁流变修形技术

高精度光学镜面加工一般包括铣磨成形、研磨、抛光和修形 4 道工艺。其中,抛光主要是指降低光学镜面的表面粗糙度,满足表面粗糙度指标;修形主要是修正抛光好的光学镜面的面形误差,满足面形精度指标。由于抛光工艺大都可以作为修形工艺,因此抛光过程和修形过程常统称为抛光过程。一般情况下,当抛光和修形并列出现时,抛光仅指降低表面粗糙度的工艺过程,当抛光单独使用并且无特别说明时,泛指整个光学镜面的抛光和修形过程。磁流变修形技术,是指在确定去除函数和初始面形误差的条件下,基于计算机控制光学表面(computer controlled optical surfacing,CCOS)成形基本原理,采用适当的驻留时间算法求解出驻留时间分布密度,在完成路径规划后,通过数控(位置与速度同时控制)的方式实现求解出的驻留时间,完成面形误差的修正过程[109-113]。驻留时间的求解与驻留时间的实现是磁流变修形的两项关键技术。由于 QED 公司对上述关键技术实施严格保密,并且国外研究机构购买的磁流变机床不具备二次开发的功能,因此难以开展相关研究。国内的驻留时间求解算法大都直接沿用传统的脉冲迭代算法,难以实现高效、高精度的磁流变修形。

驻留时间的精确求解是磁流变修形的关键问题之一。CCOS 过程可以用离散二维卷积方程描述,材料去除量等于去除函数和驻留时间在时域的卷积。驻留时间的求解就是求反卷积的过程,其数学实质是反问题。反问题通常是不适定问题,而不适定问题通常是病态的,因此驻留时间求解通常是病态的不适定问题。在线性代数理论中,不适定问题通常是由一组线性代数方程定义的,而且这组线性方程组通常需要进行正则化处理。常用的正则化方法有 Tikhonov 正则化法、TSVD 正则化法、双参数正则化法、小波正则化法、Landweber 迭代正则化法及其他的一些改进方法。例如,长春光学精密机械研究所邓伟杰采用 Tikhonov 正则化法求解 CCOS 抛光过程的驻留时间,国防科技大学周林采用 TSVD 正则化法求解离子束抛光的驻留时间[114-115]。采用直接正则化求解驻留时间的方法,随着系数矩阵 F 维数的增加,计算的复杂度急剧上升,计算时间过长,难于实际应用。当去除函数的空间尺度远小于光学镜面的口径时,采用通常的网格划分方法,系数矩阵 F 将成为稀疏矩阵。磁流变抛光是一种典型的小工具抛光,尤其在加工大中型光学表面时,其去除矩阵的大型化、稀疏化趋势十分明显,驻留时间求解问题成为典型的大型稀疏矩阵求解问题。本书充分考虑磁流变抛光驻留时间求解的特点,提出了基于大型稀疏矩阵的驻留时间求解方法——加权非负广义最小残差算法,其求解精度与计算速度均优于目前的驻留时间求解方法,并且该算法突破了传统脉冲迭代算法中要求去除函数回转对称、空间不变等限制。

驻留时间的准确实现是磁流变修形的重要保证。磁流变抛光中常用的加工路径为线性扫描路径(光栅扫描)和极轴扫描路径(螺旋线扫描),常用的驻留时间实现方法为位置驻留法和速度驻留法[116-118]。位置驻留法即去除函数在驻留点之间采用最大速度移动,在每个驻留点上驻留相应的驻留时间,因此实现过程中运动系统处于不断的起、停状态,加工过程不平稳,不利于加工过程中保持去除函数的稳定,并且位置驻留法会额外增加驻留时间和材料去除量,尤其在极轴扫描时会引入非均匀性误差而不能采用。速度驻留法即去除函数在驻留点之间以某一速度运动,既保证了运动的连续性又实现了驻留时间。速度驻留法有利于缩短加工时间,提高加工精度和加工表面质量。选定加工路径和驻留时间实现方法以后,需要合理优化加工路径的基本参数和运动系统的动态性能。例如,线性扫描路径中的扫描间隔、极轴扫描路径中的螺距、运动系统的最高速度和最高加速度等。文献[119-123]从理论上分析了加工路径基本参数对驻留时间实现精度的影响,提出了对速度进行平滑滤波的方法,具有一定的通用性,因此本书重点分析运动系统动态性能对驻留时间实现精度和面形收敛比的影响,以提高磁流变修形过程的驻留时间实现精度,并且为确定磁流变抛光装置运动轴的动态性能指标提供理论依据。本书还对驻留时间求解和驻留时间实现进行联合优化,通过选取合理的额外去除层厚度和运动系统动态性能,在满足加工精度要求的前提下,提高加工效率和面形收敛比。此外,规则的线性扫描和极轴扫描路径容易造成 CCOS 卷积残差,从而引起光学镜面的中高频误差。基于熵增原理,提出了局部随机加工路径,即在垂直于扫描运动方向上叠加一定幅值的随机扰动,以减小由固定行距的进给运动引起的中高频误差[124-127]。

磁流变修形过程中面形误差的频域变化情况与去除函数的频域修形能力密切相关。去除函数的基本形状决定了磁流变修形系统是低通系统,即对面形误差的低频部分修除能力强、高频部分修除能力弱。由于空间域宽度与频域宽度成反比,因此减小去除函数的空间域宽度(直径)可以提高去除函数的频域覆盖范围和频域修形能力。理论研究表明,去除函数的频域截止频率为去除函数直径对应的空间频率[128],若去除函数直径为10mm,则其对应的截止频率为$f_c = 0.1/\text{mm}^{-1}$。

1.3 主要研究内容

本书以实现高精度光学镜面的磁流变高效、高精度、超光滑与近零亚表面损伤抛光为研究目标,深入研究磁流变抛光的去除函数多参数模型、表面与亚表面质量控制方法、驻留时间求解与实现以及修形工艺优化方法等关键理论与工艺问题,形成较为成熟的高精度光学镜面磁流变抛光技术及相关工艺,并成功加工出一批具有代表性的高精度光学镜面。

本书章节安排如下:

第1章为绪论,主要介绍专著来源、专著研究背景与意义以及磁流变抛光技术的国内外研究现状。本章首先论述了对高精度光学镜面的迫切需求和常用抛光方法,而后综述磁流变抛光技术的发展过程和国内外发展现状,最后重点论述了磁流变抛光的关键技术与热点研究问题,并规划出本书的主要研究内容。

第2章以KDMRF-1000F型号为例,介绍磁流变抛光系统。本章首先介绍计算机控制光学表面(CCOS)成形的基本原理及其对去除函数的基本要求,而后简要介绍KDMRF-1000F磁流变抛光系统的基本组成和主要性能指标,最后结合磁流变抛光的技术特点,对多轴运动系统、循环控制系统和磁流变液进行性能分析,从而为提升磁流变抛光装备研制水平、开展磁流变抛光理论与工艺研究提供理论与技术支撑。

第3章对磁流变抛光区域的流体压力和剪切应力场分布进行计算分析。本章首先采用修正后的二维雷诺方程对磁流变抛光区域进行分析,而后采用数值迭代的方法进行计算,最后通过测量抛光过程中工件受到的压力和剪切力来间接验证压力场、剪切应力场理论计算的准确性。本章解决了磁流变抛光区域压力场和剪切应力场的数值计算问题。

第4章对磁流变抛光的表面与亚表面质量进行实验研究。本章首先系统地分析了影响磁流变抛光表面质量的材料内在因素和外在加工因素,而后对KDMRW系列水基磁流变液抛光常见光学玻璃材料和新型碳化硅材料的去除效率与表面粗糙度进行实验研究,最后采用磁流变抛光工艺成功消除磨削产生的亚表面裂纹层和传统抛光后的亚表面损伤层,获得了近零亚表面损伤的超光滑表面。本章主要研究磁流变抛光的表面完整性问题,即如何采用磁流变抛光实现常见光学材料的超光滑、近零亚表面损伤抛光。本章的研究结论将为磁流变抛光的表面质量控制、磁流变液的研制以及磁流变消除磨削和传统抛光产生的亚表面损伤层提供理论与工艺指导。

第 5 章对磁流变修形的驻留时间高精度求解与实现进行研究。本章首先针对磁流变修形精度要求高、去除函数非回转对称的特点,提出了基于大型稀疏矩阵的驻留时间求解算法——加权非负广义最小残差算法,有效地解决了磁流变修形过程中驻留时间的高精度求解问题,而后研究了运动系统动态性能对驻留时间实现精度和面形收敛比的影响,并对驻留时间求解与实现进行联合优化,提高了加工效率和面形收敛比。本章的研究内容对于磁流变修形过程的分析与评价、修形结果的预测预报以及额外去除层厚度和运动系统动态性能的优化选择都具有重要的理论指导意义。本章的研究结论将为高精度光学镜面的磁流变修形奠定重要的理论与工艺基础。

第 6 章为高精度光学镜面磁流变抛光试验,本章通过加工一批具有代表性的高精度光学镜面,验证本书提出的驻留时间求解与实现方法和修形工艺优化方法的普遍适用性,验证 KDMRF – 1000F 磁流变抛光系统对平面、球面和非球面的抛光能力以及广泛的加工适应性。本章是对第 3 章~第 5 章研究成果的全面应用和工程实践检验,通过本章的研究,将形成较为完善的高精度光学镜面磁流变抛光工艺流程,为磁流变抛光技术的工程化应用奠定坚实的基础。

第 7 章为离轴非球面加工技术简介。基于离轴非球面光学零件简介的特点和应用需求,说明研究离轴非球面光学零件磁流变抛光的必要性和重要性。综述离轴非球面光学零件的加工方法和加工水平,基于离轴非球面的特征分析和磁流变抛光技术的优势。

第 8 章为离轴非球面修形理论研究。本章基于离轴非球面的曲率变化特征,建立变曲率去除函数模型;基于离轴非球面的陡度特性,建立计算机控制非线性成形模型;基于大离轴量、大矢高等特征的高工艺动态性需求,提出时空变化去除函数可适用的高动态性驻留时间模型及求解算法。本章的主要研究结论将为离轴非球面光学零件的磁流变抛光修形奠定理论基础。

第 9 章为去除函数多参数建模与实验分析。本章通过计算抛光区域的流体力场和磨粒有效压入深度,建立了去除函数多参数模型,并且验证了模型的准确性。本章通过正交工艺实验研究了工艺参数(转速、流量、磁场和压入深度)对去除函数的去除效率、几何形状和表面粗糙度的影响规律,并进行了定性分析。本章还通过对比实验研究了工件材料和磁流变液对去除函数表面粗糙度的影响规律以及去除函数的基本特性(稳定性、相似性和线性)。

第 10 章为离轴非球面修形工艺研究。本章基于离轴非球面的偏轴特性,提出子镜坐标系加工位姿模型,并从加工可达性、加工难度和加工精度进行理论研究和仿真分析,结果表明该模型有利于离轴非球面高精度加工的实现。变曲率去除函数模型提供了去除函数特性分析的手段,根据去除函数的变化特征,提出去除函数的两种补偿修形工艺,实验证明它们能够对不同特点的离轴非球面进行高收敛加工。本章的研究结论为实际修形过程提供了行之有效的工艺方法。

第 11 章为特征量参数测量与控制研究。本章通过对离轴非球面的特征量参数(离轴量、顶点曲率半径及二次曲面常数)进行分析,建立相应的理论控制模型,实现特征量参数的有效测量和控制;针对面形误差控制中关联加工的两大关键问题——非线性畸变效应和加工误差耦合问题,分别建立非线性畸变误差控制模型和特征量参数约束的像差分离模型实现加工误差的有效分离和定位。本章的研究结论为离轴非球面的加工提供了根本依据和评价标准。

第 12 章为离轴非球面加工工艺路线优化及加工实例。本章在分析离轴非球面光学零件典型加工工艺路线的基础上,提出发挥磁流变抛光优势的两种离轴非球面加工工艺路线,然后综合利用前面的研究成果对某离轴非球面工程件进行加工实验,最终全口径面形精度 RMS 值达 0.036λ,有效口径 RMS 值达 0.022λ,同时满足特征量参数的约束条件。本章的研究结论验证磁流变抛光在离轴非球面加工中的优势,为离轴非球面的高精高效制造提供了有价值的参考和指导。

第 2 章 磁流变抛光系统

本章首先介绍计算机控制光学表面(CCOS)成形的基本原理及其对去除函数的基本要求,以分析 CCOS 工艺对磁流变抛光系统的基本要求。在此基础上,以 KDMRF-1000F 型号为例,简要介绍磁流变抛光系统的基本组成和主要性能指标,并结合磁流变抛光的技术特点,对多轴运动系统、循环控制系统和磁流变液进行性能分析,为开展高精度光学镜面磁流变抛光理论与工艺研究提供技术与装备支持。

2.1 计算机控制光学表面成形原理

2.1.1 计算机控制光学表面成形的理论基础

CCOS 成形是美国 Itek 公司 W.J.Rupp 在 20 世纪 70 年代初期最先提出的,而后随着计算机、精密测量、新工艺和新材料等技术的发展而不断完善[21]。CCOS 成形技术是对传统光学加工的革命性变革,其基本思想是用定量的检测和加工代替传统光学加工的定性检测和加工,实现光学镜面的确定量研抛。

图 2.1 所示为 CCOS 成形工艺基本流程图[21]。除面形检测以外,CCOS 成形工艺过程中决定面形误差收敛效率和加工精度的关键问题包括:①去除函数的获取及其稳定性,准确获取去除函数是 CCOS 成形工艺的前提和基础,去除函数的稳定性直接影响 CCOS 成形工艺材料去除的确定性;②准确求解驻留时间,根据被加工工件的初始面形误差和选用的去除函数,采用适当的驻留时间算法求解驻留时间是 CCOS 成形工艺的关键;③驻留时间的准确实现,根据规划的加工路径,生成数控加工代码,准确实现驻留时间是 CCOS 成形工艺的保证。

CCOS 成形加工的理论基础是 Preston 方程[21]:

$$\Delta H(x,y) = K \cdot P(x,y) \cdot V(x,y) \tag{2.1}$$

式中:$\Delta H(x,y)$ 为 (x,y) 位置单位时间内的材料去除量;K 为 Preston 常数,与工件材料、研抛盘种类、磨料和工作区温度等因素有关;$V(x,y)$ 为光学零件和研抛

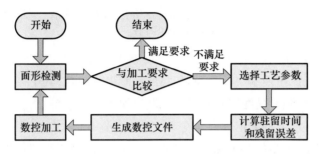

图2.1 CCOS成形工艺基本流程图

盘在(x,y)位置的相对速度;$P(x,y)$为研抛盘在(x,y)位置对光学零件的正压力。当压力、相对速度和其他工艺参数保持不变时,光学零件的材料去除量$H(x,y)$等于研抛工具形成的去除函数$R(x,y)$与驻留时间$T(x,y)$沿着加工轨迹的卷积[式(2.2)],或简记为式(2.3):

$$H(x,y) = \iint_{\alpha,\beta} R(x-\alpha, y-\beta) \cdot T(\alpha,\beta) \mathrm{d}\alpha \mathrm{d}\beta \tag{2.2}$$

$$H(x,y) = R(x,y) * T(x,y) \tag{2.3}$$

式中:"$*$"表示卷积运算。在已知去除函数$R(x,y)$的情况下,根据材料去除量$H(x,y)$的大小,控制研抛工具在各个区域的驻留时间$T(x,y)$,就能够实现确定量研抛。

由式(2.1)和式(2.3),CCOS成形工艺过程中一般要求去除函数具备线性时不变的特点:①具有时间、空间不变性。在CCOS成形工艺过程中,去除函数不随加工位置和加工时间而变化,即去除函数具有稳定性。②具有时间线性。在CCOS成形工艺过程中,材料的去除量与去除函数的驻留时间呈线性关系。

2.1.2 计算机控制光学表面成形工艺对磁流变抛光系统的基本要求

如图1.5所示,在磁流变抛光过程中,磁流变液在高强度梯度磁场的作用下,形成可控"柔性抛光模",对工件材料进行塑性剪切去除。根据CCOS成形工艺对去除函数的基本要求,磁流变抛光系统应该满足:①磁流变液具有长时稳定性,即磁流变液的剪切屈服强度、黏度和pH等重要性能指标能够在较长的时间内保持稳定;②磁流变加工过程中,抛光轮转速、磁场电流和磁流变液流量等工艺参数具有稳定性;③磁流变加工过程中,工件表面与抛光轮之间的截流状态保持稳定。为实现截流状态的稳定,必须保证抛光轮与工件表面的间隙不变(磁流变液的压入深度不变),并且抛光轮的法线方向始终保持与工件表面的法向方向重合。根据上述分析,磁流变抛光系统应该包括以下功能系统:

（1）循环控制系统，在磁流变抛光过程中提供磁流变液，实现磁流变液的回收与循环，对磁流变液进行在线检测并控制磁流变液的流量、黏度和温度，为整个加工过程提供流量连续、黏度稳定、温度基本恒定的磁流变液。循环控制系统由循环回收、流量控制、黏度控制和温度控制模块组成，其中循环回收模块为主体模块，流量控制、黏度控制和温度控制模块为嵌入式模块，分别保持磁流变液流量、黏度和温度的稳定性。

（2）多轴运动系统，控制抛光轮的位置与姿态，保证磁流变加工过程中抛光轮与工件表面之间截流状态的稳定。

（3）工艺过程控制系统，保证磁流变加工过程中各工艺参数的稳定。

2.2 KDMRF-1000F 系统组成与性能分析

本节首先简要介绍 KDMRF-1000F 磁流变抛光系统的组成及主要性能指标，而后结合高精度光学镜面磁流变抛光的特点，对多轴运动系统、循环控制系统和磁流变液的关键性能进行重点分析，分析结果表明，KDMRF-1000F 系统基本满足高精度光学镜面磁流变抛光的技术需求。

2.2.1 系统组成及主要性能

图 2.2 所示为 KDMRF-1000F 磁流变抛光系统外观图。如图 2.2 所示，KDMRF-1000F 磁流变抛光系统的硬件部分主要由抛光装置、循环控制系统、多轴运动系统和数控系统构成。KDMRF-1000F 磁流变抛光系统的主要性能指标见表 2.1。

图 2.2　KDMRF-1000F 磁流变抛光系统外观图

表 2.1　KDMRF-1000F 磁流变抛光系统主要性能指标

结构形式		龙门框架结构、六轴五联动数控系统			
加工对象		平面、球面、非球面和离轴曲面			
加工范围		平面工件口径小于 1000mm,球面、非球面工件口径小于 800mm,相对口径小于 1 : 1			
多轴运动系统	直线轴	最大行程	定位精度	最高速度	最高加速度
	X 轴	1000mm	±5μm	12m/min	2.0m/s^2
	Y 轴	1000mm	±5μm	15m/min	2.5m/s^2
	Z 轴	300mm	±3μm	15m/min	2.5m/s^2
	回转轴	最大转角	分度精度	最高转速	最高角加速度
	A 轴	±20.0°	20″	30r/m	10rad/s^2
	B 轴	±20.0°	40″	30r/m	10rad/s^2
	C 轴	$n×360°$	40″	15r/m	5rad/s^2
磁流变液循环控制系统		闭环控制状态下,流量波动小于 1.5%,黏度波动小于 1.0%,温度变化小于 ±0.2℃			
磁流变液		长期工作稳定性满足剪切屈服强度高于 25.0kPa,零磁场黏度低于 1.0Pa·s,pH 高于 9.0			

2.2.2　多轴运动系统性能分析

2.2.2.1　机械结构分析

图 2.3 所示为多轴运动系统的拓扑运动关系和机构简图。如图 2.3 所示,多轴运动系统包括 X、Y、Z 三维线性运动平台,A、B 双摆运动平台和工件转台 C,倒置式的磁流变抛光轮安装在双摆运动平台上。磁流变抛光过程中,抛光轮的法向方向需要始终保持与工件表面的法向方向重合。由于空间物体之间具有六个相对自由度,因此磁流变抛光轮相对于工件表面必须具备三个平动和三个转动自由度。由图 2.3 知,多轴运动系统的机械结构和拓扑运动关系满足上述要求。

图 2.4 所示为磁流变抛光中常用的线性扫描和极轴扫描加工路径[77]。根据多轴运动系统的拓扑运动关系,采用线性扫描路径加工时,抛光轮相对工件表面沿 X、Y 两个直线轴做光栅式扫描运动,A、B、Z 轴联动保证抛光轮法向方向与工件表面的法向方向始终重合,并且抛光轮与工件表面之间的间隙保持不变;采用极轴扫描路径加工时,抛光轮沿直线轴 X 或 Y 相对于工件做径向运动,

工件沿 C 轴做回转运动，B、Z 轴或 A、Z 轴联动以保证工件表面与抛光轮之间的截流状态不变。

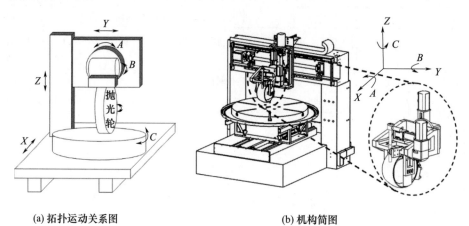

(a) 拓扑运动关系图　　　　　　　　(b) 机构简图

图 2.3　多轴运动系统的拓扑运动关系和机构简图

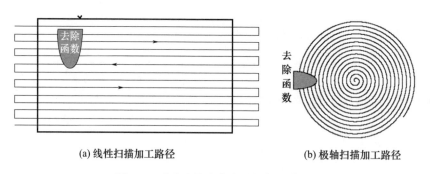

(a) 线性扫描加工路径　　　　　　　(b) 极轴扫描加工路径

图 2.4　磁流变抛光中常用的加工路径

2.2.2.2　运动行程分析

KDMRF - 1000F 磁流变抛光系统设计指标为最大能加工口径 800mm、相对口径（口径与焦距之比）1∶1 的非球面。对于非球面度较小的非球面，焦距为顶点曲率半径的一半，最接近球面的半径与顶点曲率半径相等[129]，因此可以根据口径 D 和相对口径 A 计算出最接近球面的半径：

$$R = \frac{2D}{A} \tag{2.4}$$

图 2.5 所示为抛光轮双摆装置运动行程示意图。如图 2.5 所示，对于口径 800mm、相对口径 1∶1 的工件，最接近球面半径 $R = 1.6$m，由式（2.5）可以计算出抛光轮位于工件边缘位置时，抛光轮的最大摆角 $\theta = \pm 14.5°$，并且凸面镜与

凹面镜计算结果相一致。多轴运动系统的 A、B 轴摆动范围为 ±20.0°，大于边缘位置的抛光轮摆角，C 轴是工件回转轴，具有连续 360°的回转能力，均满足加工的要求。

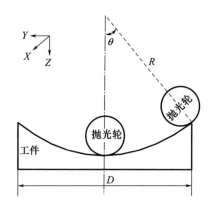

图 2.5　抛光轮双摆装置运动行程示意图

$$\theta = \arcsin\left(\frac{D/2}{R}\right) = \arcsin\left(\frac{A}{4}\right) \qquad (2.5)$$

图 2.6 所示为直线轴运动行程计算示意图。直线轴 X、Y、Z 的行程为

$$\begin{cases} R_X = R_Y = D \pm 2d\sin\theta \\ R_Z = (R \pm d)(1 - \cos\theta) \end{cases} \qquad (2.6)$$

式中：" + "表示凸面镜；" - "表示凹面镜。根据双摆动抛光轮的结构，在磁流变抛光过程中，A、B 轴的回转中心与加工点之间的距离 $d = 300\,\mathrm{mm}$，因此加工凹面镜时，$R_X = R_Y = 650\,\mathrm{mm}$，$R_Z = 38.1\,\mathrm{mm}$，加工凸面镜时，$R_X = R_Y = 950\,\mathrm{mm}$，$R_Z = 60.3\,\mathrm{mm}$。KDMRF – 1000F 磁流变抛光系统的 X、Y 轴行程均为 1000mm，Z 轴行程为 300mm，均满足口径 800mm、相对口径 1∶1 的非球面镜加工需求。

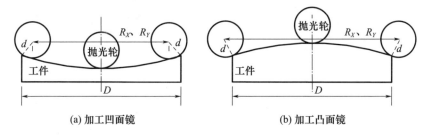

(a) 加工凹面镜　　　　　　　　　(b) 加工凸面镜

图 2.6　直线轴运动行程计算示意图

2.2.2.3 运动精度与动态性能分析

由于各类制造、装配误差及对刀误差的影响,实际加工中的去除函数与驻留时间计算中采用的去除函数存在一定的误差,即去除函数误差。去除函数误差会降低磁流变修形的面形收敛比和加工精度。多轴运动系统的运动误差通常会引起去除函数的各类定位误差,主要包括切向定位误差、角度定位误差和法向定位误差。根据第 6 章的相关研究结论:当初始面形误差是空间波长为 50mm、幅值为 1μm 的正弦面形时,500μm 的切向定位误差引起的残差率(由误差引起的残留面形误差 RMS 值与初始面形 RMS 值之比)为 6.37%,10°的角度定位误差引起的残差率为 4.6%,而 10μm 的法向定位误差引起的残差率就高达 7.44%。可见,法向定位误差是影响面形收敛比的关键因素,因此重点分析多轴运动系统的运动误差对法向定位误差的影响。法向定位误差的主要来源是多轴运动系统的定位精度与几何精度,这两类误差在多轴运动系统的设计与制造过程中均需要严格控制。

多轴运动系统的运动误差对去除函数法向定位误差的影响可以采用多体系统理论进行分析[110]。图 2.7 所示为多轴运动系统的多体系统划分示意图。应用多体系统理论可以得到简化后的各相邻体之间变换矩阵列表(表 2.2)。在表 2.2 中,T_{ij}^{S} 表示相邻体 i、j 之间的体间运动矩阵,T_{ij}^{Se} 表示相邻体 i、j 之间的体间运动误差矩阵。直线轴 X、Y、Z 和转动轴 A、B、C 的运动坐标分别为 x、y、z 和 α、β、γ,各轴的运动误差分别为 Δx、Δy、Δz、$\Delta \alpha$、$\Delta \beta$、$\Delta \gamma$[110]。

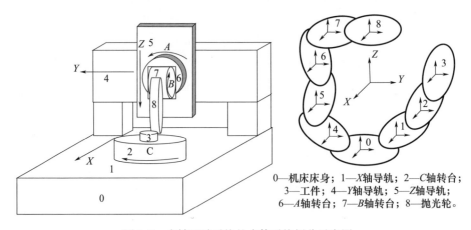

0—机床床身;1—X轴导轨;2—C轴转台;
3—工件;4—Y轴导轨;5—Z轴导轨;
6—A轴转台;7—B轴转台;8—抛光轮。

图 2.7 多轴运动系统的多体系统划分示意图

表2.2 各相邻体之间的变换矩阵表

相邻体	体间运动矩阵	体间运动误差矩阵
0-1	$T_{01}^{S} = \begin{pmatrix} 1 & 0 & 0 & x \\ 0 & 1 & 0 & 0 \\ 0 & 0 & 1 & 0 \\ 0 & 0 & 0 & 1 \end{pmatrix}$	$T_{01}^{Se} = \begin{pmatrix} 1 & -\Delta\gamma_x & \Delta\beta_x & \Delta x_x \\ \Delta\gamma_x & 1 & -\Delta\alpha_x & \Delta y_x \\ -\Delta\beta_x & \Delta\alpha_x & 1 & \Delta z_x \\ 0 & 0 & 0 & 1 \end{pmatrix}$
1-2	$T_{12}^{S} = \begin{pmatrix} \cos\gamma & -\sin\gamma & 0 & 0 \\ \sin\gamma & \cos\gamma & 0 & 0 \\ 0 & 0 & 1 & 0 \\ 0 & 0 & 0 & 1 \end{pmatrix}$	$T_{12}^{Se} = \begin{pmatrix} 1 & -\Delta\gamma_C & \Delta\beta_C & \Delta x_C \\ \Delta\gamma_C & 1 & -\Delta\alpha_C & \Delta y_C \\ -\Delta\beta_C & \Delta\alpha_C & 1 & \Delta z_C \\ 0 & 0 & 0 & 1 \end{pmatrix}$
2-3	$T_{23}^{S} = I_{4\times 4}$	$T_{23}^{Se} = I_{4\times 4}$
0-4	$T_{04}^{S} = \begin{pmatrix} 1 & 0 & 0 & 0 \\ 0 & 1 & 0 & y \\ 0 & 0 & 1 & 0 \\ 0 & 0 & 0 & 1 \end{pmatrix}$	$T_{04}^{Se} = \begin{pmatrix} 1 & -\Delta\gamma_y & \Delta\beta_y & \Delta x_y \\ \Delta\gamma_y & 1 & -\Delta\alpha_y & \Delta y_y \\ -\Delta\beta_y & \Delta\alpha_y & 1 & \Delta z_y \\ 0 & 0 & 0 & 1 \end{pmatrix}$
4-5	$T_{45}^{S} = \begin{pmatrix} 1 & 0 & 0 & 0 \\ 0 & 1 & 0 & 0 \\ 0 & 0 & 1 & z \\ 0 & 0 & 0 & 1 \end{pmatrix}$	$T_{45}^{Se} = \begin{pmatrix} 1 & -\Delta\gamma_z & \Delta\beta_z & \Delta x_z \\ \Delta\gamma_z & 1 & -\Delta\alpha_z & \Delta y_z \\ -\Delta\beta_z & \Delta\alpha_z & 1 & \Delta z_z \\ 0 & 0 & 0 & 1 \end{pmatrix}$
5-6	$T_{56}^{S} = \begin{pmatrix} 1 & 0 & 0 & 0 \\ 0 & \cos\alpha & -\sin\alpha & 0 \\ 0 & \sin\alpha & \cos\alpha & 0 \\ 0 & 0 & 0 & 1 \end{pmatrix}$	$T_{56}^{Se} = \begin{pmatrix} 1 & -\Delta\gamma_A & \Delta\beta_A & \Delta x_A \\ \Delta\gamma_A & 1 & -\Delta\alpha_A & \Delta y_A \\ -\Delta\beta_A & \Delta\alpha_A & 1 & \Delta z_A \\ 0 & 0 & 0 & 1 \end{pmatrix}$
6-7	$T_{67}^{S} = \begin{bmatrix} \cos\beta & 0 & \sin\beta & 0 \\ 0 & 1 & 0 & 0 \\ -\sin\beta & 0 & \cos\beta & 0 \\ 0 & 0 & 0 & 1 \end{bmatrix}$	$T_{67}^{Se} = \begin{pmatrix} 1 & -\Delta\gamma_B & \Delta\beta_B & \Delta x_B \\ \Delta\gamma_B & 1 & -\Delta\alpha_B & \Delta y_B \\ -\Delta\beta_B & \Delta\alpha_B & 1 & \Delta z_B \\ 0 & 0 & 0 & 1 \end{pmatrix}$
7-8	$T_{78}^{S} = I_{4\times 4}$	$T_{78}^{Se} = I_{4\times 4}$

设抛光轮最低点在坐标系8(刀具坐标系)内的坐标 $P_t = P_8 = (p_{tx}\ p_{ty}\ p_{tz}\ 1)^T$，则抛光轮最低点在坐标系3(工件坐标系)内的理想位置为

$$P_1 = [T_{01}^{S} \cdot T_{12}^{S} \cdot T_{23}^{S}]^{-1} \cdot T_{04}^{S} \cdot T_{45}^{S} \cdot T_{56}^{S} \cdot T_{67}^{S} \cdot T_{78}^{S} \cdot P_t \quad (2.7)$$

考虑各运动轴的运动误差后，抛光轮最低点在坐标系3内的实际位置为

$$P_2 = [T_{01}^{S} \cdot T_{01}^{Se} \cdot T_{12}^{S} \cdot T_{12}^{Se} \cdot T_{23}^{S} \cdot T_{23}^{Se}]^{-1} \cdot T_{04}^{S} \cdot T_{04}^{Se} \cdot T_{45}^{S} \cdot T_{45}^{Se} \cdot T_{56}^{S} \cdot T_{56}^{Se} \cdot$$
$$T_{67}^{S} \cdot T_{67}^{Se} \cdot T_{78}^{S} \cdot T_{78}^{Se} \cdot P_t \quad (2.8)$$

则抛光轮法向定位误差 E_n 等于抛光轮最低点在工件坐标系内的实际位置与理想位置之间的偏差向量 $\overrightarrow{P_1P_2}$ 和单位法向向量 $\boldsymbol{n}$ 的数量积(在法线方向上的投影)。

$$E_n = \overrightarrow{P_1P_2} \cdot \boldsymbol{n} \tag{2.9}$$

以线性扫描加工路径为例,根据式(2.7)~式(2.9)和多轴运动系统的定位精度指标,对加工过程中抛光轮的法向定位误差进行仿真分析。图 2.8 所示为抛光轮法向定位误差仿真结果,其中图 2.8(a)为最大法向定位误差与工件口径、相对口径的关系曲线,图 2.8(b)为 6.3 节磁流变抛光实验中口径 500mm、相对口径 1∶3 的抛物面镜法向定位误差分布仿真结果。由图 2.8(a)知,随着工件口径和相对口径的增大,法向定位误差显著增大,当工件口径为 800mm、相对口径为 1∶1 时最大法向定位误差已高达 48.5μm,因此大口径、大相对口径光学镜面的加工难度较大。由图 2.9(b)知,口径 500mm、相对口径 1∶3 的抛物面镜最大法向定位误差为 14.9μm,这对磁流变抛光的加工精度会产生一定的影响。

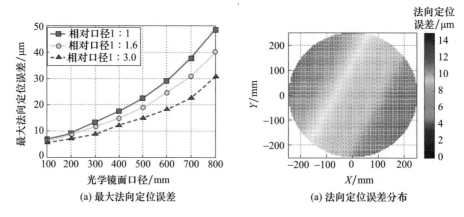

(a) 最大法向定位误差　　　　　(a) 法向定位误差分布

图 2.8　抛光轮法向定位误差仿真结果

在 CCOS 工艺过程中,驻留时间的实现精度与运动系统的动态性能密切相关。根据第 5 章的相关研究结论:在低精度加工中,由于材料去除量较大,每个驻留点的驻留时间较长,基本驻留时间所占比重远大于第二类额外驻留时间,运动系统动态性能对面形收敛比的影响不大;但是在高精度修形过程中,第二类额外驻留时间所占比重上升,运动系统动态性能对面形收敛比的影响很大。由第 5 章的仿真结果可知,随着运动系统最高速度的增加,理论面形收敛比逐步提高,对于线性扫描加工路径,当最高速度大于 7m/min 时,已经基本可以满足高精度磁流变修形的需求。根据多轴运动系统的动态性能指标:X 轴的最高速度为12m/min,Y、Z轴的最高速度各为15m/min,均远高于7m/min,若设定加速时间为100ms,则X轴对应的加速度为2.0m/s^2,Y、Z轴对应的加速度均为2.5m/s^2,可见,多轴运动系统直线轴的最高速度和最高加速度均满足线性扫描加工路径的要求。值得注意的是,对于第5章仿真实例中的初始面形和去除函数,若采用极轴扫描路径达到相同的面形收敛比,可以仿真出工件转轴的动态性能指标为最高转速400r/min、最高角加速度为400rad/s^2,这已经远远超出了转动轴C的动态性能指标。因此KDMRF-1000F磁流变抛光系统不适宜进行小口径光学元件的极轴扫描路径加工。

2.2.3 循环控制系统性能分析

图2.9所示为循环控制系统基本原理与控制流程图。如图2.9所示,磁流变加工过程中,输出泵将综合容器罐中的磁流变液泵出,经过输出管道后,从喷嘴喷射到抛光轮表面。磁流变液中含有羰基铁粉,在局部磁场作用下液体和工件接触部分变成类沥青的黏稠状液体,抛光粉被挤压到工件表面形成抛光工具,对工件材料进行剪切去除。流出抛光区域的磁流变液先通过回收器和回收泵,而后返回到综合容器罐中,不断循环。在进行闭环控制时,流量计在线检测磁流变液的流量,计算机根据流量计的测量数据控制输出泵的转速,以保持磁流变液的流量稳定性;黏度测量仪在线检测磁流变液的黏度,计算机根据黏度测量仪的测量数据控制计量泵向综合容器罐中补充基载液,以保持磁流变液的黏度稳定性。冷却机对综合容器罐和抛光轮进行水冷,以保持磁流变液的温度稳定性。采用上述控制原理和控制流程,循环控制系统可以实现加工过程中磁流变液的流量、黏度和温度稳定性。

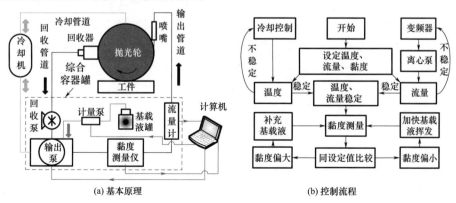

图2.9 循环控制系统基本原理与控制流程图

图 2.10 所示为 12h 的磁流变加工过程中，循环控制系统监测到的流量和黏度变化曲线。在图 2.10(a)中，流量的预设值为 200L/h，加工过程中流量在 198~201L/h 之间变化，最大波动小于 1.5%；在图 2.10(b)中，黏度的预设值为 500mPa·s，加工过程中黏度在 498~502mPa·s 之间变化，最大波动小于 1.0%。根据冷却机(HABOR、HWH 系列)的温度显示数据，加工过程中温度预设值为 20℃，波动小于 ±0.2℃。可见，在循环控制系统的自动调控作用下，磁流变加工过程中磁流变液的流量、黏度和温度变化均满足设计性能指标要求。

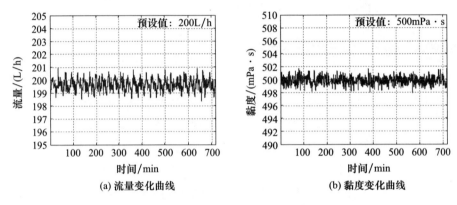

图 2.10 磁流变加工过程中流量和黏度变化曲线

2.2.4 磁流变液配制与性能分析

磁流变液在磁流变抛光过程中起到极其重要的作用，磁流变液的流变性和稳定性直接影响磁流变抛光的加工效率和加工精度。在国外磁流变液配制技术严格保密的情况下，必须自主开发剪切屈服强度大、零磁场黏度低、长期工作稳定性好的磁流变液，以满足高精度磁流变抛光的需求。磁流变液一般由基载液、磁性颗粒(羰基铁粉)、表面活性剂和抛光颗粒等成分组成。例如，KDMRW-1 水基磁流变液的组成成分见表 2.3。下面分别对 KDMRW-1 水基磁流变液的剪切屈服强度、沉降稳定性和长期工作稳定性进行测试与分析。

表 2.3 KDMRW-1 水基磁流变液的组成成分

组成成分	规格	质量分数	组成成分	规格	质量分数
羰基铁粉	3~5μm	68.0%	氧化铈磨料	微米粒径	3.0%
纳米 Fe_3O_4	19nm	10.0%	稳定剂	阴离子型	1.7%
基载液	去离子水	17.0%	调节剂	AMP-95 等	0.3%

图 2.11(a)所示为自研的磁流变液流变性测试仪,该仪器可以模拟磁流变抛光区域的磁场环境,测试磁流变液在工作状态下的剪切屈服强度。图 2.11(b)所示为 KDMRW-1 水基磁流变液在不同磁场强度下的剪切屈服强度。由图 2.11(b)可见,随着磁场强度的增大,剪切屈服强度逐渐增大,但随着剪切率的增大,剪切屈服强度略有下降,即磁流变液存在"剪切至稀"效应。当磁场强度大于 300mT 时,KDMRW-1 水基磁流变液的剪切屈服强度可以稳定维持在 25.0kPa 以上,满足磁流变抛光的需要。

(a) 流变性测试仪

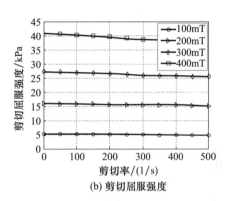
(b) 剪切屈服强度

图 2.11　KDMRW-1 水基磁流变液流变性测试结果

图 2.12 所示为 KDMRW-1 水基磁流变液沉降稳定性测试结果。图 2.12 中,曲线 1 为初次沉降曲线,即将新配制的磁流变液倒入量筒中,采用量筒法绘制出的沉降曲线。曲线 2、曲线 3 分别为磁流变液静置 1 周和 1 个月后,再次用玻璃棒搅拌后的重复沉降曲线。由图 2.12 知,KDMRW-1 水基磁流变液的自然沉降速度较慢,并且长时间静置后用玻璃棒再次搅动又能基本恢复到原有的分散状态,沉降曲线的重复性较好。由于在磁流变抛光过程中,磁流变液始终处于循环搅拌状态,因此 KDMRW-1 水基磁流变液的沉降稳定性完全满足磁流变抛光的需求。

由于在磁流变抛光过程中,磁流变液暴露在空气环境下,并且不断被搅拌和反复磁化,微米级的羰基铁粉颗粒很容易被氧化,各种稳定剂和添加剂也容易挥发和失效,从而导致磁流变液的物理、化学特性发生变化,甚至不能维持循环状态,因此磁流变液自身的长期工作稳定性至关重要。磁流变液的长期工作稳定性主要包括剪切屈服强度、零磁场黏度和 pH 的稳定性。在 KDMRF-1000F 磁流变抛光系统上对 KDMRW-1 水基磁流变液进行长期工作稳定性测试,测试工艺参数为:抛光轮转速为 120r/min,流量为 150L/min,磁场电流为 5A

(抛光区域磁场强度约为300mT),测试时间为12h,每隔1h对磁流变液进行取样并离线测量磁流变液的剪切屈服强度、零磁场黏度和pH,测试过程中循环控制系统处于开环工作状态(不闭环控制流量和黏度)。

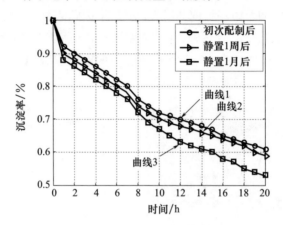

图2.12 KDMRW-1水基磁流变液沉降稳定性测试结果

图2.13所示为KDMRW-1水基磁流变液长期工作稳定性测试结果。由图2.13,在12h的测试时段内,KDMRW-1水基磁流变液的剪切屈服强度、零磁场黏度和pH基本能够在一定范围内保持稳定,其中剪切屈服强度在25.3~25.8kPa之间变化,零磁场黏度在0.48~0.52Pa·s之间变化,pH在9.3~9.7之间变化,满足磁流变抛光对磁流变液长期工作稳定性的要求。值得注意的是,开环工作12h后,由于基载液的挥发,磁流变液的剪切屈服强度和黏度大幅升高,pH也明显下降,针对这一问题可以采取闭环控制自动补充基载液的方法抑制剪切屈服强度和黏度升高,维持pH的稳定。

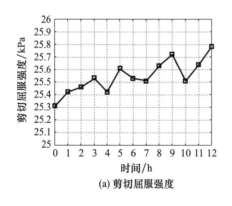
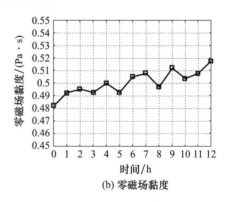

(a) 剪切屈服强度　　(b) 零磁场黏度

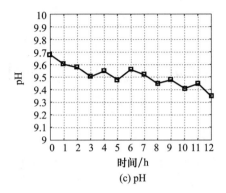

图2.13 KDMRW-1水基磁流变液长期工作稳定性测试结果

第3章 磁流变抛光区域流体动力学分析与计算

本章重点解决磁流变抛光区域压力场和剪切应力场的数值计算问题。根据上述分析与推导过程,在已知磨粒粒径分布、材料基本机械特性的前提下,如果能够解算出磁流变抛光区域的流体压力和剪切应力场分布,则根据公式可以计算磁流变抛光区域内任意位置处的磨粒运动状态和磨粒有效压入面积,因此计算磁流变抛光区域的流体力场是建立去除函数多参数模型的关键。理论与实验研究表明,磁流变液具有 Bingham 流体的特性[86]。与牛顿流体不同,Bingham 流体存在剪切屈服强度 τ_0,只有当剪切应力大于 τ_0 时,Bingham 流体才开始流动,否则 Bingham 流体将形成固态核心,不再发生流动。由于磁流变液的 Bingham 流体特性,磁流变抛光区域的磁流变液成核状态、压力场、剪切应力场和速度场十分复杂,通常需要进行简化计算。Tichy 提出修正的隐性雷诺方程来进行 Bingham 介质流动分析,但是没有充分考虑剪切屈服强度的影响,计算误差较大。P. Kuzhir 采用铁磁流体的 Rosensweig 简化模型分析磁流变液在抛光区域的压力分布,但是由于涉及自由边界问题,其计算十分复杂[130]。因此,本章采用修正后的二维雷诺方程对磁流变抛光区域进行分析,采用数值迭代的方法进行计算。

3.1 Bingham 流体动力学基本方程

图 3.1 所示为磁流变抛光区域示意图[92]。如图 3.1 所示,对磁流变抛光区域进行如下假设:磁流变液的流动为层流,不考虑磁流变液在 y 方向的流动;磁流变液具有不可压缩性,并且不考虑自由边界问题;磁流变液层内的压力相同,剪切应力与速度梯度成比例。在图 3.1 中,磁流变液在 x、y、z 方向的速度分别为 u、v、w,抛光轮与工件表面之间的间隙为 $h(x,z)$,工件表面的线速度为 $v_1(U_1=0)$,抛光轮表面的线速度为 U_2,则根据上述假设 $v=0$。

磁流变液具有 Bingham 流体的流变学特性,其本构方程为

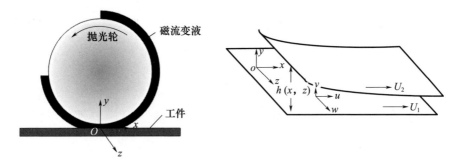

图 3.1　磁流变抛光区域示意图

$$\tau = \mu \dot{\gamma} + \tau_0 \quad (3.1)$$

式中：τ_0 为磁流变液的剪切屈服强度；μ 为磁流变液的黏度系数；$\dot{\gamma}$ 为剪切率。引入表观黏度的概念，即

$$\eta(\dot{\gamma}) = \mu + \frac{\tau_0}{\dot{\gamma}} \quad (3.2)$$

式中：$\eta(\dot{\gamma})$ 为磁流变液的表观黏度。根据表观黏度的定义，则有

$$\tau_{yx} = \eta(\dot{\gamma})\frac{\partial u}{\partial y}, \tau_{yz} = \eta(\dot{\gamma})\frac{\partial w}{\partial y} \quad (3.3)$$

对于无惯性、不可压缩流体，其连续方程和动量方程为

$$\begin{aligned} &\frac{\partial q_x}{\partial x} + \frac{\partial q_z}{\partial z} = 0 \\ &\frac{\partial P}{\partial x} = \frac{\partial \tau_{yx}}{\partial y}, \frac{\partial P}{\partial z} = \frac{\partial \tau_{yz}}{\partial y} \end{aligned} \quad (3.4)$$

式中：τ_{yx}、τ_{yz} 分别为剪切应力在 x、z 方向的分量；q_x、q_z 分别为磁流变液在 x、z 方向的单位流量，可根据下式进行计算：

$$q_x = \int_0^h u \mathrm{d}y, q_z = \int_0^h w \mathrm{d}y \quad (3.5)$$

在数值求解过程中，采用 Sommerfeld 边界条件[97]：①抛光区域边界位置的压力为零，$P|_{\partial\Omega} = 0$；②固态核与流动液体交界处的速度梯度为零，$\frac{\partial u}{\partial y} = \frac{\partial w}{\partial y} = 0$；③工件表面和抛光轮表面的初始速度满足 $u|_{y=0} = 0, u|_{y=h} = U, w|_{y=0} = 0, w|_{y=h} = 0$。

为便于数值计算，对式(3.1)~式(3.5)中的物理量进行无量纲处理[98,131]：

$$\bar{x} = \frac{x}{L}, \bar{y} = \frac{y}{h}, \bar{z} = \frac{z}{B}, \bar{h} = \frac{h}{h_0},$$

$$\bar{u} = \frac{u}{U}, \bar{v} = \left(\frac{L}{h_0}\right)\frac{v}{U}, \bar{w} = \frac{w}{U}, \tag{3.6}$$

$$\bar{\mu} = \frac{\mu}{\mu_i}, \bar{P} = \frac{h_0^2 P}{\mu_i R U}, \bar{\eta}(\dot{\gamma}) = \bar{\mu} + \bar{h}\frac{\bar{\tau}_0}{\dot{\bar{\gamma}}}$$

式中：L、B 分别为抛光区域的长度和宽度；h_0 为抛光轮与工件表面的最小间隙；R 为抛光轮的半径；U 为抛光轮表面的线速度；μ_i 为磁流变液的单位黏度系数。

3.2 抛光区域磁流变液成核状态分析

由磁流变液的 Bingham 流体特性，当剪切应力小于剪切屈服强度时，磁流变液将形成固态核心。磁流变抛光区域的固态核心可能存在以下几种形式：

(1)抛光区域不存在固态核心。如果抛光区域内的磁场强度较小或者是零磁场状态，磁流变液的剪切屈服强度趋近于零，磁流变液接近牛顿流体，抛光区域内不存在固态核心。

(2)固态核心游离在工件表面与抛光轮表面之间的区域(游离固态核心)。如果工件表面、抛光轮表面的剪切应力大于磁流变液的剪切屈服强度，而其间某一区域的剪切应力小于磁流变液的剪切屈服强度，则固态核心将游离在工件表面与抛光轮表面之间。游离固态核心一般出现在理论计算过程中，实际的磁流变抛光区域很少出现。

(3)固态核心存在于工件表面(下表面固态核心)。如果工件表面的剪切应力小于磁流变液的剪切屈服强度，固态核心将出现在工件表面。此时，固态的磁流变液吸附在工件表面，并且与工件运动速度相同，磨粒无法对工件进行材料去除。下表面固态核心一般出现在磁流变抛光区域的外部，抛光区域的内部不会出现下表面固态核心。

(4)固态核心存在于抛光轮表面(上表面固态核心)。如果抛光轮表面的剪切应力小于磁流变液的剪切屈服强度，固态核心将出现在抛光轮表面。此时，固态的磁流变液吸附在抛光轮表面，并且与抛光轮运动速度相同，固态核心起到了截流作用，进一步提高了抛光区域的流体动压力，有利于提高材料去除效率。磁流变抛光区域内部一般都存在一定范围的上表面固态核心。

下面基于 Bingham 流体动力学基本方程分析抛光区域出现游离、下表面和上表面固态核心时的剪切应力和速度分布以及修正后的二维雷诺方程。图 3.2～图

3.4 中，τ_x、τ_z 为剪切应力 τ 在 x、z 方向的分量，u、w 为 x、z 方向的速度分量，h_a、h_b 为固态核心下边界和上边界在 y 方向对应的高度值，τ_0 为磁流变液剪切屈服强度。

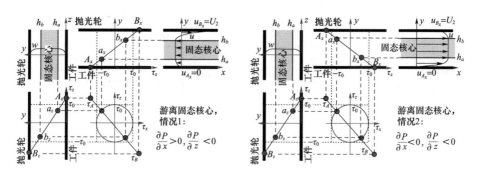

图 3.2 抛光区域出现游离固态核心时的剪切应力和速度分布

由图 3.2 和 Bingham 流体动力学基本方程，此时修正后的二维雷诺方程为[97-98]

$$\frac{\partial}{\partial \overline{x}}\left[\overline{h}^3(\overline{F}_2^a + \overline{F}_2^b)\left(\frac{\partial \overline{P}}{\partial \overline{x}}\right)\right] + \frac{1}{4\Lambda^2}\frac{\partial}{\partial \overline{z}}\left[\overline{h}^3(\overline{F}_2^a + \overline{F}_2^b)\left(\frac{\partial \overline{P}}{\partial \overline{z}}\right)\right]$$
$$= -\frac{\partial}{\partial \overline{x}}\left[\overline{h}\,\overline{U}_c\frac{\overline{F}_1^a}{\overline{F}_0^a} + \overline{h}(1-\overline{U}_c)\frac{\overline{F}_1^b}{\overline{F}_0^b}\right] - \frac{1}{2\Lambda}\frac{\partial}{\partial \overline{z}}\left[\overline{h}\,\overline{W}_c\left(\frac{\overline{F}_1^a}{\overline{F}_0^a} - \frac{\overline{F}_1^b}{\overline{F}_0^b}\right)\right] + \frac{\partial \overline{h}}{\partial \overline{x}} \quad (3.7)$$

式中：$\Lambda = \dfrac{B}{L}$，$\overline{F}_0^a = \int_0^{\overline{h}_a}\dfrac{1}{\eta}\mathrm{d}\overline{y}$，$\overline{F}_1^a = \int_0^{\overline{h}_a}\dfrac{\overline{y}}{\eta}\mathrm{d}\overline{y}$，$\overline{F}_2^a = \int_0^{\overline{h}_a}\dfrac{\overline{y}}{\eta}\left(\overline{y} - \dfrac{\overline{F}_1^a}{\overline{F}_0^a}\right)\mathrm{d}\overline{y}$，$\overline{F}_0^b = \int_{\overline{h}_b}^1\dfrac{1}{\eta}\mathrm{d}\overline{y}$，$\overline{F}_1^b = \int_{\overline{h}_b}^1\dfrac{\overline{y}}{\eta}\mathrm{d}\overline{y}$，$\overline{F}_2^b = \int_{\overline{h}_b}^1\dfrac{\overline{y}}{\eta}\left(\overline{y} - \dfrac{\overline{F}_1^b}{\overline{F}_0^b}\right)\mathrm{d}\overline{y}$，$\overline{U}_c$、$\overline{W}_c$ 分别为固态核心在 x 和 z 方向的滑移速度。

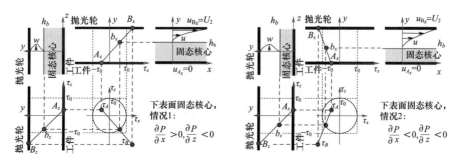

图 3.3 抛光区域出现下表面固态核心时的剪切应力和速度分布

由图 3.3 和 Bingham 流体动力学基本方程,此时修正后的二维雷诺方程为[97-98]

$$\frac{\partial}{\partial \bar{x}}\left[\bar{h}^3 \bar{F}_2^b\left(\frac{\partial \bar{P}}{\partial \bar{x}}\right)\right] + \frac{1}{4\Lambda^2}\frac{\partial}{\partial \bar{z}}\left[\bar{h}^3 \bar{F}_2^b\left(\frac{\partial \bar{P}}{\partial \bar{z}}\right)\right] = -\frac{\partial}{\partial \bar{x}}\left(\bar{h}\frac{\bar{F}_1^b}{\bar{F}_0^b}\right) + \frac{\partial \bar{h}}{\partial \bar{x}} \quad (3.8)$$

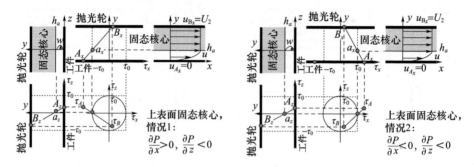

图 3.4 抛光区域出现上表面固态核心时的剪切应力和速度分布

由图 3.4 和 Bingham 流体动力学基本方程,此时修正后的二维雷诺方程为[97-98]

$$\frac{\partial}{\partial \bar{x}}\left[\bar{h}^3 \bar{F}_2^a\left(\frac{\partial \bar{P}}{\partial \bar{x}}\right)\right] + \frac{1}{4\Lambda^2}\frac{\partial}{\partial \bar{z}}\left[\bar{h}^3 \bar{F}_2^a\left(\frac{\partial \bar{P}}{\partial \bar{z}}\right)\right] = -\frac{\partial}{\partial \bar{x}}\left(\bar{h}\frac{\bar{F}_1^b}{\bar{F}_0^b}\right) + \frac{\partial \bar{h}}{\partial \bar{x}} \quad (3.9)$$

式(3.7)~式(3.9)可以用统一的修正二维雷诺方程描述:

$$\frac{\partial}{\partial \bar{x}}\left[\bar{h}^3 \bar{B}_T\left(\frac{\partial \bar{P}}{\partial \bar{x}}\right)\right] + \frac{1}{4\Lambda^2}\frac{\partial}{\partial \bar{z}}\left[\bar{h}^3 \bar{B}_T\left(\frac{\partial \bar{P}}{\partial \bar{z}}\right)\right] = -\frac{\partial}{\partial \bar{x}}\left[\bar{h}(1-\bar{B}_x)\right] - \frac{\bar{h}}{2\Lambda}\frac{\partial \bar{B}_z}{\partial \bar{z}} \quad (3.10)$$

式中: $\bar{B}_T = \bar{F}_2^a + \bar{F}_2^b, \bar{B}_x = \bar{U}_c\frac{\bar{F}_1^a}{\bar{F}_0^a} + (1-\bar{U}_c)\frac{\bar{F}_1^b}{\bar{F}_0^b}, \bar{B}_z = \bar{W}_c\left(\frac{\bar{F}_1^a}{\bar{F}_0^a} - \frac{\bar{F}_1^b}{\bar{F}_0^b}\right)$。

式(3.10)中,对于下表面固态核心的情况: $\bar{B}_T = \bar{F}_2^b, \bar{B}_x = \frac{\bar{F}_1^b}{\bar{F}_0^b}, \bar{B}_z = 0$,对于上表面固态核心的情况: $\bar{B}_T = \bar{F}_2^a, \bar{B}_x = \frac{\bar{F}_1^a}{\bar{F}_0^a}, \bar{B}_z = 0$,即上表面固态核心和下表面固态核心可以视为游离固态核心的特例。

图 3.5 所示为磁流变抛光区域流体动力学计算流程图。根据图 3.5 所示的计算流程,可以采用数值迭代的方法求解统一的修正二维雷诺方程[式(3.10)],从而确定磁流变抛光区域的固态核心范围、压力场、剪切应力场和速度场分布。

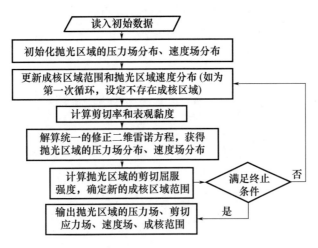

图 3.5 磁流变抛光区域流体动力学计算流程图

3.3 实验验证

由于实验条件的限制,无法直接测量抛光区域的压力场和剪切应力场分布,但是可以通过测量抛光过程中工件受到的压力和剪切力来间接验证压力场、剪切应力场理论计算的准确性。具体实验条件如下:材料为 K9 玻璃,磨料为 W0.5 金刚石微粉,磁流变液的剪切屈服强度为 30.0kPa,零磁场黏度为 0.6Pa·s,抛光轮转速为 100r/min,流量为 150L/min,磁场电流为 5A,抛光轮与工件表面最小间隙为 1.0mm。根据上述实验条件,按照图 3.5 所示的计算流程,对磁流变抛光区域的成核范围、压力场和剪切应力场进行数值计算。

图 3.6 清晰地展示了数值计算过程中磁流变液成核范围的演变过程。如图 3.6 所示,随着迭代次数的增加,抛光区域磁流变液固态核心的范围逐渐减小,最终趋于稳定状态(满足停机条件)。固态核心的范围由最初的三种成核状态并存[图 3.6(a)],逐步变化为上表面固态核心和下表面固态核心[图 3.6(b)、图 3.6(c)],达到稳定状态时,抛光区域只存在上表面固态核心[图 3.6(d)]。图 3.6 还验证了抛光区域磁流变液成核状态理论分析的正确性,即游离固态核心一般出现在理论计算过程中,实际的磁流变抛光区域很少出现,下表面固态核心一般出现在抛光区域的外部,而上表面固态核心一般出现在抛光区域内部。

图 3.7 所示为根据上述实验条件计算出的磁流变抛光区域压力场和剪切应力场分布。由图 3.7(a)知,压力场分布是一个单峰值的凸函数,并且压力场

沿抛光区域中心线上下对称，峰值压力出现在抛光轮最低点（$x=0$）附近，峰值压力为 155.6kPa。由图 3.7(c)知，剪切应力场沿抛光区域中心线上下对称，并且沿着磁流变液流动方向逐渐增大，峰值剪切应力为 58.5kPa。

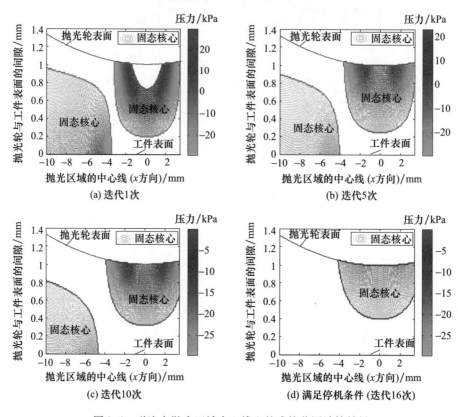

图 3.6　磁流变抛光区域中心线上的成核范围计算结果

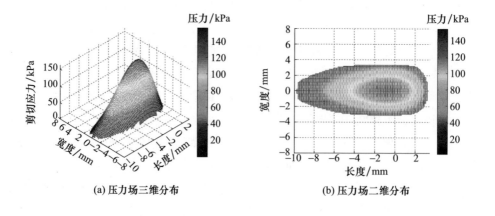

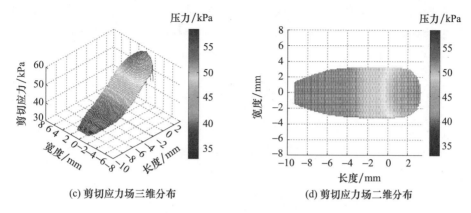

(c) 剪切应力场三维分布　　　　(d) 剪切应力场二维分布

图3.7　磁流变抛光区域的压力场和剪切应力场分布

图3.8所示为磁流变抛光过程加工力测量实验装置。实验中采用KISTLER 9256A1型三分量测力仪(电荷放大器型号5019),采样频率为10000Hz,采样时间为6s,去除函数与工件的接触时间为3s,加工力的方向定义如图3.8(a)所示。

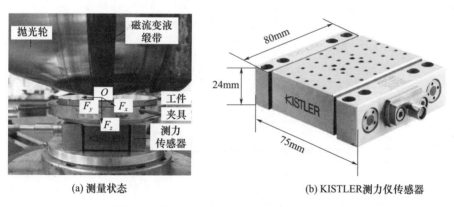

(a) 测量状态　　　　　　　　(b) KISTLER测力仪传感器

图3.8　磁流变抛光过程加工力测量实验装置

图3.9所示为磁流变抛光过程的加工力测量结果。由图3.9可知,磁流变抛光过程中工件主要受到垂直于工件表面向下的法向力F_z(平均值为4.32N)和平行于抛光轮线速度方向的切向力F_x(平均值为-3.13N)的作用,垂直于抛光轮线速度方向的切向力F_y基本为零。根据图3.7中磁流变抛光区域的压力场和剪切应力场分布,可以计算出工件所受的法向力理论值为4.47N,切向力理论值为-3.22N,这与加工力的实际测量结果较为接近,验证了抛光区域压力场和剪切应力场理论计算的准确性。根据磁流变抛光区域的压力场和剪切应

力场分布,采用建立的去除函数多参数理论模型,根据公式可以预测出去除函数的去除效率分布。为便于比较和分析,分别对材料去除效率理论预测值和实验值进行归一化处理。

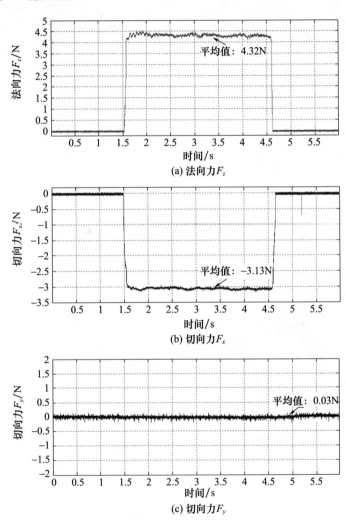

图 3.9　磁流变抛光过程的加工力测量结果

图 3.10 所示为归一化处理后的磁流变抛光区域材料去除效率理论预测值和实验值。磁流变抛光区域材料去除效率的理论预测值和实验值在影响范围、变化趋势和去除效率分布上基本相似。归一化处理后,去除效率理论预测值和实验值的最大偏差为 1.36%,体积去除效率偏差为 2.83%。在图 3.10(b)中,去除函数几何形状的理论预测值为长度 13.4mm、宽度 6.2mm,在图 3.10(d)

中,去除函数几何形状的实验值为长度 13.6mm、宽度 6.35mm,理论预测值与实验值的长度偏差为 1.49%、宽度偏差为 2.42%。根据上述分析与比较,去除函数理论预测值与实验值较为接近,初步验证了去除函数多参数模型的准确性。下一节将通过正交工艺实验进一步验证去除函数多参数模型的准确性,并且研究材料、磁流变液和工艺参数对去除函数的影响。

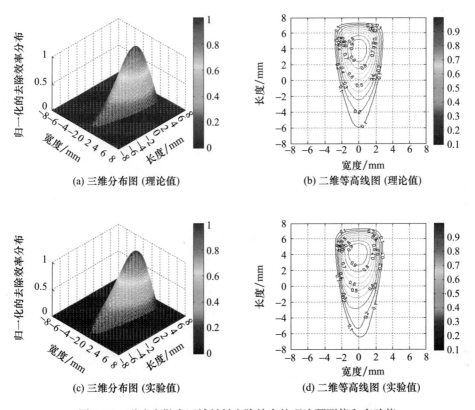

图 3.10 磁流变抛光区域材料去除效率的理论预测值和实验值

第4章 磁流变抛光表面与亚表面质量实验分析

本章在去除函数多参数模型的基础上,重点研究磁流变抛光的表面完整性问题,即如何采用磁流变抛光实现常见光学材料的超光滑、近零亚表面损伤抛光。本章首先深入分析影响磁流变抛光表面质量的材料内在因素和外在加工因素,而后对 KDMRW 系列水基磁流变液抛光常见光学玻璃和新型碳化硅材料的去除效率与表面粗糙度进行实验研究,最后采用磁流变抛光工艺成功消除磨削产生的亚表面裂纹层和传统抛光后的亚表面损伤层,获得了近零亚表面损伤的超光滑表面。

4.1 磁流变抛光表面质量实验分析

4.1.1 磁流变抛光表面质量影响因素分析

磁流变抛光的表面质量一般采用表面粗糙度进行评价。在进行表面粗糙度研究的微小面积区域内(一般为几十至几百微米),由于材料自身的特点和传统光学加工的影响,会引起局部材料去除效率不同,影响磁流变抛光后的表面完整性和表面粗糙度。磁流变抛光表面质量的主要影响因素包括材料内在因素和外在加工因素。材料内在因素主要是指材料存在杂质、气孔和晶格畸变等表面缺陷,或者材料本身是多晶向的、多相的或各向异性的。如果材料的表面缺陷、多晶向、多相或各向异性等因素引起了材料去除效率的明显差异,则会严重影响磁流变抛光后的表面粗糙度。外在加工因素主要是指光学镜面经过磨削、研磨和抛光等传统光学加工方法以后,一般会存在表面疵病(划痕、裂纹)和亚表面损伤(裂纹、脆性划痕、塑性划痕、磨粒嵌入等),这些表面、亚表面缺陷会对磁流变抛光后的表面粗糙度产生一定的影响。

图 4.1(a)、图 4.1(b)所示分别为 Si/SiC 两相涂层和 RB SiC(反应烧结碳化硅)磁流变抛光结果。由于 Si/SiC 和 RB SiC 同时包含 SiC 相与 Si 相,抛光过

程中 SiC 相的材料去除效率远远小于 Si 相,因此二者之间的高度差随着材料去除量的增加而增大,表面粗糙度也急剧变差。图 4.1(c)所示为热压多晶 MgF_2 磁流变抛光结果。由于材料表面存在大量的气孔,严重影响了磁流变液的局部流动状态,因此气孔后部产生了很多沟槽,抛光后的表面粗糙度很差。图 4.1(d)所示为具有球形缺陷的 CVD SiC 磁流变抛光结果。如果 CVD SiC 制备过程中工艺参数控制不佳,就会导致晶粒均匀性差,产生球形缺陷,从而引起抛光过程中材料局部去除效率不同,严重影响抛光后的表面粗糙度。由图 4.1 可见,由于磁流变抛光的材料柔性去除特点(工件表面的高点和低点都有材料去除),如果材料内在因素最终导致了抛光过程中材料局部去除效率不同,磁流变抛光后的表面质量一般较差,难以实现超光滑抛光。

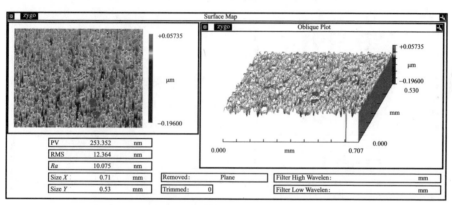

(a) Si/SiC两相涂层磁流变抛光结果 (RMS 12.364nm、Ra 10.075nm)

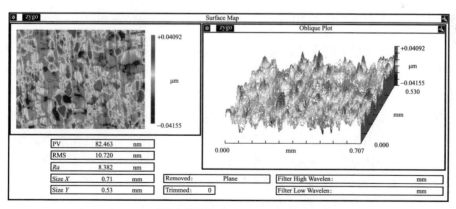

(b) RB SiC磁流变抛光结果 (RMS 10.720nm、Ra 8.382nm)

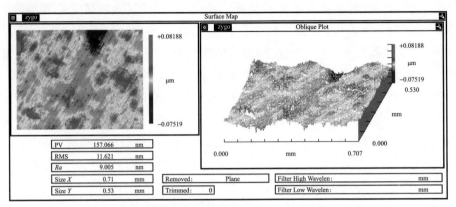

(c) 热压多晶MgF$_2$磁流变抛光结果 (RMS 11.621nm、Ra 9.005nm)

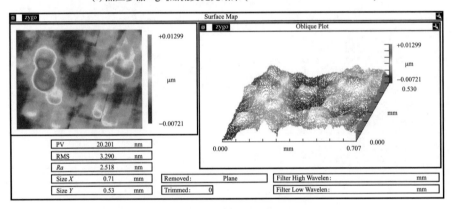

(d) 具有球形缺陷的CVD SiC磁流变抛光结果 (RMS 3.290nm、Ra 2.518nm)

图 4.1　材料内在因素对磁流变抛光表面质量的影响

为研究外在加工因素对磁流变抛光表面质量的影响,对常用的各向同性光学材料(K9 玻璃、石英玻璃、微晶玻璃和 CVD SiC)进行磁流变抛光,并观察抛光后存在的典型表面微观形貌。如图 4.2(a)所示,某些情况下,CVD SiC 材料传统研抛阶段残留的脆性划痕或塑性划痕被磁流变抛光暴露出来,这严重影响磁流变抛光后的表面质量。一般情况下,改善传统研抛工艺或者增加磁流变抛光的材料去除量可以有效地去除此类脆性或塑性划痕。如图 4.2(b)所示,某些情况下,微晶玻璃材料磁流变抛光后产生了明显的"蝌蚪状"缺陷。由于磨粒嵌入等原因,传统研抛过程可能在工件表面形成很多小孔洞,磁流变抛光过程中,小孔洞逐渐扩大,并沿着磁流变抛光方向产生拖尾,最终形成了"蝌蚪状"表面疵病。一般情况下,通过优化传统抛光工艺可以有效抑制此类表面疵病。如图 4.2(c)、(d)所示,磁流变抛光后的光学表面通常会产生明显的方向性纹路,这是磁流变塑性剪切去除机理在材料表面微观形貌的具体体现。图4.2(c)中,某些情况下,磁流变抛光石英玻璃材料形成的方向性纹路较为粗糙,而且不连续,这可能是由于磨料浓度较低或者磨料抱团,致使磨粒对材料的刻划断断续续,此时磁流变抛光后的表面粗糙度较差。一般情况下,通过优化磁流变液的配方、改进磨粒的分散方式可以提高方向性纹路的连续性和表面质量。图4.2(d)中,磁流变抛光K9玻璃形成的方向性纹路较为细腻、均匀,而且比较连续,此时磨粒对材料表面产生了连续的塑性剪切去除,抛光后的表面质量较好,表面粗糙度为RMS 0.552nm、Ra 0.440nm。由图4.2可见,除了材料内在因素以外,外在加工因素导致的表面疵病和亚表面损伤也会影响磁流变抛光后的表面质量。一般情况下,通过改进传统研抛工艺、优化磁流变液和磁流变抛光工艺,上述四种光学材料表面都可以产生均匀、连续的磁流变抛光纹路,实现超光滑抛光(表面粗糙度小于1nm)。

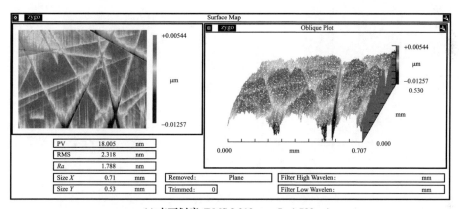

(a) 表面划痕 (RMS 2.318nm、*Ra* 1.788nm)

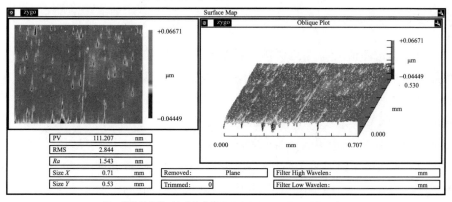

(b) "蝌蚪状"表面疵病 (RMS 2.844nm、*Ra* 1.543nm)

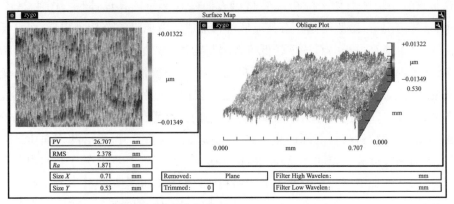

(c) 断续的方向性纹路 (RMS 2.378nm、Ra 1.871nm)

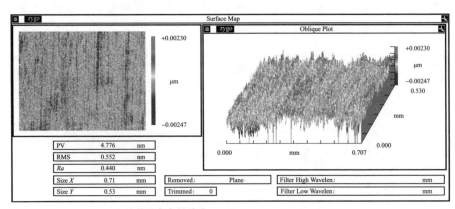

(d) 连续的方向性纹路 (RMS 0.552nm、Ra 0.440nm)

图 4.2 外在加工因素对磁流变抛光表面质量的影响

4.1.2 常见光学材料磁流变抛光表面粗糙度

综合考虑磁流变抛光的材料去除效率、表面粗糙度和抛光成本,结合磁流变抛光的实际需求,研制出五种常用水基磁流变液,其具体型号、磨料类型、加工特点和主要适用范围见表 4.1。此外,磁流变液还可以根据用户需求进行定制,优化调节抛光效率和抛光表面质量。采用上述五种水基磁流变液对常见光学玻璃材料和新型碳化硅材料进行磁流变抛光。实验中采用的试件外形尺寸、材料来源和初始表面粗糙度见表 4.2,其中硅表面改性 SiC 试件的表面为 10~20μm 厚的多晶硅。上述五种水基磁流变液加工表 4.2 中试件的峰值去除效率和表面粗糙度实验结果见表 4.3。例如,图 4.3 为 KDMRW-4 磁流变液加工常见光学材料的表面粗糙度。由图 4.3 知,石英和 CVD SiC 材料的光学抛光性能较好,磁流变抛光后的表面粗糙度 RMS 值已经接近 0.5nm, Ra 值接近 0.4nm。

表 4.1　KDMRW 系列水基磁流变液

磁流变液	磨料类型	加工特点	主要适用范围
KDMRW-1	微米级氧化铈	去除效率适中,表面质量适中,成本低	光学玻璃
KDMRW-2	纳米级氧化铈	去除效率较低,表面质量高,成本较高	光学玻璃
KDMRW-3	微米级金刚石微粉	去除效率高,表面质量较差,成本低	光学玻璃、碳化硅材料、氟化钙晶体
KDMRW-4	纳米级金刚石微粉	去除效率较高,表面质量高,成本高	光学玻璃、碳化硅材料、氟化钙晶体
KDMRW-5	纳米级金刚石微粉和氧化铝	去除效率适中,表面质量适中,成本适中	光学玻璃、碳化硅材料、氟化钙晶体

表 4.2　试件的外形尺寸、来源和初始表面粗糙度

材料类别	材料名称	外形尺寸	初始粗糙度 RMS/nm	材料来源
光学玻璃	K9 玻璃	ϕ100mm	1.188 ± 0.042	上海新沪光学材料公司
	K4 玻璃	ϕ100mm	1.161 ± 0.036	上海新沪光学材料公司
	微晶玻璃	ϕ100mm	1.091 ± 0.038	上海新沪光学材料公司
	石英玻璃	50mm × 70mm	1.033 ± 0.046	德国肖特公司
碳化硅材料	CVD SiC	ϕ60mm	1.155 ± 0.032	国防科技大学材料学院
	S SiC	ϕ60mm	2.134 ± 0.088	德国 ESK 公司
	硅改性 SiC	ϕ30mm	1.095 ± 0.035	中科院长春光机所
氟化钙晶体	CaF_2	ϕ100mm	1.329 ± 0.041	长春特种晶体材料公司

表 4.3　KDMRW 磁流变液加工常见光学材料的去除效率和表面粗糙度

磁流变液	评价指标	光学玻璃				碳化硅材料			氟化钙
		K9	K4	微晶	石英	CVD SiC	S SiC	硅改性 SiC	CaF_2
KDMRW-1	去除效率	3.3~3.7	3.2~3.5	2.6~2.9	1.7~2.0	—	—	×	
	表面粗糙度	0.9~1.0	0.9~1.0	0.7~0.8	0.7~0.8	—	—	×	

续表

磁流变液	评价指标	光学玻璃				碳化硅材料			氟化钙
		K9	K4	微晶	石英	CVD SiC	S SiC	硅改性 SiC	CaF_2
KD MRW-2	去除效率	1.5~2.0	1.3~1.8	1.2~1.5	0.6~0.8	—	—	1.5~2.0	—
	表面粗糙度	0.5~0.6	0.5~0.6	0.4~0.5	0.4~0.5	—	—	0.4~0.5	—
KD MRW-3	去除效率	9.0~10.0	8.5~9.5	7.5~8.5	4.0~5.0	2.5~3.5	3.0~4.0	×	×
	表面粗糙度	1.3~1.5	1.3~1.5	1.0~1.2	1.0~1.2	1.1~1.3	1.8~2.0	×	×
KD MRW-4	去除效率	2.2~2.5	2.1~2.4	1.8~2.2	1.0~1.4	0.5~0.7	0.7~1.0	2.0~2.5	1.1~1.5
	表面粗糙度	0.5~0.6	0.5~0.6	0.5~0.6	0.5~0.6	0.5~0.6	1.2~1.4	0.5~0.6	0.5~0.7
KD MRW-5	去除效率	4.0~5.0	4.0~4.5	2.2~2.5	1.5~2.2	0.8~1.0	1.0~1.3	2.8~3.4	1.5~2.3
	表面粗糙度	0.8~0.9	0.8~0.9	0.6~0.7	0.6~0.7	0.6~0.7	1.3~1.5	0.5~0.6	0.6~0.8

注：1. 去除效率是指材料的峰值去除效率，单位 μm/min；表面粗糙度是指充分抛光后的表面粗糙度 RMS(未滤波)，单位 nm。

2. 符号"×"表示加工后的表面疵病(划痕)较多，因此不能用于加工，符号"—"表示加工的效率极低，因此不能用于加工。

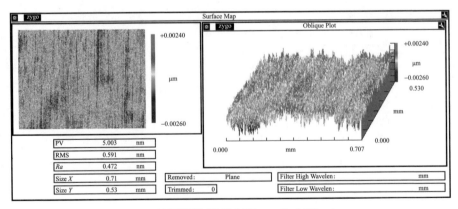

(a) K9材料 (RMS 0.591nm、Ra 0.472nm)

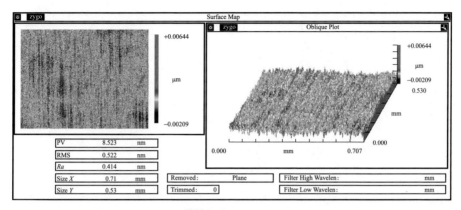

(b) K4材料 (RMS 0.522nm、Ra 0.414nm)

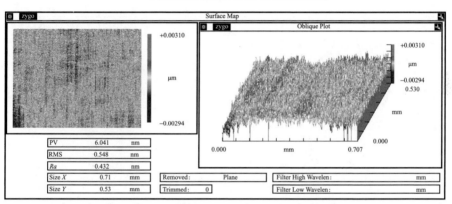

(c) 微晶材料 (RMS 0.548nm、Ra 0.432nm)

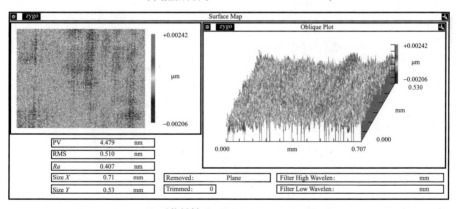

(d) 石英材料 (RMS 0.510nm、Ra 0.407nm)

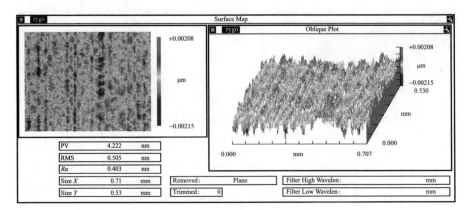

(e) CVD SiC材料 (RMS 0.505nm、Ra 0.403nm)

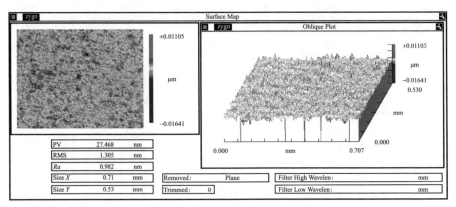

(f) S SiC 材料 (RMS 1.305nm、Ra 0.982nm)

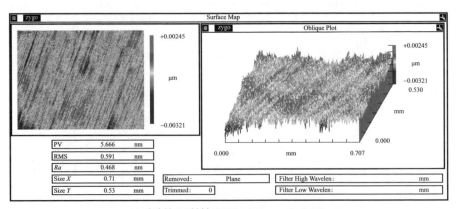

(g) 硅改性SiC材料 (RMS 0.591nm、Ra 0.468nm)

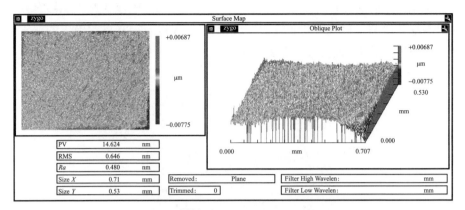

(h) CaF$_2$材料 (RMS 0.646nm、Ra 0.480nm)

图 4.3　KDMRW-4 磁流变液加工常见光学材料的表面粗糙度

4.2　磁流变抛光亚表面损伤实验分析

　　图 4.4 所示为石英玻璃传统抛光后的亚表面损伤模型[100,132]。如图 4.4 所示,石英玻璃传统抛光后亚表面损伤包括表面水解层和亚表面缺陷层,其中表面水解层内包括浅表面流动层、塑性划痕和抛光过程嵌入的抛光杂质,亚表面缺陷层内可能包括磨削、研磨过程残留的亚表面裂纹、脆性划痕和残余应力,以及抛光过程自身引入的塑性划痕。表面水解层和亚表面缺陷层的深度与具体抛光工艺参数有关。例如,王卓检测出石英玻璃表面水解层深度约为 76~105nm[100],Carr 检测出石英玻璃缺陷层深度为 100~500nm[132]。虽然缺陷层内磨削、研磨过程残留的亚表面裂纹、脆性划痕和残余应力有可能通过优化磨削、研磨工艺参数和增加抛光时间而逐步消除,但也有可能由于水解作用,裂纹和划痕逐渐向下复印而难以彻底去除。一般情况下,采用增加抛光时间的方法去除磨削、研磨过程残留的亚表面裂纹和脆性划痕加工效率很低,并且抛光过程自身也会引入塑性划痕和抛光杂质嵌入等问题。特别是加工惯性约束聚变工程使用的光学元件时,由于抛光过程中正压力较大,传统抛光技术难以从根本上消除诱发激光损伤的亚表面机械缺陷[99],因此必须采用新的抛光技术,从原理上避免亚表面损伤的产生。磁流变抛光具有独特的塑性剪切去除机理,根据磁流变抛光去除函数多参数模型和抛光区域的流体力场分布,可以计算出典型磁流变抛光工艺参数下的单个磨粒对光学表面施加的正压力约为 10^{-7}N,远小

于传统抛光中磨粒施加的正压力(约为 10^{-3} N)。因此,磁流变抛光能够有效地去除磨削和研磨过程残留的亚表面裂纹、脆性划痕以及抛光过程引入的亚表面塑性划痕等机械损伤,获得近零亚表面损伤的超光滑表面。

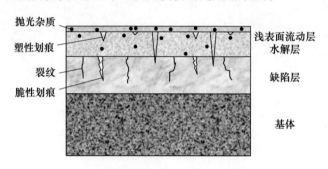

图 4.4　石英玻璃传统抛光后的亚表面损伤模型

传统光学制造采用磨削、研磨和抛光的工艺路线,在亚表面损伤控制方面难于精确测量与控制,基本依靠加工经验估计亚表面损伤深度。根据加工经验获得的亚表面损伤深度估计值往往偏于保守,虽然保证了加工质量,却牺牲了加工效率。针对传统光学制造对亚表面损伤控制的局限性和磁流变抛光的技术特点,将磁流变抛光应用于传统光学制造的工艺流程中,可能有两种工艺路线:①可变黏度磁流变抛光结合磨削成形的工艺路线,即采用磁流变抛光替代研磨工序来直接衔接磨削工序。首先,磁流变粗抛高效去除磨削产生的亚表面损伤层,而后磁流变精抛去除粗抛产生的抛光纹路并提升表面质量。②采用磁流变抛光衔接传统抛光工序,去除传统抛光后光学元件的亚表面损伤层。下面分别针对这两种工艺路线进行磁流变抛光消除亚表面损伤实验研究。

4.2.1　磁流变消除磨削亚表面裂纹层实验分析

光学玻璃独特的内部结构使其在磨削过程中产生的亚表面损伤形式只包括亚表面裂纹和亚表面残余应力两种形式[100]。本实验主要针对裂纹形式的亚表面损伤进行研究。通过控制磁流变液的黏度和调节工艺参数,分别获取用于测量磨削亚表面损伤层厚度和磁流变粗抛、精抛的去除函数,其详细性能指标见表 4.4,主要包括长度、宽度、峰值去除效率、体积去除效率和表面粗糙度 RMS 值。图 4.5 所示为磁流变消除磨削亚表面裂纹层采用的去除函数。在图 4.5(a)中,去除函数一的外形尺寸较大,去除效率居中,去除函数内部变化趋势平缓,可用于制造测量亚表面损伤层厚度的磁流变斑点。在图 4.5(b)中,去除函数二的体积去除效率高达 2.513mm³/min,可用于磁流变粗抛,高效地去除磨削产生的亚表面损伤层。在图 4.5(c)中,去除函数三的表面粗糙度为 RMS 0.522nm,可用于磁流变精抛,去除磁流变粗抛产生的抛光纹路并提升表面质量。

表 4.4　磁流变消除磨削亚表面裂纹层采用的去除函数性能指标

序号	长度×宽度 /(mm×mm)	峰值去除效率 /(μm/min)	体积去除效率 /(mm³/min)	表面粗糙度 RMS/nm
1	30.0×17.0	5.672	1.371	0.767
2	30.0×17.0	11.505	2.513	1.046
3	15.0×7.0	2.313	0.0944	0.522

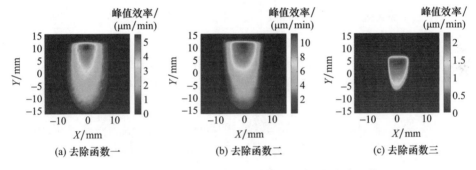

(a) 去除函数一　　　(b) 去除函数二　　　(c) 去除函数三

图 4.5　磁流变消除磨削亚表面裂纹层采用的去除函数

采用磁流变斑点法精确测量磨削产生的亚表面裂纹层厚度。利用磁流变抛光不产生附加亚表面损伤的特性,在磨削(120#砂轮,磨削深度为 20μm,工件进给速度为 10mm/s,砂轮线速度为 31.4m/s)后的 K9 玻璃表面制造磁流变抛光斑点,以暴露试件的亚表面裂纹层,根据酸蚀后亚表面裂纹延伸的水平距离及磁流变斑点的中心线轮廓可以确定亚表面裂纹层深度。在磨削表面试抛几个斑点以调整磁流变工艺参数,确保斜面最深处刚好穿过亚表面裂纹层,既保证所有的亚表面裂纹均被暴露出来又实现了最大的测量分辨率(水平视场)。图 4.6 所示为磁流变斑点法测量磨削亚表面损伤层厚度示意图。在图 4.6(a)中,采用去除函数一,在磨削表面制造三个斑点(每个斑点驻留 15min),抛光斑点的起始线为 S 线,终止线为 E 线,中心线分别为 C_1、C_2、C_3。在图 4.6(b)中,根据干涉仪测量出的去除效率分布,可以计算出磁流变抛光斑点的中心线轮廓线。

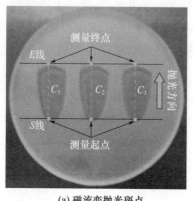 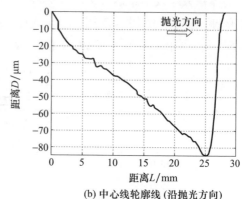

(a) 磁流变抛光斑点　　　　　　　　(b) 中心线轮廓线 (沿抛光方向)

图 4.6　磁流变斑点法测量磨削亚表面损伤层厚度示意图

为充分暴露亚表面裂纹,将制作磁流变斑点后的试件浸入 HF 酸蚀刻液($5\%\ \mathrm{HF},15\%\ \mathrm{NH_4F}$)中刻蚀 5min,而后超声清洗 20min,再将试件置于微动平台上。使用 KEYENCE 高倍显微镜沿中心线 C_2 观测试件的亚表面裂纹变化情况(S 线开始,E 线终止),图 4.7 所示为观察到的磨削后的 K9 玻璃亚表面裂纹光学显微图像($1000\times$)。根据亚表面裂纹消失时微动平台的移动距离和抛光斑点的中心线轮廓,可以获得亚表面裂纹层的深度。取试件表面三个磁流变抛光斑点的测量平均值,该 K9 玻璃磨削后的亚表面裂纹层深度约为 $50\mu\mathrm{m}$。

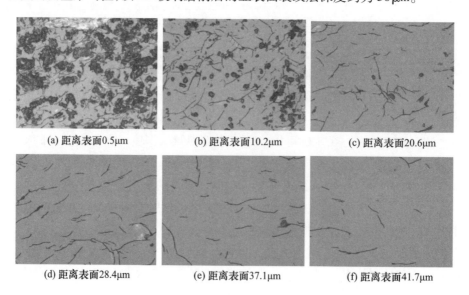

(a) 距离表面0.5μm　　(b) 距离表面10.2μm　　(c) 距离表面20.6μm

(d) 距离表面28.4μm　　(e) 距离表面37.1μm　　(f) 距离表面41.7μm

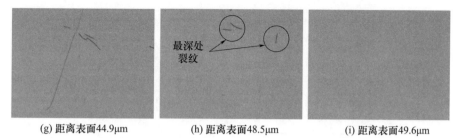

(g) 距离表面44.9μm   (h) 距离表面48.5μm   (i) 距离表面49.6μm

图 4.7　磨削后的 K9 玻璃亚表面裂纹光学显微图像(1000×)

采用去除函数二对口径 100mm 的 K9 玻璃平面镜进行磁流变粗抛,156min 后试件材料被均匀去除 50μm。图 4.8 所示为磁流变粗抛后的表面粗糙度测试结果。由于磨削表面对磁流变抛光过程的影响,使得粗抛后磁流变抛光纹路非常明显,表面粗糙度也较差(RMS 1.310nm)。

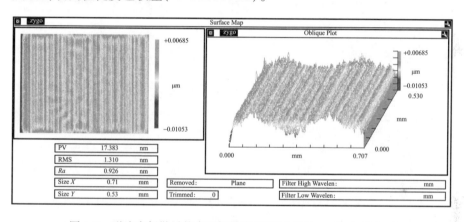

图 4.8　磁流变粗抛后的表面粗糙度(RMS 1.310nm、Ra 0.926nm)

采用去除函数三对上述工件进行磁流变精抛,17.5min 后试件材料被均匀去除 200nm。图 4.9 所示为磁流变精抛后的表面粗糙度测试结果。如图 4.9 所示,磁流变精抛后表面粗糙度有明显提高,RMS 值提升到 0.722nm,并且消除了磁流变粗抛的抛光纹路。将试件进行酸洗处理和超声清洗后,使用高倍显微镜进行观察,未见任何亚表面裂纹,这表明磨削过程产生的亚表面裂纹层已经被磁流变抛光完全去除。图 4.10 所示为磁流变精抛并且酸洗后的表面粗糙度测试结果。由图 4.10 所示,酸洗后表面粗糙度有一定程度的恶化,RMS 值降低到 0.982nm,抛光纹路也更为清晰。

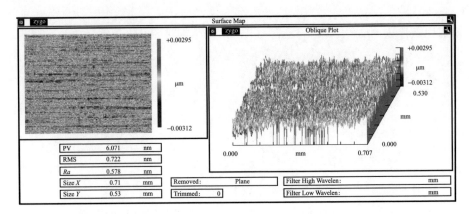

图 4.9　磁流变精抛后的表面粗糙度（RMS 0.722nm、Ra 0.578nm）

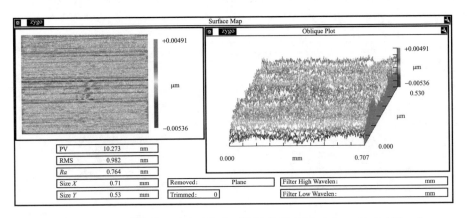

图 4.10　磁流变精抛并且酸洗后的表面粗糙度（RMS 0.982nm、Ra 0.764nm）

4.2.2　磁流变消除传统抛光亚表面损伤实验分析

采用相同的工艺参数对两块 50mm×70mm 的石英玻璃试件（德国肖特）进行充分抛光，抛光设备为双轴研抛机（JM030.2，南京利生），抛光盘采用沥青抛光盘（55#沥青），抛光液为氧化铈抛光液（平均粒径为 0.7μm）。将传统抛光后的石英玻璃试件进行超声清洗和充分擦拭，直至聚光灯下试件表面无可见污染，使用强光光源（DCR3 型，上海锡明）观测试件的表面疵病（划痕），并记录划痕的位置、形状和长度。图 4.11 所示为传统抛光后试件 1 的划痕分布强光检测结果。在图 4.11（a）中，试件 1（酸洗前）的划痕总数为 9 条，划痕总长度为 28mm，将试件 1 浸入 HF 酸蚀刻液（5% HF，15% NH_4F）中刻蚀 10min。在图 4.11（b）中，试件 1（酸洗后）的划痕总数增加到 25 条，划痕总长度也增加到

179mm。传统抛光后部分亚表面划痕没有被表面水解层完全覆盖,因此酸洗处理前在试件表面也可以观察到一定数目的亚表面划痕。由于酸洗处理(刻蚀深度约为200nm)去除了传统抛光后试件表面的水解层,充分暴露了被表面水解层覆盖的亚表面缺陷层内的划痕,因此酸洗处理后划痕的数目和总长度急剧增加。

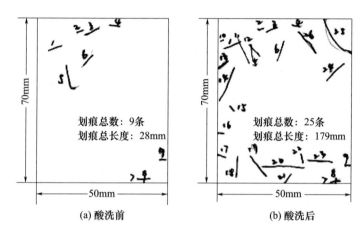

(a) 酸洗前　　　　　　　　　(b) 酸洗后

图 4.11　传统抛光后试件 1 的划痕分布强光检测结果

图 4.12 所示为试件 2 的划痕分布强光检测结果。在图 4.12(a)中,采用相同传统抛光工艺参数加工的试件 2(未酸洗)的划痕总数为 7 条,划痕总长度为 22mm,这与试件 1 酸洗前的划痕情况比较接近。因此,可以预见如果对试件 2 进行酸洗处理,则划痕的数目和总长度会急剧增加。对试件 2 进行磁流变抛光,具体工艺流程如下:采用峰值去除效率为 3.489μm/min,体积去除效率为 0.243mm³/min 的去除函数,经过 43.2min 磁流变抛光,将试件材料均匀去除 3μm;采用峰值去除效率为 1.289μm/min,体积去除效率为 0.119mm³/min 的去除函数,经过 14.7min 磁流变抛光,将试件材料均匀去除 500nm。在图 4.12(b)中,磁流变抛光后试件 2(未酸洗)的划痕总数为 2 条,划痕总长度为 2mm。在图 4.12(c)中,进行酸洗处理后,试件 2 的划痕总数增加为 4 条,划痕总长度增加为 4mm。由图 4.12 可见,磁流变抛光均匀去除 3.5μm 以后,绝大多数暴露在试件表面或者隐藏在亚表面缺陷层内的划痕已经被完全去除,磁流变抛光可以有效地消除传统抛光后的亚表面损伤。图 4.12(c)中最后残留的几条划痕主要集中在工件的边缘部分,这主要是由于边缘效应的影响(去除函数形状在边缘位置不完整),试件边缘位置的材料实际去除量小于中央部分,因此划痕没有被完全去除。

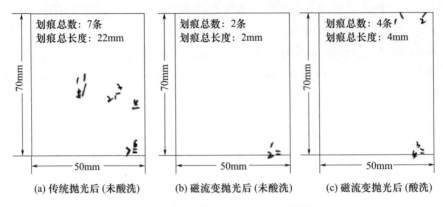

图 4.12 试件 2 的划痕分布强光检测结果

图 4.13 所示为试件 2 的表面粗糙度测试结果。由图 4.13 所示,在消除传统抛光亚表面损伤的同时,磁流变抛光还可以进一步提升试件的表面粗糙度,试件 2 的表面粗糙度从传统抛光后的 RMS 1.028nm、Ra 0.810nm 提升到 RMS 0.622nm、Ra 0.495nm,酸洗处理后表面粗糙度为 RMS 0.684nm、Ra 0.546nm。在成都精密光学研究中心使用 LEICA 暗场显微镜观测石英玻璃传统抛光和磁流变抛光后的亚表面损伤(均进行酸洗处理)。图 4.14 所示为传统抛光和磁流变抛光后的亚表面质量暗场检测结果。如图 4.14 所示,磁流变抛光有效地消除了传统抛光后石英玻璃表面残留的散射点和振纹,明显减少了传统抛光后光学元件的亚表面损伤。可见,磁流变抛光能够有效地消除传统抛光的亚表面损伤,获得近零亚表面损伤的超光滑表面。

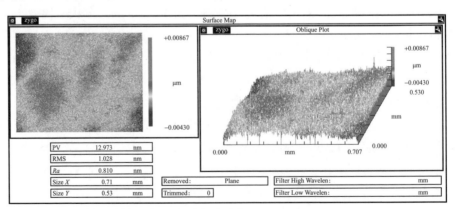

(a) 传统抛光后的表面粗糙度(未酸洗)(RMS 1.028nm、Ra 0.810nm)

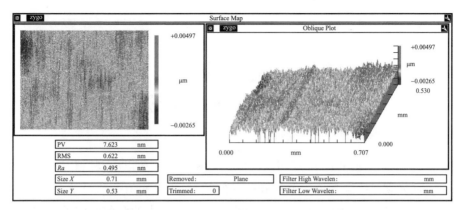

(b) 磁流变抛光后的表面粗糙度(未酸洗)(RMS 0.622nm、Ra 0.495nm)

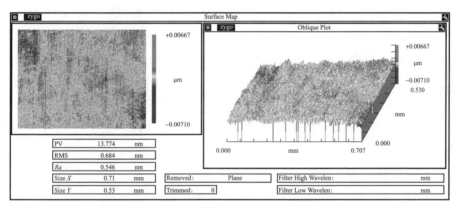

(c) 磁流变抛光后的表面粗糙度(酸洗)(RMS 0.684nm、Ra 0.546nm)

图 4.13　试件 2 的表面粗糙度测试结果

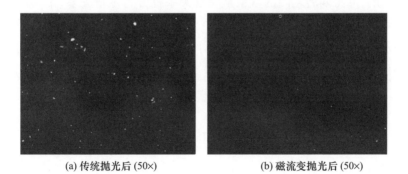

(a) 传统抛光后(50×)　　　　　　　　(b) 磁流变抛光后(50×)

图 4.14　传统抛光和磁流变抛光后的亚表面质量暗场检测结果

第5章 磁流变修形驻留时间高精度求解与实现

磁流变修形过程中,确定初始面形误差和去除函数以后,驻留时间求解和驻留时间实现是决定面形收敛比和残差的关键,也是磁流变修形的关键问题。驻留时间求解问题的实质是反卷积运算[133],目前提出的驻留时间求解方法主要包括迭代法[134]、傅里叶(Fourier)变换法[135]、代数法[136]和线性方程组法[137-142],采用的驻留时间求解模型主要包括离散卷积模型和线性方程组模型。本章综合分析各种驻留时间求解方法和求解模型的适用范围,并针对磁流变修形精度要求高、去除函数非回转对称的特点,对线性方程组法进行改进,提出了基于大型稀疏矩阵的驻留时间求解算法——加权非负广义最小残差算法(WNNGMRES),有效地解决了磁流变修形过程中驻留时间的高精度求解问题。

理论驻留时间的实现精度直接影响加工后的面形误差,特别是在高精度修形过程中,驻留时间的实现精度甚至成为影响加工精度的主要因素。驻留时间的实现精度与加工路径、驻留方式和运动系统动态性能密切相关。本章以线性扫描加工路径为例,重点分析运动系统动态性能对驻留时间实现精度和面形收敛比的影响,并将两者之间的联系从定性关系提升为定量关系,最终提出了基于运动系统动态性能的驻留时间实现方法。驻留时间求解与驻留时间实现相互联系、相互影响,因此本章还对驻留时间求解与实现进行联合优化,通过选取合理的额外去除层厚度和运动系统动态性能,在满足加工精度要求的前提下,提高加工效率和面形收敛比。

5.1 磁流变修形过程评价指标

图5.1所示为磁流变修形基本工艺流程。如图5.1所示,磁流变修形过程是一种典型的CCOS成形过程,在准确获取去除函数并保证去除函数稳定性的前提下,驻留时间的求解和驻留时间的实现是磁流变修形的关键问题。

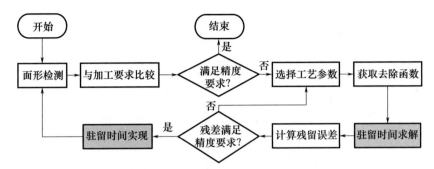

图 5.1　磁流变修形基本工艺流程

一般以加工前后的面形误差 PV、RMS 值、面形收敛比和 PSD 曲线来表征磁流变修形过程的空间域、频率域误差收敛情况。一般定义面形收敛比 c 为加工前后的面形误差 RMS 值之比[1]：

$$c = \frac{\text{RMS}_{\text{前}}}{\text{RMS}_{\text{后}}} \tag{5.1}$$

这些评价指标虽然在整体上反映了磁流变修形的加工效果,却难于反映磁流变修形过程中的具体细节。为深入研究磁流变修形过程的驻留时间求解与实现,根据产生原因和主要来源,对磁流变修形过程的驻留时间和残差进行如下分类。

图 5.2 所示为磁流变修形驻留时间与残差分类。根据主要来源和产生原因将驻留时间划分为三部分：①基本驻留时间 $T_{\text{基本}}$。反映磁流变修形的基本情况,由初始面形的材料去除总量和去除函数体积去除效率决定。②第一类额外驻留时间 $T_{\text{额外1}}$。在驻留时间求解过程产生,主要由于增加额外去除层和驻留时间的非负化处理引起。③第二类额外驻留时间 $T_{\text{额外2}}$。在驻留时间实现过程产生,主要由于运动系统动态性能不足引起。计算驻留时间 $T_{\text{理论}}$ 定义为基本驻留时间和第一类额外驻留时间之和,根据上述定义：

$$T_{\text{总}} = T_{\text{基本}} + T_{\text{额外1}} + T_{\text{额外2}} \tag{5.2}$$

类似地可以将残差划分为三部分,分别是基本残差 $E_{\text{基本}}$、第一类额外残差 $E_{\text{额外1}}$ 和第二类额外残差 $E_{\text{额外2}}$,并且

$$E_{\text{总}} = E_{\text{基本}} + E_{\text{额外1}} + E_{\text{额外2}} \tag{5.3}$$

根据上述驻留时间和残差划分方法,可以定义如下的磁流变修形过程评价指标：$k_{t,b}$ 表示基本驻留时间占总驻留时间的比例,用于表征磁流变修形过程的加工效率；$k_{t,e}$ 表示第二类额外驻留时间占总驻留时间的比例,用于表征运动系统动态性能对总驻留时间的影响；$k_{e,e}$ 表示第二类额外残差占总残差的比例,用于表征运动系统动态性能对总残差的影响,各指标的具体定义见式(5.4)。

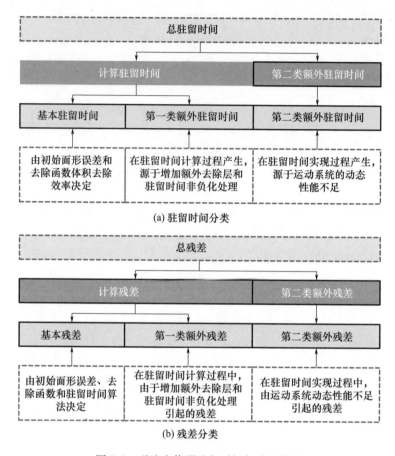

图 5.2 磁流变修形驻留时间与残差分类

$$k_{t,b} = \frac{T_{基本}}{T_{总}}, \quad k_{t,e} = \frac{T_{额外2}}{T_{总}}, \quad k_{e,e} = \frac{E_{额外2}}{E_{总}} \quad (5.4)$$

CCOS 成形过程中,一般采用增加额外去除层的方法来实现驻留时间的非负化[115-116]。磁流变修形过程中也同样需要增加一定厚度的额外去除层来实现驻留时间的非负化,并且增加额外去除层还可以降低修形过程对运动系统动态性能的要求。图 5.3 所示为磁流变修形过程中增加额外去除层的示意图。如图 5.3 所示,根据磁流变修形过程的需要,可以在初始面形误差上附加一定厚度的额外去除层(均匀去除层),额外去除层的厚度 r_e 一般用其高度值 $H_{额外}$ 与初始面形误差的 $PV_{初始}$ 之比来表示。

$$r_e = \frac{H_{额外}}{PV_{初始}} \quad (5.5)$$

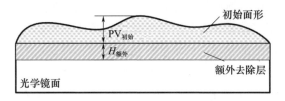

图 5.3 磁流变修形过程中增加额外去除层的示意图

根据文献[94]并结合作者进行的大量修形实验,在磁流变修形过程中上述评价指标一般应满足:$r_e < 0.25$,$k_{t,b} > 0.75$,$k_{t,e} < 0.03$,$k_{e,e}(PV) < 0.3$,$k_{e,e}(RMS) < 0.5$,其中 $k_{e,e}(PV)$、$k_{e,e}(RMS)$ 分别表示残差采用的是 PV 值和 RMS 值进行评价。

5.2 磁流变修形驻留时间求解算法

根据 CCOS 成形过程的二维卷积方程,已知初始面形误差和去除函数,求解驻留时间的过程就是求解反卷积的过程。反卷积运算是一类工程中经常遇到的逆问题,在信号恢复和图像反降晰领域运用和研究得最多。反卷积的数学实质是反问题,反问题通常是不适定问题,而不适定问题通常是病态的,因此驻留时间求解通常是病态的不适定问题,求解驻留时间一般比较困难。驻留时间的求解模型包括离散卷积模型和线性方程组模型,基于不同的求解模型有不同的驻留时间求解算法,其中采用离散卷积模型的有傅里叶变化法、脉冲迭代法和基于贝叶斯原理的迭代算法等[27,128],采用线性方程组模型的有 Tikhonov 正则化、LSQR 正则化和 TSVD 正则化等[143-145]。图 5.4 所示为线性扫描和极轴扫描路径的去除函数分布。如图 5.4 所示,线性扫描路径中,不同加工位置的去除函数均相同,而极轴扫描路径中,不同加工位置的去除函数之间有一定的偏转角度。对于具有回转对称特性的去除函数,极轴扫描路径中可以不考虑偏转角度对去除函数的影响,但是磁流变修形的去除函数具有非回转对称特性,必须考虑偏转角度对去除函数的影响。

各种基于离散卷积模型的驻留时间求解算法普遍要求不同加工位置的去除函数相同。因此,对于回转对称的去除函数,此类算法可用于求解线性扫描路径和极轴扫描路径的驻留时间,但是对于非回转对称的去除函数,此类算法只能用于求解线性扫描路径的驻留时间。而基于线性方程组模型的驻留时间求解算法可广泛适用于随加工位置变化的去除函数。因此,此类算法可用于求解非回转对称去除函数线性扫描路径和极轴扫描路径的驻留时间,满足磁流变修形的需求。由于多数 CCOS 工艺过程的去除函数都具有回转对称的特点,各种基于离散卷积模型的驻留时间求解算法及其改进算法已经较为成熟,最为典型的脉冲迭代法由于计算量小、计算速度快、计算结果较为理想已得到广泛应用;而各种基于线性方程组模型的驻留时间求解算法还尚未成熟,虽然求解精度较高,但普遍存在计算量大、计算速度慢等缺点。由于磁流变修形的去除函数具有非回转对称的特点,并且磁流变修形一般用于高精度光学镜面加工,因此提高基于线性方程组模型驻留时间求解算法的计算精度与计算速度是实现磁流变修形驻留时间高精度求解的有效途径。

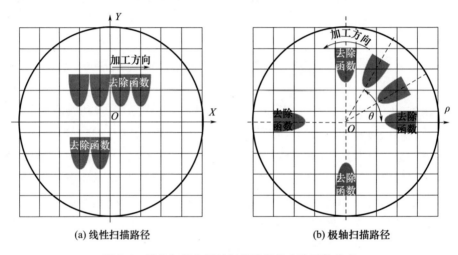

图 5.4　线性扫描和极轴扫描路径的去除函数分布

5.2.1　线性方程组模型

文献[143]提出了一种基于矩阵的驻留时间求解模型,根据其基本思想并结合磁流变修形去除函数非回转对称的特点,建立如下的线性方程组模型。图 5.5 所示为线性方程组模型的离散式网格划分示意图。如图 5.5 所示,对初始面形误差进行离散式网格划分,可以得到一系列面形误差控制点 $p_i(x_i,y_i)$,其中第 i 个面形误差控制点的坐标为 (x_i,y_i),对应的面形误差值为 h_i,按照一定的面积划分规则,可以定义其控制面积为 a_i。定义修形过程中去除函数的驻留位置为驻留点 $l_k(x_k,y_k)$,其中第 j 个驻留点处的驻留时间为 t_j。定义面形误差控制点向量 $\boldsymbol{P}=[p_1,\cdots,p_i,\cdots,p_m]^{\mathrm{T}}$,面形误差值向量 $\boldsymbol{H}=[h_1,\cdots,h_i,\cdots h_m]^{\mathrm{T}}$,驻留点向量 $\boldsymbol{L}=[l_1,\cdots,l_k,\cdots,l_n]^{\mathrm{T}}$,驻留时间向量 $\boldsymbol{T}=[t_1,\cdots,t_j,\cdots,t_n]^{\mathrm{T}}$,驻留时间

分布密度为 $D(x_i, y_i)$。

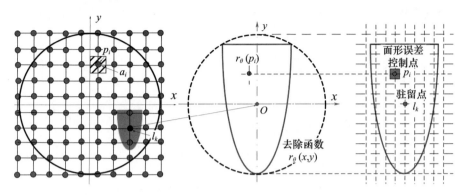

图 5.5 线性方程组模型的离散式网格划分示意图

定义去除向量 $\boldsymbol{F}^k = [F_1^k, \cdots, F_i^k, \cdots, F_m^k]^\mathrm{T}$ 表示去除函数位于驻留点 l_k 时，对所有面形误差控制点的材料去除能力，则任意面形误差控制点 p_i 处的去除效率 F_i^k 为

$$F_i^k = \frac{1}{a_i} \iint_{S_{in}} r_\theta(x, y) \mathrm{d}x \mathrm{d}y \tag{5.6}$$

式中：$r_\theta(x, y)$ 表示偏转角度为 θ 时的去除函数；S_{in} 为控制面积 a_i 在去除函数内部的区域。显然，当面形误差控制点 p_i 位于去除函数外部时，$F_i^k = 0$。

定义去除矩阵 $\boldsymbol{F}_{m \times n} = [\boldsymbol{F}^1, \cdots, \boldsymbol{F}^k, \cdots, \boldsymbol{F}^n]$ 为

$$\boldsymbol{F}_{m \times n} = \begin{bmatrix} F_1^1 & F_1^2 & \cdots & F_1^j & \cdots & F_1^n \\ F_2^1 & F_2^2 & \cdots & F_2^j & \cdots & F_2^n \\ \vdots & \vdots & \ddots & \vdots & \ddots & \vdots \\ F_i^1 & F_i^2 & \cdots & F_i^j & \cdots & F_i^n \\ \vdots & \vdots & \ddots & \vdots & \ddots & \vdots \\ F_m^1 & F_m^2 & \cdots & F_m^j & \cdots & F_m^n \end{bmatrix} \tag{5.7}$$

则根据上述定义，磁流变修形过程满足 $\boldsymbol{F} \cdot \boldsymbol{T} = \boldsymbol{H}$，即

$$\begin{bmatrix} F_1^1 & F_1^2 & \cdots & F_1^j & \cdots & F_1^n \\ F_2^1 & F_2^2 & \cdots & F_2^j & \cdots & F_2^n \\ \vdots & \vdots & \ddots & \vdots & \ddots & \vdots \\ F_i^1 & F_i^2 & \cdots & F_i^j & \cdots & F_i^n \\ \vdots & \vdots & \ddots & \vdots & \ddots & \vdots \\ F_m^1 & F_m^2 & \cdots & F_m^j & \cdots & F_m^n \end{bmatrix} \cdot \begin{bmatrix} t_1 \\ t_2 \\ \vdots \\ t_j \\ \vdots \\ t_n \end{bmatrix} = \begin{bmatrix} h_1 \\ h_2 \\ \vdots \\ h_i \\ \vdots \\ h_m \end{bmatrix} \tag{5.8}$$

线性方程组(5.8)为磁流变修形驻留时间求解问题的线性方程组描述。线性方程组模型具有以下优点[143]：

(1) 面形误差控制点和驻留点可以采用不同的网格划分；
(2) 面形误差控制网格可以采用非均匀网格；
(3) 驻留点数可以少于、等于或多于面形误差控制点数；
(4) 去除函数和工件可具有任意形状；
(5) 随空间位置变化的去除函数也可以适用。

5.2.2 加权非负广义最小残差算法

由于驻留时间求解通常是病态的不适定问题，线性方程组(5.8)通常是病态方程组，系数矩阵 F 的条件数非常大。大条件数意味着舍入误差或其他误差会严重影响求解结果，而采用传统的高斯消去法、LU 分解法、Cholesky 分解法和 QR 分解法求得的解与真实解相距甚远而毫无意义。这类病态方程组通常采用正则化方法进行求解，比如 LSQR 正则化、Tikhonov 正则化和 TSVD 正则化，但是这些正则化解法的复杂度随着系数矩阵 F 维数的增加而急剧上升，最终导致计算量过大、计算时间过长而难以实际应用。磁流变修形是一种典型的小工具加工，一般情况下去除函数的空间尺度远小于光学镜面的口径，因此采用通常的离散式网格划分方法，线性方程组(5.8)的系数矩阵 F 将成为稀疏矩阵。特别是在加工大中型光学镜面时，系数矩阵 F 的大型化、稀疏化趋势十分明显，磁流变修形驻留时间求解问题成为典型的大型稀疏矩阵求解问题。目前，针对大型稀疏矩阵的研究已经十分深入[137-142]，求解方法主要有 GMRES 法、BICG 法、多波前法、LU 直接分解法、QR 分解法和多重网格法，并且可以求解病态矩阵。大型稀疏矩阵的求解速度也日益提高，例如采用 GSS 求解器，1 万阶矩阵的求解时间为 0.01s，十万阶矩阵为 0.1s。根据上述分析，采用大型稀疏矩阵的方法求解磁流变修形的驻留时间具有技术可行性，并且相关研究具有创新性，其求解精度和求解速度均可以满足磁流变修形的需求。

近年来 Krylov 子空间类算法得到了很大的发展，其中广义最小残差算法(generalized minimal residual method, GMRES)已经成为求解大型非对称稀疏矩阵的一种成熟并且很有效的解法[137]。GMRES 算法首先根据 Arnoldi 过程在 Krylov 子空间内生成一组正交基 $V = [v_1, v_2, \cdots, v_k]$，其中 $K_k(A, r_o) = \text{span}\{r_o, Ar_o, \cdots, A^{k-1}r_o\}$，$r_o = b - Ax_o$，$x_o$ 为初始解，而后进行迭代。标准的 GMRES 算法包括以下步骤[137]：

(1) 选择初始解 x_o，计算 $r_o = b - Ax_o, v_1 = r_o / \parallel r_o \parallel$；

(2) 根据 Arnoldi 过程，构造 v_{j+1}；

(3) 解算最小二乘问题，求解 $z^{(K)} \in R^k$，使 $\parallel e_1^{(K+1)} - \overline{H}_K z \parallel_2$ 达到最小值；

(4) 构造近似解 $x_k, d = \parallel r_o \parallel V_k z^{(k)}, x_k = x_o + d$；

(5) 如果 x_k 满足要求则停止计算，否则 $x_o = x_k, r_o = r_k, v_1 = r_o / \parallel r_o \parallel$，并且转入步骤(2)循环迭代。

为进一步提高 GMRES 算法的收敛速度和求解精度，同时考虑到驻留时间的非负化要求，对标准 GMRES 算法进行了如下改进：用加权 Arnoldi 过程取代标准 Arnoldi 过程，通过增加权系数，提高算法的收敛速度和解算精度；用非负最小二乘问题代替最小二乘问题，满足驻留时间的非负化要求。将改进后的 GMRES 算法命名为加权非负广义最小残差算法（weighted non-negative generalized minimal residual method, WNNGMRES）。WNNGMRES 算法包括以下步骤：

(1) 选择初始解 x_o，计算 $r_o = b - Ax_o, v_1 = r_o / \parallel r_o \parallel$；

(2) 根据加权 Arnoldi 过程，构造 v_{j+1}，并引入权系数 β；

(3) 解算非负最小二乘问题，求解 $z^{(K)}$ 使得 $\parallel e_1^{(K+1)} - \overline{H}_K z \parallel_2$ 达到最小值；

(4) 构造近似解 $x_k, d = \parallel r_o \parallel V_k z^{(k)}, x_k = x_o + d$，并根据权系数 β 修改 x_k, r_k；

(5) 如果 x_k 满足要求则停止计算，否则 $x_o = x_k, r_o = r_k, v_1 = r_o / \parallel r_o \parallel$，并且转入步骤(2)循环迭代。

5.2.3 驻留时间求解仿真分析

5.2.3.1 仿真条件

仿真中采用的初始面形误差为一块口径 100mm、通光口径 80% 的 K9 平面镜的真实面形误差，波面干涉仪（Zygo GPX300）的测量结果如图 5.6 所示。经过前期加工该平面镜已经具有较高的面形精度，初始面形误差为 PV 0.0912μm，RMS 0.0197μm。仿真中采用的去除函数直径为 14mm，峰值去除效率为 2.25μm/min。

为便于计算和分析，采用等间距网格对初始面形误差进行离散化处理，选取面形误差控制点与驻留点重合。考虑到面形误差的连续性、去除函数的外形尺寸以及求解的精度与速度，选取网格间距为 1mm。如图 5.7 所示，离散化处理后的面形误差矩阵大小为 81×81，去除函数矩阵大小为 15×15。

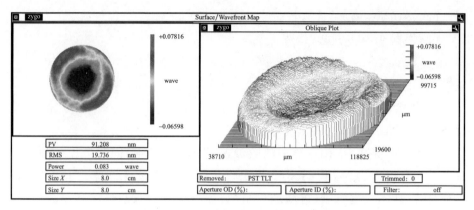

图 5.6　磁流变修形前的面形误差测量数据

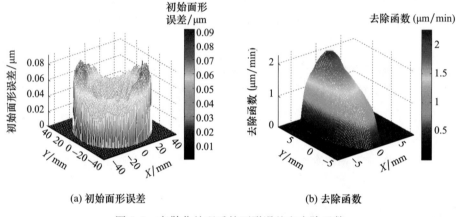

(a) 初始面形误差　　　　　　　　(b) 去除函数

图 5.7　离散化处理后的面形误差和去除函数

根据上述离散化网格划分方法,去除矩阵是对称的方阵,维数为 6561 × 6561。对于线性扫描路径,各驻留点处的去除函数偏角均为零,计算去除矩阵时无须对去除函数进行旋转处理。但对于极轴扫描路径,计算去除矩阵时应考虑去除函数偏角的影响,将去除函数进行旋转处理。图 5.8 所示为去除矩阵的非零元素分布。如图 5.8 所示,去除矩阵的大型化、稀疏化特征非常明显。下面分别计算线性扫描路径和极轴扫描路径的驻留时间,并研究增加额外去除层对驻留时间和残差的影响。

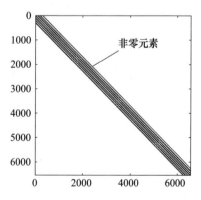

图 5.8　去除矩阵非零元素分布

5.2.3.2 线性扫描路径

图 5.9 所示为采用 WNNGMRES 算法求解出的线性扫描路径的基本驻留时间(驻留时间通常以分布密度的形式来表示)和基本残差,其中基本驻留时间为 2.01min,基本残差为 PV 0.0305μm、RMS 0.0024μm。

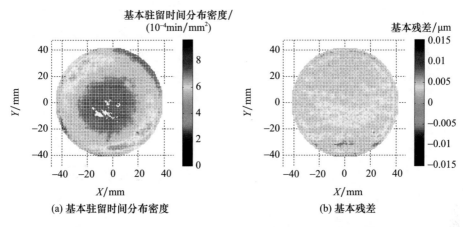

(a) 基本驻留时间分布密度

(b) 基本残差

图 5.9 基本驻留时间和基本残差(线性扫描、WNNGMRES 算法)

图 5.10 所示为额外去除层厚度与驻留时间关系曲线。随着额外去除层厚度的增加,基本驻留时间保持不变,第一类额外驻留时间和计算驻留时间线性增加。由于额外去除层厚度的增加不影响基本材料去除量,因此基本驻留时间保持不变。但是额外去除层厚度的增加会引起额外材料去除量的线性增加,因此第一类额外驻留时间会线性增加,并且这种规律与具体的加工路径和驻留时间求解算法无关。

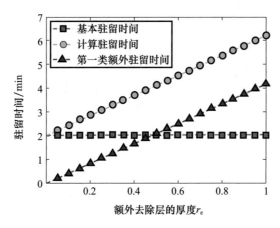

图 5.10 额外去除层厚度与驻留时间关系曲线(线性扫描、WNNGMRES 算法)

图 5.11 所示为额外去除层厚度与残差关系曲线。随着额外去除层厚度的增加，基本残差保持不变，第一类额外残差线性增加，计算残差先小幅下降，后逐渐增大。由于额外去除层厚度的增加不影响基本材料去除量，因此基本残差保持不变。额外去除层厚度的增加会引起额外材料去除量的线性增加，由于方程组(5.8)是线性方程组，因此第一类额外残差会线性增加。额外去除层厚度的少量增加，提高了算法中非负最小二乘问题的求解精度，即减少了驻留时间非负化处理过程中引起的误差，因此方程组(5.8)的整体求解精度有所提高，计算残差先小幅下降，而后随着额外去除层厚度的逐步增大，第一类额外残差的线性增加使得整体求解精度下降，计算残差逐步增大。

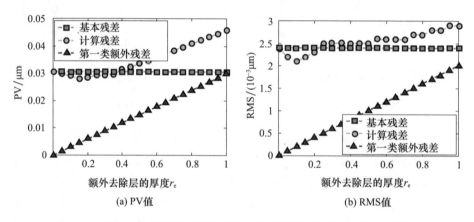

图 5.11 额外去除层厚度与残差关系曲线(线性扫描、WNNGMRES 算法)

5.2.3.3 极轴扫描路径

图 5.12 所示为采用 WNNGMRES 算法求解出的极轴扫描路径的基本驻留时间和基本残差，其中基本驻留时间为 2.14min，基本残差为 PV $0.0279\mu m$、RMS $0.0019\mu m$。比较图 5.9 和图 5.12，由于初始面形误差具有明显的环带误差特点，因此极轴扫描路径的驻留时间、残差分布更为均匀，残差的 PV、RMS 值也小于线性扫描路径的仿真结果。

图 5.13 所示为额外去除层厚度与驻留时间关系曲线，图 5.14 所示为额外去除层的厚度与残差的关系曲线。图 5.13、图 5.14 所反映出的规律和产生原因与线性扫描路径相似，不再具体分析。

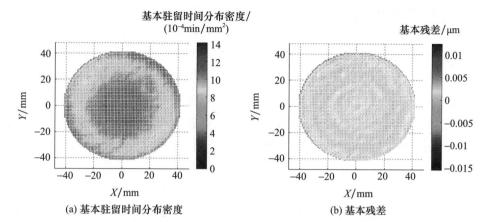

(a) 基本驻留时间分布密度

(b) 基本残差

图 5.12 基本驻留时间和基本残差(极轴扫描、WNNGMRES 算法)

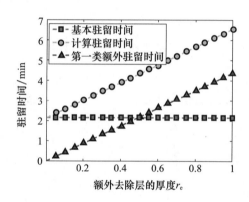

图 5.13 额外去除层厚度与驻留时间关系曲线(极轴扫描、WNNGMRES)

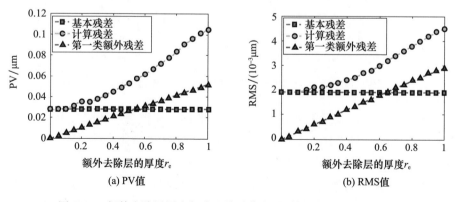

(a) PV值

(b) RMS值

图 5.14 额外去除层厚度与残差关系曲线(极轴扫描、WNNGMRES)

5.2.3.4 与脉冲迭代法比较研究

脉冲迭代法广泛应用于 CCOS 成形工艺的驻留时间求解,具有运算量小、计算速度快的优点。虽然在磁流变修形中,脉冲迭代法只适用于线性扫描路径,并且求解精度低于 WNNGMRES 算法,但仍可以作为 WNNGMRES 算法的有力补充,快速、简便的求解驻留时间,尤其适用于加工精度要求不高的情况。脉冲迭代法的基本思想是将去除函数理想化为去除脉冲,去除脉冲的强度 B 等于去除函数的强度(各点去除效率的代数和),脉冲迭代法的计算步骤见文献[128]。由于脉冲迭代法采用离散卷积模型,需要对初始面形数据进行数据延拓以满足计算的要求和消除边缘效应。常用的数据延拓方法包括邻域生长法、填零法和高斯延拓法[27,128]。

图 5.15 所示为采用脉冲迭代算法求解出的线性扫描路径的基本驻留时间和基本残差,其中基本驻留时间为 2.03min,基本残差为 PV $0.0355\mu m$、RMS $0.00334\mu m$。如图 5.15 所示,由于采用了去除脉冲的思想,脉冲迭代法求解的驻留时间分布密度与初始面形误差十分"相似",脉冲迭代法求解的残差明显高于 WNNGMRES 算法。

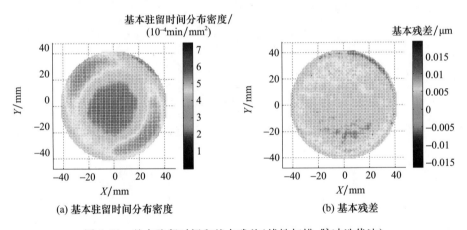

(a) 基本驻留时间分布密度   (b) 基本残差

图 5.15　基本驻留时间和基本残差(线性扫描、脉冲迭代法)

图 5.16 所示为额外去除层厚度与驻留时间关系曲线。如图 5.16 所示,额外去除层厚度与驻留时间的关系与 WNNGMRES 算法的计算结果相同,进一步验证了这一规律与具体的加工路径和驻留时间求解算法无关。

图 5.17 所示为额外去除层厚度与残差关系曲线。如图 5.17 所示,随着额外去除层厚度的增加,基本残差保持不变,第一类额外残差为零,计算残差与基本残差相等。由于脉冲迭代法将去除函数理想化为去除脉冲,在去除等高度的

平面时,可以在理论上实现"零误差",因此第一类额外残差恒为零,计算残差与基本残差相等且保持不变。

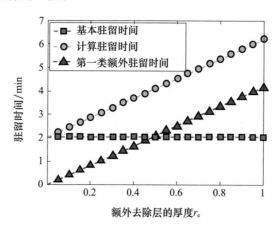

图 5.16　额外去除层厚度与驻留时间关系曲线(线性扫描、脉冲迭代法)

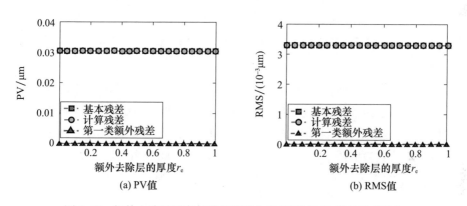

图 5.17　额外去除层厚度与残差关系曲线(线性扫描、脉冲迭代法)

根据上述仿真结果,可得如下结论:

(1)随着额外去除层厚度的增加,基本驻留时间保持不变,第一类额外驻留时间和计算驻留时间线性增加,计算驻留时间等于基本驻留时间与第一类额外驻留时间之和。

(2)对于 WNNGMRES 算法,随着额外去除层厚度的增加,基本残差保持不变,第一类额外残差线性增加,计算残差先小幅下降,后逐渐增大;对于脉冲迭代算法,随着额外去除层厚度的增加,第一类额外残差恒为零,计算残差与基本残差相等且保持不变。

(3)WNNGMRES 算法的求解精度明显高于脉冲迭代算法。

采用类似的方法可以对基于线性方程组模型的 TSVD 正则化算法和基于离散卷积模型的 Bayesian 迭代法进行对比研究,各种驻留时间求解方法的特点见表 5.1。

表 5.1 各种驻留时间求解方法比较

求解模型	线性方程组模型		离散卷积模型	
驻留时间求解方法	TSVD 正则化算法	WNNGMRES 算法	贝叶斯迭代法	脉冲迭代法
优点	计算精度高 无边缘效应	计算精度高 计算速度快 无边缘效应	计算速度中等	计算量小 计算速度快
缺点	计算速度慢 资源占用多	算法编程较复杂	计算精度低 有边缘效应	计算精度低 有边缘效应
适用范围	任意形状去除函数的线性扫描路径和极轴扫描路径		任意形状去除函数的线性扫描路径;回转对称去除函数的极轴扫描路径	

注:经过适当的面形数据延拓后,脉冲迭代法的边缘效应可以消除。

5.3 基于运动系统动态性能的驻留时间实现方法

图 5.18 所示为线性扫描路径的驻留时间实现方式示意图。如图 5.18 所示,以线性扫描路径为例,驻留时间求解过程中选取面形误差控制点 $p_i(x_i,y_i)$ 与驻留点 $l_k(x_k,y_k)$ 重合,X 方向为连续运动方向,离散间隔为 ΔX,Y 方向为间歇运动方向,离散间隔为 ΔY,假设求解出的驻留时间分布密度为 $D(x,y)$,则驻留点 l_k 所在的控制面积 a_k 对应的理论驻留时间 t_k 为

$$t_k = D(x_k,y_k)\Delta X \Delta Y \tag{5.9}$$

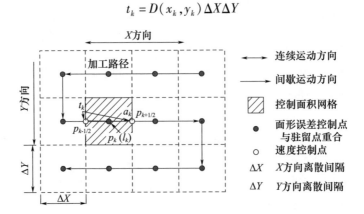

图 5.18 线性扫描路径的驻留时间实现方式示意图

驻留时间实现就是指选择合理的运动方式和运动速度使去除函数在控制面积 a_k 内的实际驻留时间达到或接近理论驻留时间 t_k。CCOS 工艺过程的驻留时间实现方法有位置驻留法和速度驻留法。如图 5.18 所示,位置驻留法是指去除函数在驻留点之间采用最大速度移动,在驻留点 l_k 上驻留相应的理论驻留时间 t_k。因此,位置驻留法实现过程中运动系统处于不断的起、停状态,不利于加工过程的稳定实现。此外,位置驻留法会增加驻留时间和材料去除量,降低加工的效率,特别是在极轴扫描路径时会引入非均匀性误差而不能采用。速度驻留法通过控制去除函数在速度控制点 $p_{k-1/2}$、$p_{k+1/2}$ 的速度使去除函数在控制面积 a_k 内的驻留时间达到或接近理论驻留时间 t_k。速度驻留法中去除函数的运动速度具有连续性,这有利于缩短加工时间,提高加工精度和加工表面质量。因此,磁流变修形过程中一般选用速度驻留法来实现驻留时间。一般情况下,各驻留点的理论驻留时间不同,各速度控制点的运动速度也不同,在相邻速度控制点之间运动系统存在加减速过程。图 5.19 所示为速度控制点之间的加减速过程示意图[128]。如图 5.19 所示,相邻速度控制点之间的速度变化为梯形加减速曲线。

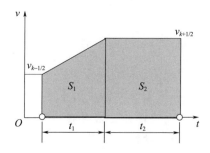

图 5.19　速度控制点之间的加减速过程示意图

在图 5.19 中,假设系统的加速度为 a,在驻留点 l_k 的理论驻留时间为 t_k,去除函数在速度控制点 $p_{k-1/2}$、$p_{k+1/2}$ 的速度分别为 $v_{k-1/2}$、$v_{k+1/2}$,s_1 为加速段的位移,s_2 为匀速段的位移,相邻速度控制点之间的距离 $s = \Delta X$,则运动速度和运动时间满足:

$$\begin{cases} (v_{k+1/2}^2 - v_{k-1/2}^2)/2a + v_{k+1/2}t_2 = s \\ v_{k+1/2} - v_{k-1/2} = at_1 \\ t_1 + t_2 = t_k \end{cases} \quad (5.10)$$

方程(5.10)的求解过程中需要判断加减速的方向和匀速运动段 s_2 存在的条件,详细的计算过程见文献[128]。当存在匀速段时,去除函数在相邻速度控制点之间可以完成加减速过程,去除函数的实际驻留时间可以达到理论驻留时间 t_k。当不存在匀速段时,去除函数在相邻速度控制点之间不能完成加减速过程,去除函数的实际驻留时间与理论驻留时间之间存在一定的偏差,即驻留时间实现误差。由方程(5.10)知,驻留时间实现误差与运动系统的动态性能(最高速度、加速度)和理论驻留时间的梯度有关。显然,提高运动系统的动态性能和降低相邻速度控制点之间的驻留时间梯度有利于减小驻留时间实现误差。对于极轴扫描加工路径,相应地将线速度替换为角速度,将线性加速度替换为角加速度即可做类似分析,分析结论也相同。驻留时间实现误差会引入额外的驻留时间(第二类额外驻留时间),影响磁流变修形过程的总驻留时间和总残差。图5.20所示为第二类额外驻留时间和第二类额外残差的计算流程。

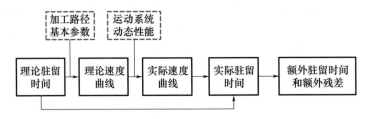

图5.20　第二类额外驻留时间、第二类残差计算流程

根据上述分析,运动系统的动态性能和理论驻留时间梯度是影响第二类额外驻留时间和第二类额外残差的关键。由于受到机械结构、运动惯量和电机扭矩的限制,运动系统的动态性能一般存在一定的上限,难以无限提高,而增加额外去除层厚度却是减小驻留时间梯度(平滑驻留时间)、提高驻留时间实现精度的有效措施。下面重点研究运动系统动态性能和额外去除层厚度对第二类额外驻留时间、第二类额外残差以及总驻留时间、总残差的影响规律。

采用与5.2节相同的仿真条件进行如下的仿真研究。图5.21所示为不同速度上限(运动系统最高速度)时,额外去除层厚度与第二类额外驻留时间、总驻留时间的关系曲线。如图5.21所示,随着额外去除层厚度的增加或者运动系统最高速度的提高,第二类额外驻留时间逐渐减小,最终趋近于零,总驻留时间与额外去除层厚度逐步趋近于线性关系。图5.21(a)中,一方面,随着额外去除层厚度的增加,各驻留点的驻留时间逐渐增加,驻留时间梯度逐渐减小,这有利于提高驻留时间的实现精度,减小第二类额外驻留时间;另一方面,运动系统最高速度的提高(由于加减速时间是固定值,加速度也随最高速度的提高而增大)增强了运动系统跟踪理论速度曲线的能力,去除函数不能完成加减速过程的情况减少,驻留时间的实现精度提高,第二类额外驻留时间减小。图 5.21(b)中,随着额外去除层厚度的增加,第二类额外驻留时间占总驻留时间的比例逐渐增加,因此两者逐步趋近于线性关系。

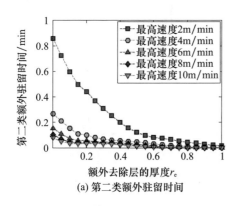
(a) 第二类额外驻留时间

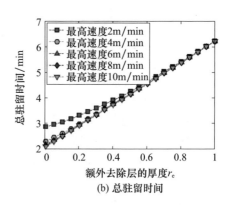
(b) 总驻留时间

图 5.21 额外去除层厚度与第二类额外驻留时间、总驻留时间关系曲线

图 5.22 所示为不同速度上限时,额外去除层厚度与第二类额外残差、总残差的关系曲线。由图 5.22(a)、图 5.22(b)知,随着额外去除层厚度的增加或者运动系统最高速度的提高,第二类额外残差逐渐减小,最终趋近于零。由图 5.22(c)、(d)知,随着额外去除层厚度的增加,总残差先小幅下降,后逐渐增大,运动系统最高速度对总残差的影响逐渐减小。在图 5.22(a)、(b)中,第二类额外残差与第二类额外驻留时间呈正比关系,因此表现出的变化规律与图 5.21(a)相同。在图 5.22(c)、(d)中,额外去除层厚度的少量增加会引起计算残差的减小(图 5.11),与此同时第二类额外残差也减小,因此总残差会先小幅下降,而后随着额外去除层厚度的逐步增加,虽然第二类额外残差逐渐减小,但是第一类额外残差的线性增加使得总残差逐渐增大。随着额外去除层厚度的增加,第二类额外残差逐渐趋近于零,对总残差的影响逐渐减小,因此运动系统最高速度对总残差的影响也逐渐减小。

根据上述仿真结果,可得如下结论:

(1)随着额外去除层厚度的增加或者运动系统最高速度的提高,第二类额外驻留时间(第二类额外残差)逐渐减小,最终趋近于零,总驻留时间与额外去除层厚度逐步趋近于线性关系。

(2)随着额外去除层厚度的增加,总残差先小幅下降,后逐渐增大,运动系统最高速度对总残差的影响逐渐减小。

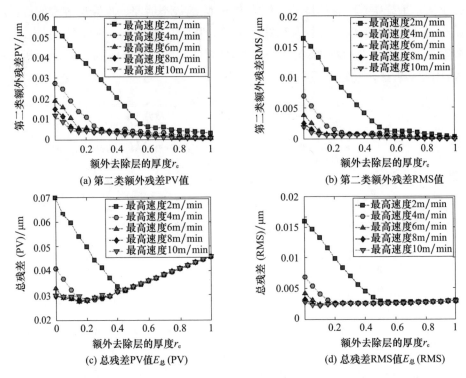

图 5.22 额外去除层厚度与第二类额外残差、总残差关系曲线

5.4 驻留时间求解与实现的联合优化

如图 5.21(b) 所示,额外去除层厚度与总驻留时间直接相关,在满足加工精度要求的情况下,应尽量减小额外去除层厚度以减少总驻留时间,提高加工的效率,并且考虑到去除函数误差的影响,较少的额外去除层厚度也有利于提高加工的精度。如图 5.22(a)、(b) 所示,提高运动系统的动态性能可以提高驻留时间的实现精度,但是过高的速度和加速度会引起抛光轮的振动和流量的波动,增大去除函数的误差,降低加工精度。因此,在满足加工精度要求的前提下,应尽量减小运动系统的最高速度和加速度。基于上述两点考虑,驻留时间求解与实现联合优化的主要目标是选择最佳的额外去除层厚度和运动系统最高速度,既满足加工精度的要求,又提高加工的效率。5.1 节提出了磁流变修形过程的具体评价指标,本章将采用这些指标作为优化驻留时间求解与实现过程的依据。

由图 5.22(c)、图 5.22(d)知,比较合理地额外去除层厚度 $r_e \in [0, 0.3]$,因此本章重点分析额外去除层厚度在此区间变化时各种评价指标的变化情况。图 5.23 所示为不同速度上限时,$k_{t,b}$(基本驻留时间与总驻留时间之比)、$k_{t,e}$(第二类额外驻留时间与总驻留时间之比)与额外去除层厚度的关系曲线。如图 5.23(a)所示,随着额外去除层厚度的增加,$k_{t,b}$ 逐渐减小,这表示磁流变加工的效率逐渐降低。如图 5.23(b)所示,随着额外去除层厚度的增加和运动系统最高速度的提高,$k_{t,e}$ 逐渐减小,最终趋近于零,这表示第二类额外驻留时间对总驻留时间的影响逐渐减小。

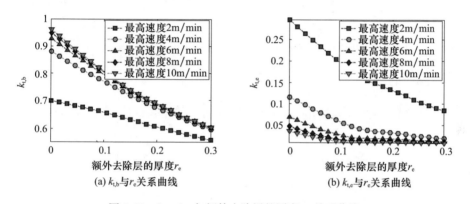

图 5.23　$k_{t,b}$、$k_{t,e}$ 与额外去除层的厚度 r_e 关系曲线

图 5.24 所示为不同速度上限时,$k_{e,e}$(第二类额外残差占总残差的比例)与额外去除层厚度的关系曲线。如图 5.24 所示,当运动系统最高速度大于 4m/min 时,$k_{e,e}$ 随着额外去除层厚度的增加而明显减小,经过 $r_e = 0.1$ 附近的转折点后逐步趋于稳定,这表示当 $r_e \geqslant 0.1$ 时第二类额外残差对总残差的影响较小。

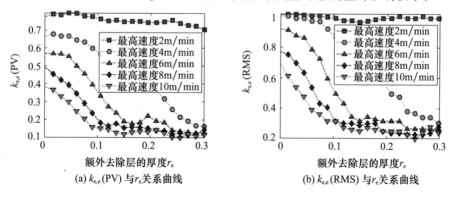

图 5.24　$k_{e,e}$ 与额外去除层的厚度 r_e 的关系曲线

图 5.25 所示为不同速度上限时,总残差与额外去除层厚度的关系曲线。随着额外去除层厚度的增加和运动系统最高速度的提高,总残差逐渐减小,当运动系统最高速度大于 4m/min 时,总残差经过 $r_e=0.1$ 附近的转折点后逐步趋于稳定,这表示在 $r_e \geqslant 0.1$ 以后继续增大额外去除层厚度对于减小总残差意义不大,最佳的额外去除层厚度在 $r_e=0.1$ 附近。图 5.25 还反映了运动系统最高速度对总残差的影响十分显著。例如,当 $r_e=0$、运动系统最高速度分别为 2m/min 和 10m/min 时,总残差 RMS 值相差 6 倍。

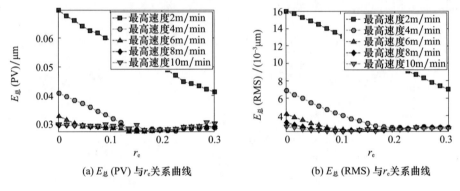

图 5.25　总残差 $E_\text{总}$ 与额外去除层的厚度 r_e 关系曲线

图 5.26 所示为最小残差 $E_{\min}$(不同的运动系统最高速度时,总残差的最小值)与额外去除层的厚度 r_e 关系曲线。如图 5.26(a)所示,最小残差 $E_{\min}$(PV) 在 $r_e=0.15$ 时达到最小值,如图 5.26(b)所示,$E_{\min}$(RMS) 在 $r_e=0.1$ 时达到最小值。由于在满足加工精度要求的情况下,应当尽量减小额外去除层的厚度,因此最终选取额外去除层厚度 $r_e=0.1$。

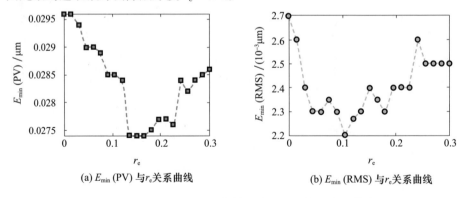

图 5.26　最小残差 $E_{\min}$ 与额外去除层的厚度 r_e 关系曲线

图 5.27 所示为额外去除层厚度 $r_e = 0.1$ 时,磁流变修形过程的主要评价指标与运动系统最高速度的关系曲线。如图 5.27 所示,当运动系统最高速度为 7m/min 时,总残差、面形收敛比、$k_{t,b}$、$k_{t,e}$ 均存在较为明显的转折点,并且此时第二类额外残差占总残差的比例较小。由于在满足加工精度要求的前提下,应尽量减小运动系统的最高速度,因此最终选取运动系统的最高速度为 7m/min。

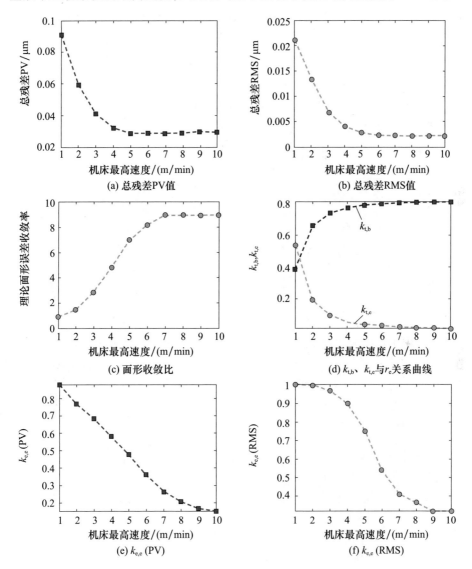

图 5.27 磁流变修形过程主要评价指标与运动系统最高速度关系曲线

当额外去除层厚度 $r_e = 0.1$,运动系统最高速度为 7m/min 时,采用 WNNG-MRES 算法求解出的总驻留时间为 2.50min,总残差为 PV 0.0287μm、RMS 0.0022μm,面形收敛比 $c = 8.95$,$k_{t,b} = 0.804$,$k_{t,e} = 0.02$,$k_{e,e}(\text{PV}) = 0.265$,$k_{e,e}(\text{RMS}) = 0.409$,均满足 5.1 节提出的各评价指标的基本要求。图 5.28 所示为联合优化后的磁流变修形过程仿真结果。如图 5.28(a)、(b)所示,优化后的驻留时间分布密度和总残差与图 5.9(基本驻留时间分布密度和基本残差)较为相似,这说明基本驻留时间占总驻留时间的比例较高($k_{t,b} = 0.804$),加工的效率较高。如图 5.28(c)所示,由于面形中央部分的材料去除量较小,因此运动速度较高,甚至达到运动系统的最高速度。根据运动速度分布图,可以生成数控代码进行磁流变修形。如图 5.28(d)所示,经过上述联合优化后,第二类额外残差已经非常小,其 PV 值仅为 7.6×10^{-3}μm。

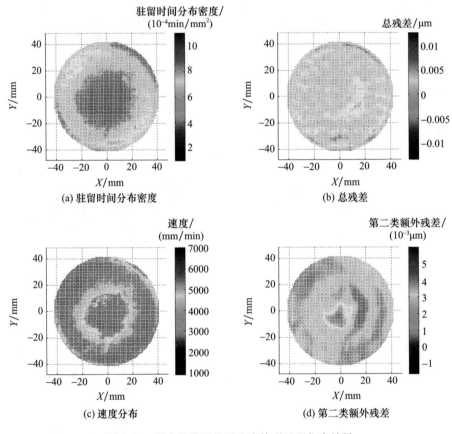

图 5.28 联合优化后的磁流变修形过程仿真结果

5.5 驻留时间求解与实现的实验验证

为验证本章提出的驻留时间求解与实现方法的正确性,在两块口径 100mm 的平面镜上进行磁流变修形实验。经双轴研抛机抛光后(南京利生 JM030.2),两块平面镜的初始面形误差 PV 值约为 $\lambda/2$,RMS 值约为 $\lambda/10$,其中平面镜 1 为 K4 材料,加工中采用行距 1mm 的线性扫描加工路径,平面镜 2 为 K9 材料,加工中采用螺距 1mm 的极轴扫描加工路径。通过加工前后的面形误差 PV、RMS 值、面形收敛比和 PSD 曲线来表征加工过程的空间域、频率域误差收敛情况。

5.5.1 线性扫描加工路径

图 5.29 所示为平面镜 1 磁流变加工前后的面形误差。如图 5.29 所示,口径 100mm(90%,CA)(CA 为通光口径)的平面镜 1,经过两次磁流变工艺循环,总加工时间为 30.7min,面形精度由加工前的 PV 313.2nm、RMS 77.05nm 提高到 PV 99.14nm、RMS 12.5nm,总面形收敛比达到 6.16,平均单次面形收敛比为 2.48。图 5.30 所示为平面镜 1 磁流变加工前后的 PSD 曲线。如图 5.30 所示,虽然磁流变加工后面形误差的高、中、低频段均有一定程度的改善,但由于采用了固定行距的线性扫描路径(行距为 1mm),在垂直于抛光方向的 PSD 曲线上引起了中心频率为 $1\mathrm{mm}^{-1}$ 的尖峰状频带误差。

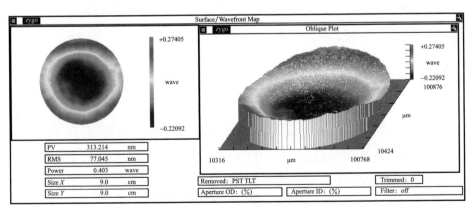

(a) 加工前 (PV 313.2nm、RMS 77.05 nm)

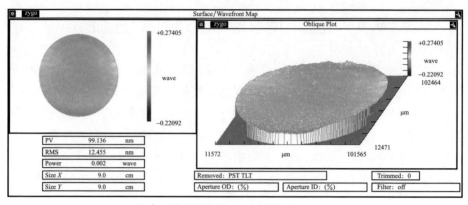

(b) 加工后 (PV 99.14nm、RMS 12.5nm)

图 5.29　平面镜 1 磁流变加工前后的面形误差

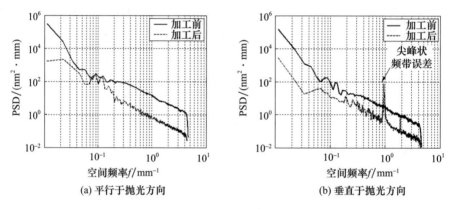

图 5.30　平面镜 1 磁流变加工前后的 PSD 曲线

5.5.2　极轴扫描加工路径

图 5.31 所示为平面镜 2 磁流变加工前后的面形误差。如图 5.31 所示,口径 100mm(85%,CA)的平面镜 2,经过两次磁流变工艺循环,总加工时间为 36.1min,面形精度由加工前的 PV 314.9nm、RMS 65.7nm 提高到 PV 150.5nm、RMS 12.5nm,总面形收敛比达到 5.27,平均单次面形收敛比为 2.29。图 5.32 所示为平面镜 2 磁流变加工前后的 PSD 曲线。如图 5.32 所示,虽然磁流变加工后面形误差的高频和低频部分有一定程度的改善,但是面形误差的中频段改善不明显,并且由于采用了固定螺距的极轴扫描路径(螺距为 1mm),在极轴方向的 PSD 曲线上均引起了中心频率为 1mm^{-1} 的尖峰状频带误差。

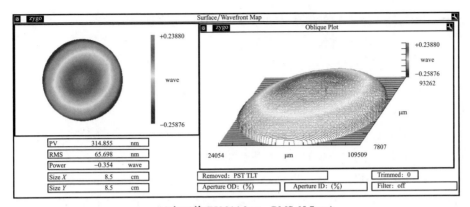

(a) 加工前 (PV 314.9nm、RMS 65.7nm)

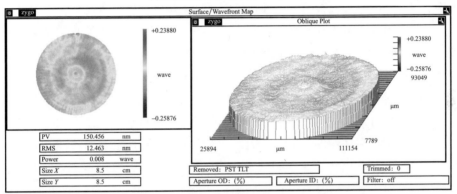

(b) 加工后 (PV 150.5nm、RMS 12.5nm)

图 5.31　平面镜 2 磁流变加工前后的面形误差

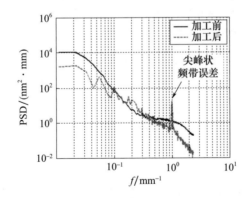

图 5.32　平面镜 2 磁流变加工前后的 PSD 曲线

根据上述实验结果，初始面形误差 PVλ/2、RMSλ/10 左右的平面镜，采用线性扫描加工路径或极轴扫描加工路径，面形误差都可以快速收敛到 PVλ/5、

RMSλ/50左右，验证了本章提出的驻留时间求解与实现方法的正确性、高效性。

同时，本次实验也存在一些问题：

(1) 面形加工精度不高。由图5.29(b)、图5.31(b)知，磁流变修形后的面形精度约为PVλ/5、RMSλ/50，这与理论仿真结果和QED公司的加工水平(PVλ/20)存在较大差距。

(2) 面形收敛比较低。本次实验中平均面形收敛比在2.3~2.5左右，这与理论面形收敛比和QED公司的加工水平(面形收敛比为3.0~4.0)有一定的差距。

(3) 如图5.31(b)所示，极轴扫描路径加工后的面形误差主要集中在中心区域[图5.31(b)]。由于工件回转轴动态性能的限制，工件中心区域存在较大的第二类额外残差，这影响了极轴扫描路径加工精度的进一步提高。

(4) 存在尖峰状频带误差。如图5.30、图5.32所示，虽然加工后PSD曲线整体上有所改善，但在线性扫描路径的垂直于抛光方向[图5.30(b)]和极轴扫描路径的极轴方向[图5.32]出现了尖峰状频带误差，这些尖峰状频带误差主要由固定的行距或螺距引起，会降低光学镜面的光学性能。

5.6节将针对这些问题进行深入研究，优化磁流变修形工艺，进一步提高线性扫描路径的面形加工精度和面形收敛比，消除由固定行距引起的尖峰状频带误差。

一般情况下，由于去除函数波动、工艺参数波动以及多轴运动系统运动误差的影响，磁流变修形过程中存在一定的去除函数误差和驻留时间实现误差，使得实际加工结果与理论仿真结果有一定的差距。运动系统动态性能对驻留时间实现误差的影响以及驻留时间求解与实现的联合优化在本章进行了深入研究。本章5.6节重点研究去除函数误差对磁流变修形的影响，针对各类去除函数误差提出具体优化措施，并通过修形实验验证各类优化工艺的有效性。磁流变修形在高效去除光学表面低频面形误差的同时，往往还会造成较多的中高频误差，该节对磁流变修形的中高频误差产生原因和抑制方法进行研究，基于熵增原理设计了局部随机加工路径，有效地抑制了由固定进给行距引起的尖峰状频带误差。本章的研究结论为提高磁流变修形精度和面形收敛比、抑制磁流变修形的中高频误差提供了理论依据和工艺指导。

5.6 基于熵增原理抑制磁流变修形中高频误差

由于磁流变修形过程中使用了比被加工光学元件外形尺寸小得多的去除函数，在快速去除被加工表面低频面形误差的同时，往往还会造成较多的小尺度制造误差——中高频误差,这些中高频误差会降低光学系统的光学性能[20]。影响磁流变修形中高频误差的主要因素包括[128]:①初始面形的空间域、频率域误差分布;②去除函数的形状、去除效率及其稳定性;③由规则加工路径引起的 CCOS 卷积残差。通过选择合理的去除函数形状和控制加工过程中关键工艺参数的波动可以实现去除函数与初始面形误差的匹配以及去除函数的稳定性,因此减小由规则加工路径引起的卷积残差是抑制磁流变修形中高频误差的关键。本章将信息熵引入磁流变修形过程中,用信息熵作为去除函数驻留点随机分布的测度,基于熵增原理设计了局部随机加工路径,有效地抑制了磁流变修形的中高频误差。

5.6.1 基于熵增原理的局部随机加工路径

对于规则的线性扫描或极轴扫描加工路径,去除函数在垂直于扫描运动的方向上存在固定行距的进给运动,这种固定行距的进给造成了 CCOS 卷积残差,因此改变加工轨迹的规则性和规律性是减小卷积残差,抑制中高频误差的关键。光学加工中普遍认为去除函数运动轨迹为"乱线"时,会产生"自修正过程",达到面形误差的收敛,并且加工轨迹越杂乱无章,中高频误差越小[21]。基于上述考虑,张云[76]采用线性扫描路径和极轴扫描路径交替加工的方法抑制中高频误差,但抑制效果不明显,并且加工效率较低。Zeeko 公司采用伪随机路径和自适应螺旋路径抑制中高频误差,但加工路径极为复杂,并且对运动系统动态性能要求较高[30]。因此,针对规则加工路径的缺点,基于熵增原理设计了局部随机加工路径,即在垂直于扫描运动的方向上叠加一定幅值的随机扰动,以减小由于固定行距的进给运动引起的中高频误差。

图 5.33(a)所示为线性扫描局部随机加工路径全局示意图,图中随机扰动的幅值为 1mm,与进给行距相等。图 5.33(b)所示为区域 $x \in [30,40]$、$y \in [30,40]$ 的局部放大图。如图 5.33 所示,在局部随机加工路径中,由于去除函数在垂直于扫描运动方向上的随机扰动,去除函数的运动轨迹不再具备规则性和规律性,而是成为杂乱无章的"乱线",去除函数的驻留点在每行内呈现随机分布的状态,由确定性驻留转化为随机性驻留,这必将有利于减小卷积残差和抑制中高频误差。下面结合熵增理论,分析局部随机加工路径对中高频误差的抑制作用。

Shannon 借助热力学中"熵"的概念提出用信息熵表示事物运动或存在状态的不确定性程度,对概率信息进行度量,不确定性越大,熵就越大[124]。对于离散随机变量 $X = \{x_1, x_2, \cdots, x_n\}$,其概率分布密度为 $P = \{p_1, p_2, \cdots, p_n\}$,则该随机变量不确定性的测度可定义为熵 $H(p_1, p_2, \cdots, p_i)$:

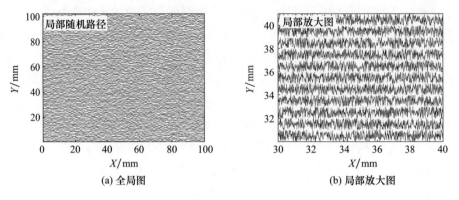

图 5.33　线性扫描局部随机加工路径示意图

$$H(p_1,p_2\cdots,p_n) = -\sum_{i=1}^{n} p_i \ln p_i \quad (5.11)$$

其中 $p_i \geq 0$,并且 $\sum_{i=1}^{n} p_i = 1$,规定 $p_i = 0$ 时,$p_i \ln p_i = 0$。当存在 $p_i = 1, p_k = 0$ ($k \neq i$) 时,熵达到最小值,即 $H = 0$,当 $p_i = 1/n(i=1,2,\cdots,n)$ 时,熵达到最大值,即 $H = \ln(n)$。

磁流变修形过程中,对任意控制面积 a_i,去除函数在其内部的驻留位置具有一定的随机性。采用 $N \times N$ 的等距网格将 a_i 分割成 N^2 个面积区域,假设去除函数驻留点在每个面积区域内的概率分布密度 $D_{a_i} = \{d_1, d_2, \cdots, d_{N^2}\}$,则控制面积 a_i 内去除函数驻留点随机分布的测度可定义为熵 H_{a_i}:

$$H_{a_i}(d_1, d_2, \cdots, d_{N^2}) = -\sum_{i=1}^{N^2} d_i \ln d_i \quad (5.12)$$

对于整个光学表面,去除函数驻留点随机分布的测度可定义为

$$H = \sum_{i=1}^{m} H_{a_i} \quad (5.13)$$

分别计算去除函数位置驻留模式、速度驻留模式和局部随机驻留模式的信息熵。图 5.34 所示为去除函数驻留点在任意控制面积内的驻留概率分布。其中,图 5.34(a) 为线性扫描加工路径的位置驻留模式,去除函数驻留点为一孤立点。图 5.34(b) 为线性扫描加工路径的速度驻留模式,去除函数驻留点等概率地分布在一条直线上。图 5.34(c) 为局部随机加工路径的局部随机驻留模式,去除函数驻留点等概率地分布在整个控制面积内。图 5.34 中,采用 $N \times N$ 的等距网格将 a_i 分割成 N^2 个面积区域,每种驻留模式去除函数驻留点在每个面积区域内的概率分布密度为

$$\begin{cases} D_1 = \begin{cases} d_{i,j} = 1 \\ d_{p,q} = 0, \quad p \neq i, q \neq j \end{cases} \\ D_2 = \begin{cases} d_{i,j} = \dfrac{1}{N}, \quad j \in [1,N] \\ d_{p,q} = 0, \quad p \neq i, q \in [1,N] \end{cases} \\ D_3 = \left\{ d_{i,j} = \dfrac{1}{N^2}, i,j \in [1,N] \right\} \end{cases} \quad (5.14)$$

式中：D_1、D_2、D_3分别为位置驻留模式、速度驻留模式和局部随机驻留模式的驻留点概率分布密度。

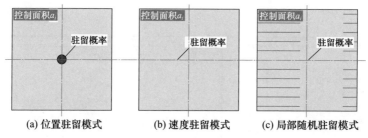

(a) 位置驻留模式　　(b) 速度驻留模式　　(c) 局部随机驻留模式

图5.34　去除函数驻留点在任意控制面积内的驻留概率分布

根据去除函数驻留点的概率分布密度，可以计算出每种驻留模式的信息熵：

$$\begin{cases} H_1 = -\sum_{i,j=1}^{N} d_{i,j} \ln d_{i,j} = 0 \\ H_2 = -\sum_{i,j=1}^{N} d_{i,j} \ln d_{i,j} = \dfrac{\ln N}{N} \\ H_3 = -\sum_{i,j=1}^{N} d_{i,j} \ln d_{i,j} = \ln N \end{cases} \quad (5.15)$$

式中：H_1、H_2、H_3分别为位置驻留模式、速度驻留模式和局部随机驻留模式的信息熵。由式(5.15)知，位置驻留模式的熵为零，局部随机驻留模式的熵最大，速度驻留模式的熵为局部随机驻留模式的$1/N$。

可见，局部随机加工路径满足熵增原理，能够获得最大的去除函数驻留不确定度，这必将有利于抑制磁流变修形中高频误差。下面将通过具体实验验证局部随机加工路径对磁流变修形中高频误差的抑制作用。

5.6.2　实验验证

首先进行局部随机路径和等间距线性扫描路径的加工效果对比实验。口径100mm(90%,CA)的K9平面镜，均匀去除1μm厚度的材料，其中第一、第三象限采用局部随机路径,第二、第四象限采用等间距线性扫描路径。图5.35所示为局部随机路径与线性扫描路径加工效果对比图。如图5.35(a)所示,滤除低频面形误差后,局部随机路径加工区域的中高频误差明显小于线性扫描加工区域。如图5.35(b)所示,在一维截线L_1上,局部随机路径加工区域的残留高度约为PV 2.1nm(分界线左侧),而线性扫描加工区域的残留高度约为PV 12.5nm(分界线右侧),两者相差近6倍。图5.36所示为局部随机路径和线性扫描路径加工区域的PSD曲线。如图5.36所示,与线性扫描加工区域相比,局部随机路径加工区域的中高频误差有明显改善,并且消除了由固定的进给行距引起的尖峰状频带误差[图5.36(b)]。可见,局部随机路径可以有效地抑制磁流变修形过程中的中高频误差。

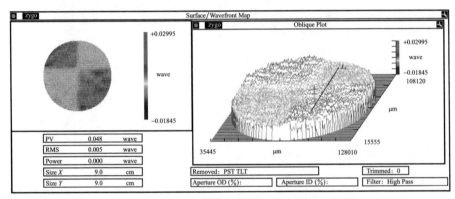

(a) 面形误差测量结果(滤除低频面形误差)

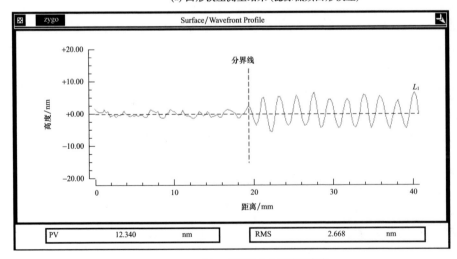

(b) 一维截线L_1上的残留高度

图5.35 局部随机路径与线性扫描路径加工效果对比图

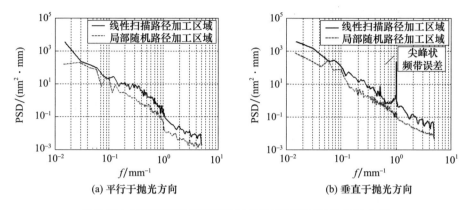

图 5.36　局部随机路径和线性扫描路径加工区域的 PSD 曲线

综合运用本章提出的磁流变修形工艺优化方法,采用局部随机加工路径,对 5.2 节仿真分析过的口径 100mm(80%,CA)的 K9 平面镜(平面镜 4)进行实际的磁流变修形实验。图 5.37 所示为平面镜 4 磁流变加工后的面形误差。如图 5.37 所示,经过一次磁流变工艺循环,面形精度由加工前的 PV 91.2nm、RMS 19.7nm 提高到 PV 38.6nm、RMS 5.45nm,面形收敛比为 3.61。虽然磁流变加工后面形误差的 PV 值和 RMS 值有大幅改善,面形收敛比也较为理想,但加工后的面形误差与理论仿真面形误差 PV 28.5nm、RMS 2.4nm 仍有一定的差距。这主要是由去除函数随机性误差、抛光轮回转误差、加工过程中的对刀误差以及测量误差等因素造成。图 5.38 所示为平面镜 4 磁流变加工前后的 PSD 曲线。如图 5.38 所示,磁流变加工后,面形误差的高、中、低频均有明显改善,并且垂直于抛光方向的 PSD 曲线上未见明显的尖峰状频带误差。

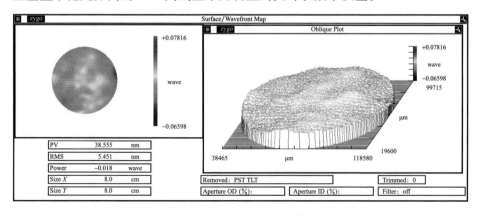

图 5.37　平面镜 4 磁流变加工后的面形误差

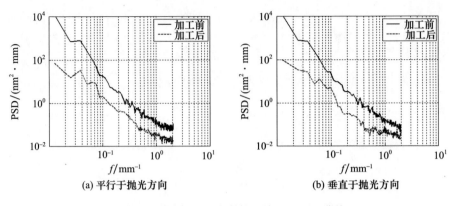

图 5.38　平面镜 4 磁流变加工前后的 PSD 曲线

可见,综合运用本章提出的磁流变修形工艺优化方法以后,磁流变修形的面形加工精度进一步提高至 PVλ/15、RMSλ/110 左右,面形收敛比也提高至 3.61,已经接近 QED 公司的加工水平。与 5.5 节采用的等行距线性扫描加工路径相比,局部随机路径加工后的 PSD 曲线有显著改善,并且在垂直于抛光方向上未见明显的尖峰状频带误差。上述实验结果验证了本章提出的磁流变修形工艺优化方法的正确性、有效性。

第6章 高精度光学镜面磁流变抛光试验

本章首先根据第3章至第5章的研究成果,制定出高精度光学镜面磁流变抛光工艺流程。而后通过对大中型平面、球面和非球面反射镜的磁流变抛光,验证本书提出的驻留时间高精度求解与实现方法、修形工艺优化方法同样适用于大中型光学镜面,特别是大中型球面、非球面的高精度加工,满足工程化应用的要求。同时,验证磁流变抛光工艺流程的正确性以及 KDMRF-1000F 磁流变抛光系统对平面、球面和非球面的加工能力。最后通过对轻质薄型、异形反射镜的磁流变抛光,验证磁流变抛光技术广泛的加工适应性。

6.1 磁流变抛光试验设计

本书第3章至第5章分别对磁流变抛光去除函数多参数模型、表面与亚表面质量控制方法、驻留时间高精度求解与实现方法以及修形工艺优化方法进行了理论分析与实验验证。为便于开展实验研究与数据分析,各类验证实验中使用的工件均为口径100mm以下的小口径平面工件或材料小样。在小口径平面工件上获得验证的驻留时间高精度求解与实现方法、修形工艺优化方法能否适用于大中型光学镜面,特别是大中型球面、非球面的高精度加工?根据材料小样抛光结果总结出的表面与亚表面质量控制方法能否适用于实际工件的加工过程?这些问题都值得深入研究。此外,磁流变抛光能否适用于轻质薄型、异形反射镜的高精度加工也值得关注。

根据上述分析设计如下的磁流变抛光试验:6.2 节为大中型平面反射镜磁流变抛光试验。采用子孔径拼接测量方法,对口径 202mm 和 605mm 的平面反射镜进行磁流变抛光,以验证驻留时间高精度求解与实现方法、修形工艺优化方法的相关研究结论同样适用于大中型平面反射镜的高精度加工;6.3 节为大中型球面、非球面反射镜磁流变抛光试验,对口径 200mm 的球面反射镜、口径 200mm 和口径 500mm 的非球面反射镜进行磁流变抛光,以验证上述相关研究结论同样适用于大中型球面、非球面反射镜的高精度加工;6.4 节为轻质薄型、异形平面反射镜磁流变抛光试验,对口径 100mm、厚度 1mm 的轻质薄型镜和外形尺寸为 224mm × 160mm 的异形平面反射镜进行磁流变抛光,以验证磁流变抛光技术广泛的加工适应性。本章的磁流变抛光试验还可以验证本书提出的去除函数多参数模型、表面与亚表面质量控制方法对实际加工过程的适用性;验证第 2 章对 KDMRF - 1000F 系统组成与性能分析的正确性;验证本章提出的磁流变抛光工艺流程的正确性和 KDMRF - 1000F 磁流变抛光系统对平面、球面和非球面的加工能力。

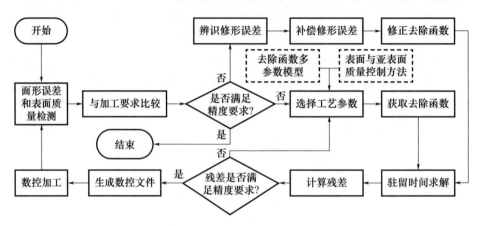

图 6.1　高精度光学镜面磁流变抛光工艺流程

图 6.1 所示为高精度光学镜面磁流变抛光工艺流程。如图 6.1 所示,获取去除函数之前,去除函数多参数模型和表面与亚表面质量控制方法可以在理论上指导工艺参数的选择。根据去除函数多参数模型,去除函数的形状、去除效率和表面粗糙度与工件材料、磁流变液和工艺参数密切相关,因此对于特定的加工材料,需要优化选取磁流变液和工艺参数(转速、磁场、流量和压深)。根据去除函数修形能力的相关研究结论[128]:束径为 D 的去除函数在频率域对应的空间截止频率为 $f_c = \dfrac{1}{D}\text{mm}^{-1}$,因此减小去除函数的束径有利于提高磁流变修形能力。由于本章的试验侧重于磁流变修形,兼顾表面质量控制,因此在优化选取磁流变液和工艺参数时,重点考虑去除函数的形状和去除效率,而将表面粗糙度指标确定为 RMS 小于 1nm。根据本章研究的侧重点,采取以下工艺优化措施:驻留时间求解算法采用加权非负广义最小残差算法,并根据运动系统的动态性能,对驻留时间求解与驻留时间实现进行联合优化;应用磁流变修形工艺的各类误差补偿与优化方法;采用减小通光口径或增加辅助边界的方法尽量减小边缘效应的影响。

本章研究中,以面形误差 PV 值、RMS 值、面形收敛比(定义为加工前后的面形误差 RMS 值之比)和 PSD(功率谱密度)曲线来表征加工过程的空间域、频率域误差的收敛情况,同时给出加工前后的表面粗糙度 RMS 和 Ra 值来表征表面质量的变化情况。面形误差的测量设备为 Zygo GPI 1000 激光波面干涉仪,表面粗糙度的测量设备为 Zygo New View 200 三维表面形貌轮廓仪(10 倍镜头)。

6.2 大中型平面反射镜磁流变抛光试验

子孔径拼接可以有效地解决大中型平面反射镜的面形误差检测[146],本实验室由于缺少大口径干涉仪,当平面工件的口径大于 100mm 时,均采用自研的子孔径拼接工作站进行测量。本章分别对两块采用子孔径拼接测量的大中型平面反射镜进行磁流变抛光,其中平面反射镜 1 口径为 202mm,材料为无压烧结碳化硅(S SiC),平面反射镜 2 口径为 600mm,材料为硅表面改性碳化硅。

6.2.1 口径 202mm 平面反射镜

图 6.2 所示为平面反射镜 1 子孔径划分示意图。如图 6.2 所示,将口径 202mm 的平面反射镜 1 划分为 9 个子孔径,每个子孔径的口径为 100mm,使用 Zygo 干涉仪依次测量每个子孔径的面形误差,然后使用自研的子孔径拼接软件对测量数据进行拼接,可以得到全口径的面形误差数据。

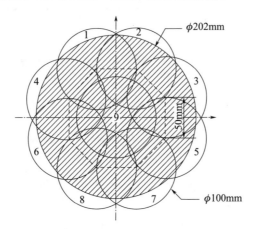

图 6.2 平面反射镜 1 子孔径划分示意图

图 6.3 所示为平面反射镜 1 磁流变加工前后的面形误差。如图 6.3 所示,口径 202mm(92%,CA)的平面反射镜 1,经过三次磁流变工艺循环(6.5h),面

形精度由加工前的 PV 993.6nm、RMS 172.4nm 提高到 PV 134.2nm、RMS 12.3nm,总面形收敛比达到14.0,平均单次面形收敛比为2.41。如图6.3(b)所示,磁流变抛光后的面形精度 PV 达到 λ/5(λ=632.8nm),RMS 达到 λ/50。

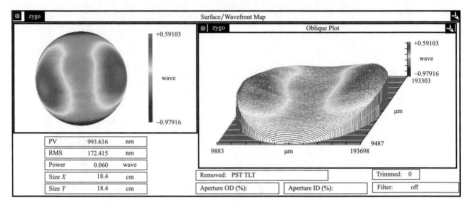

(a) 加工前 (PV 993.6nm、RMS172.4nm)

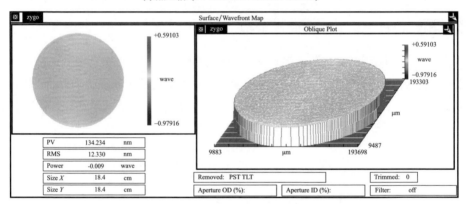

(b) 加工后 (PV 134.2nm、RMS 12.3nm)

图6.3 平面反射镜1磁流变加工前后的面形误差

图6.4所示为平面反射镜1磁流变加工前后的PSD曲线。如图6.4所示,由于平面反射镜1的前道工序为环抛加工,面形误差以低频误差为主[图6.3(a)],有利于面形频率域误差的收敛,因此磁流变抛光后的面形误差高、中、低频均有明显改善。

图6.5所示为平面反射镜1磁流变加工前后的表面粗糙度。如图6.5所示,平面反射镜1的表面粗糙度从加工前 RMS 3.417nm、Ra 2.416nm 提升到 RMS 2.287nm、Ra 1.832nm。由于烧结过程中工艺参数控制不佳,本次试验中采用的 S SiC 材料光学加工性能较差,虽然磁流变抛光后表面粗糙度有一定的提升,但最终

仍在 Ra 2nm 左右,与德国 ESK 公司提供的 S SiC(磁流变抛光后 Ra 小于 1nm)有较大差距。图 6.6 所示为平面反射镜 1 磁流变加工状态图和加工后的实物图。

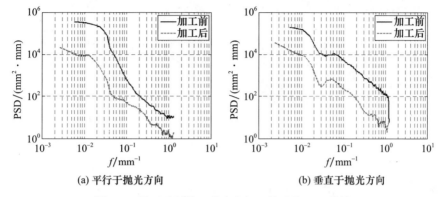

图 6.4　平面反射镜 1 磁流变加工前后的 PSD 曲线

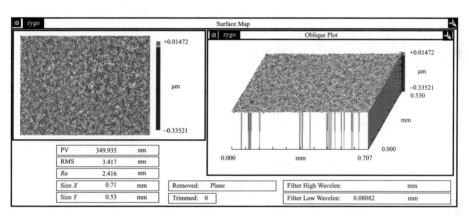

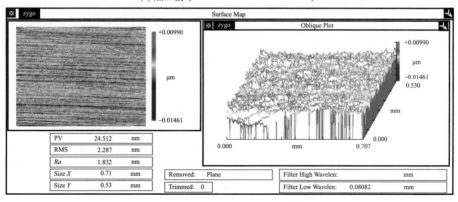

图 6.5　平面反射镜 1 磁流变加工前后的表面粗糙度

(a) 加工状态　　　　　　　　　(b) 加工后实物

图6.6　平面反射镜1磁流变加工状态和加工后实物

6.2.2　口径605mm平面反射镜

图6.7所示为平面反射镜2子孔径划分示意图。口径600mm的平面反射镜2被划分为81个子孔径,使用Zygo干涉仪依次测量每个子孔径的面形误差,然后对测量数据进行子孔径拼接可以得到全口径的面形误差数据。

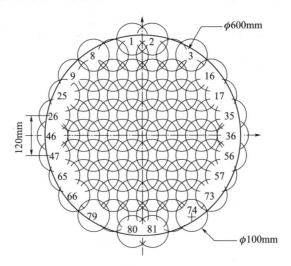

图6.7　平面反射镜2子孔径划分示意图

图6.8所示为平面反射镜2磁流变加工前后的面形误差。如图6.8所示,口径600mm(100%,CA)的平面反射镜2,经过两次磁流变工艺循环(8.5h),面形精度由加工前的 PV 307.1nm、RMS 53.2nm 提高到 PV 184.2nm、RMS 17.6nm,总面形收敛比达到3.02,平均单次收敛比为1.45。如图6.8(b)所示,磁流变抛光后的面形精度 PV 达到 $\lambda/3$,RMS 达到 $\lambda/35$。

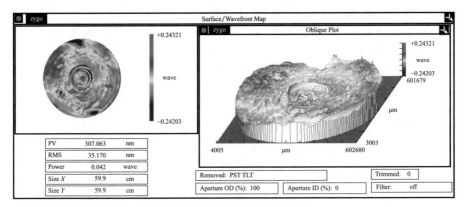

(a) 加工前 (PV 307.1nm、RMS53.2nm)

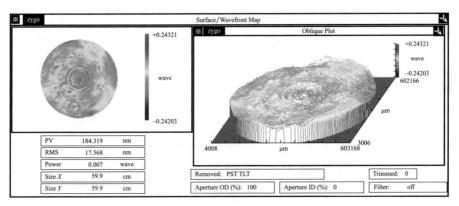

(b) 加工后 (PV 184.2nm、RMS 17.6nm)

图 6.8　平面反射镜 2 磁流变加工前后的面形误差

图 6.9 所示为平面反射镜 2 磁流变加工前后的 PSD 曲线。如图 6.9 所示，由于平面反射镜 2 的前道工序为小束径离子束局部修形，初始面形误差的中高频误差("碎带"误差)较多[图 6.8(a)]，不利于面形频率域误差的收敛。本次实验磁流变抛光过程中采用的去除函数直径为 20mm，根据去除函数修形能力的相关研究结论，直径 20mm 的去除函数在频率域对应的空间截止频率 f_c = 0.05mm^{-1}，因此磁流变加工后的 PSD 曲线中以截止频率 f_c 为分界线，空间频率小于截止频率的低频误差有一定程度的改善，而空间频率大于截止频率的中高频误差基本上没有变化，符合磁流变抛光去除函数频率域修形能力的基本规律。

图 6.10 所示为平面反射镜 2 磁流变加工前后的表面粗糙度。如图 6.10 所示，平面反射镜 2 的表面粗糙度从加工前的 RMS 1.347nm、Ra 1.063nm 提升到 RMS 0.627nm、Ra 0.499nm。由于硅表面改性碳化硅(表面为 20~30μm 的多

晶硅层)表面涂层材料的光学抛光性能优良,因此磁流变抛光后表面质量有显著提升,表面粗糙度 Ra 小于 0.5nm,实现了超光滑表面。值得说明的是,由于平面反射镜 2 外形尺寸过大,不能直接进行表面粗糙度测量,因此图 6.10 所示为采用相同磁流变工艺参数加工的同炉小样(直径为 30mm)的表面粗糙度测量结果。图 6.11(a)、图 6.11(b)分别为平面反射镜 2 进行子孔径拼接测量和磁流变加工的状态。

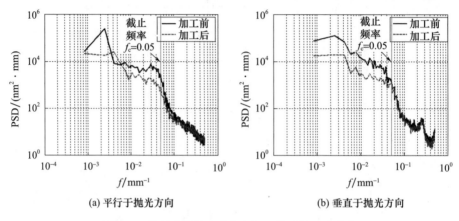

(a) 平行于抛光方向　　　　　(b) 垂直于抛光方向

图 6.9　平面反射镜 2 磁流变加工前后的 PSD 曲线

综合分析上述两块大中型平面反射镜的磁流变抛光结果可知:

(1) 当初始面形误差以低频误差为主时,磁流变抛光后的面形误差全频段均有显著改善,当初始面形误差的中高频误差("碎带"误差)较多时,磁流变抛光可以进一步改善截止频率以下的低频误差,但截止频率以上的中高频误差基本无改善,前者的平均面形收敛比和加工精度也明显高于后者。

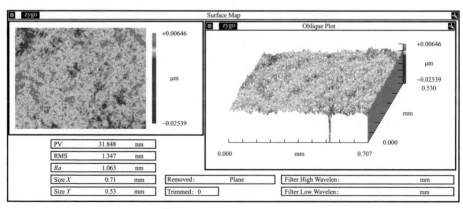

(a) 加工前 (RMS 1.347nm、Ra 1.063nm)

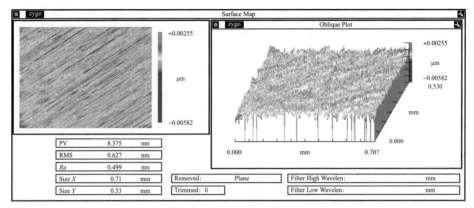

(b) 加工后 (RMS 0.627nm、Ra 0.499nm)

图 6.10　平面反射镜 2 磁流变加工前后的表面粗糙度

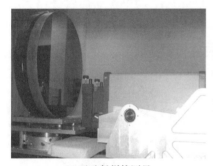 

(a) 子孔径拼接测量　　　　　　　　(b) 磁流变加工

图 6.11　平面反射镜 2 子孔径拼接测量和磁流变加工状态

（2）一般情况下，子孔径拼接测量的检测误差高于全口径直接测量，因此使用子孔径拼接测量数据进行磁流变抛光的平均面形收敛比和加工精度也明显低于使用全口径测量数据。事实上在平面反射镜 2 的加工过程中，大多数子孔径（直径为 100mm）已经达到或接近采用全口径测量数据进行加工的精度（PVλ/10、RMSλ/100），但拼接后整个镜面的加工精度却明显低于单个子孔径的加工精度。

（3）本书提出的驻留时间求解与实现方法、修形工艺优化方法同样适用于大中型平面反射镜的高精度加工。本书提出的去除函数多参数模型、表面与亚表面质量控制方法同样适用于实际工程件的加工过程。

（4）本书提出的高精度光学镜面磁流变抛光工艺流程对大中型平面反射镜具有良好的加工适用性。KDMRF－1000F 磁流变抛光系统对采用子孔径拼接测量数据的平面反射镜加工精度可达 PVλ/4～λ/5、RMSλ/40～λ/50。

6.3 大中型球面、非球面反射镜磁流变抛光试验

本章分别对口径 200mm 的 K9 玻璃球面反射镜、口径 200mm 和口径 500mm 的 K9 玻璃非球面反射镜进行磁流变抛光。由于上述工件的材料均为 K9 光学玻璃,磁流变抛光前后的表面粗糙度变化情况类似,因此选取口径 200mm 的球面反射镜为代表,进行表面粗糙度的测量与分析。

6.3.1 口径 200mm 球面反射镜

图 6.12 所示为球面反射镜磁流变加工前后的面形误差。如图 6.12 所示,口径 200mm(80%,CA)、相对口径 1:1.6 的球面反射镜,经过两次磁流变工艺循环(3.2h),面形精度由加工前的 PV 237.1nm、RMS 51.1nm 提高到 PV 46.2nm、RMS 5.99nm,总面形收敛比达到 8.53,平均单次面形收敛比为 2.92。如图 6.12(b)所示,磁流变抛光后的面形精度 PV 达到 $\lambda/13$,RMS 达到 $\lambda/105$。

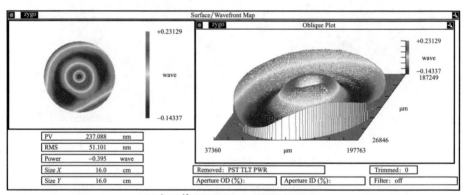

(a) 加工前 (PV 237.1nm、RMS 51.1nm)

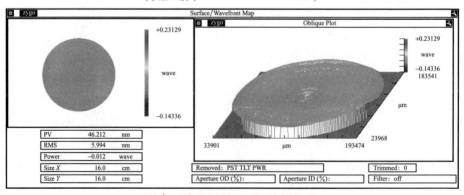

(b) 加工后 (PV 46.2nm、RMS 5.99nm)

图 6.12 球面反射镜磁流变加工前后的面形误差

第 6 章 高精度光学镜面磁流变抛光试验

图 6.13 所示为球面反射镜磁流变加工前后的 PSD 曲线。如图 6.13 所示,由于球面反射镜的前道工序为大盘抛光,面形误差以低频环形误差为主[图 6.12(a)],因此磁流变抛光后面形误差高、中、低频均有明显改善。图 6.14 所示为球面反射镜磁流变加工前后的表面粗糙度。如图 6.14 所示,球面反射镜的表面粗糙度从加工前 RMS 1.388nm、Ra 1.110nm 大幅提升到 RMS 0.618nm、Ra 0.491n。由于 K9 玻璃的光学加工性能优良,因此磁流变抛光后表面粗糙度有显著提升,最终为 Ra 小于 0.5nm。

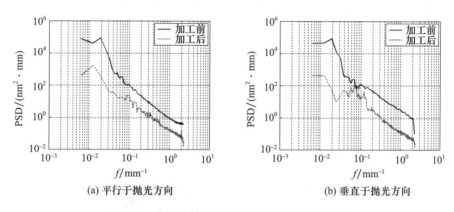

(a) 平行于抛光方向　　　　　(b) 垂直于抛光方向

图 6.13　球面反射镜磁流变加工前后的 PSD 曲线

可见,KDMRF-1000F 磁流变抛光系统的球面加工精度可达 PVλ/13、RMS λ/105,平均面形收敛比接近 3.0,已经达到或接近平面的加工精度和平均面形收敛比。这说明驻留时间求解与实现方法、修形工艺优化方法、磁流变抛光工艺流程以及 KDMRF-1000F 磁流变抛光系统对于低陡度曲面都具有良好的加工适应性。

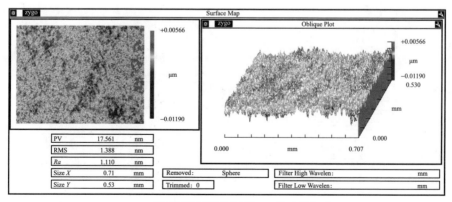

(a) 加工前 (RMS 1.388nm、Ra 1.110nm)

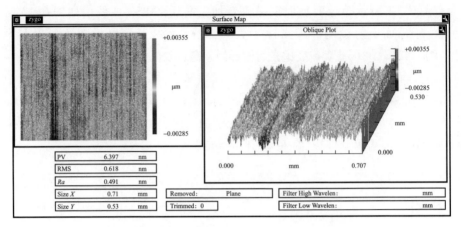

(b) 加工后 (RMS 0.618nm、Ra 0.491nm)

图 6.14　球面反射镜磁流变加工前后的表面粗糙度

6.3.2　口径 200mm 非球面反射镜

图 6.15 所示为非球面反射镜 1 磁流变加工前后的面形误差。如图 6.15 所示，口径 200mm(80%，CA)的非球面反射镜 1，顶点曲率半径为 640mm，相对口径为 1∶1.6，经过两次磁流变工艺循环(1.8h)，面形精度由加工前 PV 136.97nm、RMS 17.25nm 提高到 PV 113.5nm、RMS 10.5nm，总面形收敛比达到 1.64，平均单次面形收敛比为 1.28。如图 6.15(b)所示，磁流变抛光后的面形精度 PV 接近 $\lambda/6$，RMS 达到 $\lambda/60$。

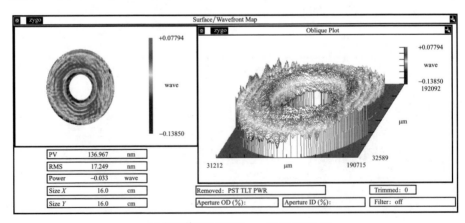

(a) 加工前 (PV 136.97nm、RMS 17.25nm)

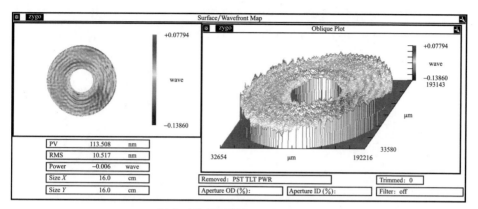

(b) 加工后 (PV 113.5nm、RMS 10.5nm)

图 6.15　非球面反射镜 1 磁流变加工前后的面形误差

图 6.16 所示为非球面反射镜 1 磁流变加工前后的 PSD 曲线。由于非球面反射镜 1 的前道工序为 CCOS 小工具加工，虽然初始面形误差 PV 已达 $\lambda/5$，但中高频误差较多[图 6.15(a)]，不利于面形频率域误差的收敛。本次实验磁流变抛光过程中采用的去除函数直径为 10mm，其对应的空间截止频率 $f_c = 0.1\text{mm}^{-1}$，因此图 6.16 中空间频率小于截止频率的低频误差有明显改善，而空间频率大于截止频率的中高频误差基本上没有变化。

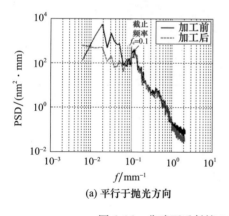
(a) 平行于抛光方向

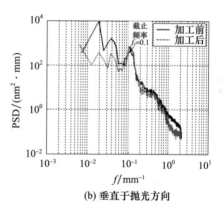
(b) 垂直于抛光方向

图 6.16　非球面反射镜 1 磁流变加工前后的 PSD 曲线

6.3.3　口径 500mm 非球面反射镜

图 6.17 所示为非球面反射镜 2 磁流变加工前后的面形误差。如图 6.17 所示，口径 500mm(92%,CA)的非球面反射镜 2，顶点曲率半径为 3m，相对口径为 1∶3，经

过两次磁流变工艺循环(7.8h),面形精度由加工前 PV 248.3nm、RMS 35.4nm 提高到 PV 116.0nm、RMS 12.2nm,总面形收敛比达到 2.90,平均单次面形收敛比为 1.70。如图 6.17(b)所示,磁流变抛光后的面形精度 PV 达到 $\lambda/5$,RMS 达到 $\lambda/50$。

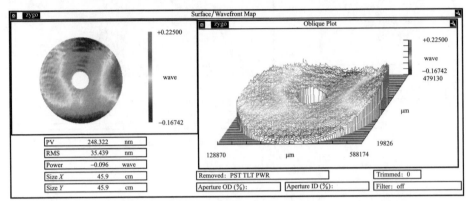

(a) 加工前 (PV 248.3nm、RMS 35.4nm)

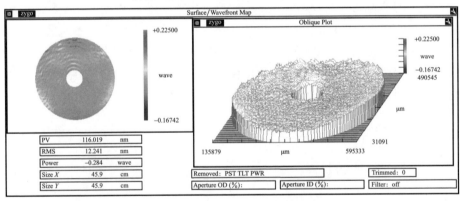

(b) 加工后 (PV 116.0nm、RMS 12.2nm)

图 6.17　非球面反射镜 2 磁流变加工前后的面形误差

图 6.18 所示为非球面反射镜 2 磁流变加工前后的 PSD 曲线。如图 6.18 所示,由于非球面反射镜 2 的前道工序为传统光学加工,面形误差以低频误差为主[图 6.17(a)],因此磁流变抛光后面形误差高、中、低频均有明显改善。图 6.19(a)、图 6.19(b)分别为非球面反射镜 2 的测量状态和磁流变加工状态。

可见,KDMRF - 1000F 磁流变抛光系统的非球面加工精度可达 PV$\lambda/6$、RMS $\lambda/60$,比平面和球面的加工精度有明显下降,这主要是由于非球面上不同位置的曲率半径不同,曲率半径的变化会引起去除函数形状和去除效率的变化,引起去除函数误差,降低面形加工精度和面形收敛比。

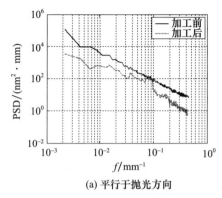 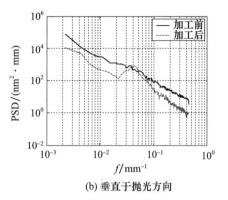

(a) 平行于抛光方向　　　　　　　　(b) 垂直于抛光方向

图 6.18　非球面反射镜 2 磁流变加工前后的 PSD 曲线

 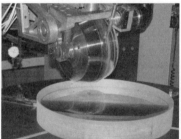

(a) 测量状态　　　　　　　　　　(b) 磁流变加工状态

图 6.19　非球面反射镜 2 测量状态和磁流变加工状态

综合分析上述大中型球面、非球面反射镜的磁流变抛光结果可知：

（1）与平面反射镜的磁流变抛光相类似，当初始面形误差以低频误差为主时，磁流变抛光后的面形误差全频段均有显著改善，当初始面形误差的中高频误差较多时，磁流变抛光只能改善截止频率以下的低频误差。

（2）本书提出的磁流变修形驻留时间求解与实现方法、修形工艺优化方法同样适用于大中型球面、非球面反射镜的高精度加工。本书提出的高精度光学镜面磁流变抛光工艺流程对大中型球面、非球面反射镜具有良好的加工适用性。KD-MRF–1000F 磁流变抛光系统对球面反射镜的加工精度可达 PV$\lambda/8 \sim \lambda/10$、RMS$\lambda/80 \sim \lambda/100$，对非球面反射镜的加工精度可达 PV$\lambda/5 \sim \lambda/6$、RMS$\lambda/50 \sim \lambda/60$。

6.4　轻质薄型、异形平面反射镜磁流变抛光试验

磁流变抛光具有广泛的加工适应性，特别是针对轻质薄型、异形平面反射镜具有独特的技术优势。分别对轻质薄型和异形平面反射镜进行磁流变抛光，

其中轻质薄型碳化硅平面反射镜的口径为 100mm,材料为无压烧结碳化硅(SSiC),由于其厚度仅为 1mm,装夹、测量过程中自身变形十分严重,采用传统光学加工非常困难。异形碳化硅平面反射镜的材料为化学气相沉积碳化硅(CVD SiC),由于其几何外形不规则,传统光学加工比较困难。

6.4.1 轻质薄型碳化硅平面反射镜

图 6.20 所示为轻质薄型碳化硅平面反射镜磁流变加工前后的面形误差。如图 6.20 所示,口径 100mm(90%,CA)、厚度 1mm 的轻质薄型碳化硅平面反射镜,经过三次磁流变工艺循环(2.7h),面形精度由加工前 PV 1320.9nm、RMS 252.3nm 提高到 PV 251.2nm、RMS 21.46nm,总面形收敛比达到 11.7,平均单次面形收敛比为 2.27。如图 6.20(b)所示,磁流变抛光后的面形精度 PV 达到 $\lambda/2$、RMS 接近 $\lambda/30$。

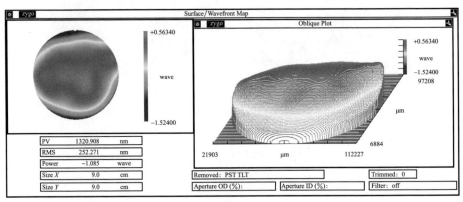

(a) 加工前 (PV 1320.9nm、RMS 252.3nm)

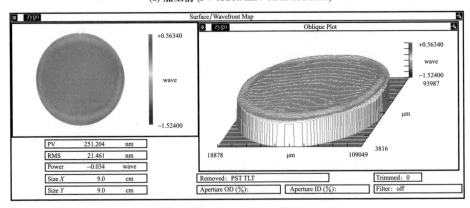

(b) 加工后 (PV 251.2nm、RMS 21.46nm)

图 6.20 轻质薄型碳化硅平面反射镜磁流变加工前后的面形误差

图 6.21 所示为轻质薄型碳化硅平面反射镜磁流变加工前后的 PSD 曲线。如图 6.21 所示,由于其初始面形误差以低频误差为主[图 6.20(a)],磁流变抛光后的面形误差高、中、低频均有明显改善。

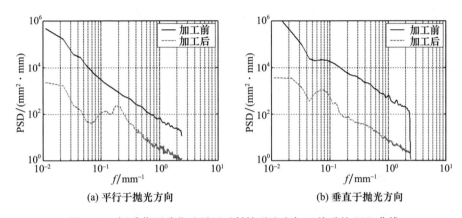

(a) 平行于抛光方向　　　　(b) 垂直于抛光方向

图 6.21　轻质薄型碳化硅平面反射镜磁流变加工前后的 PSD 曲线

图 6.22 所示为轻质薄型碳化硅平面反射镜磁流变加工前后的表面粗糙度。如图 6.22 所示,磁流变抛光后表面粗糙度从 RMS 2.052nm、Ra 1.490nm 提升到 RMS 1.453nm、Ra 1.104nm。由于烧结过程中工艺参数控制较好,本次试验中采用的 S SiC 材料光学加工性能相对较好,磁流变抛光后表面粗糙度有明显提升,最终 Ra 接近 1nm,与德国 ESK 公司提供的 S SiC(磁流变抛光后 Ra 小于 1nm)比较接近。图 6.23 所示为轻质薄型碳化硅平面反射镜磁流变加工后的实物。

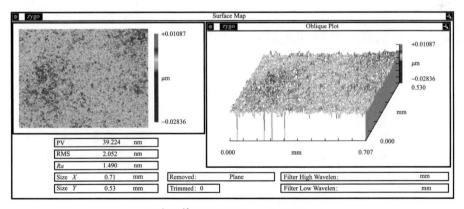

(a) 加工前 (RMS 2.052nm、Ra 1.490nm)

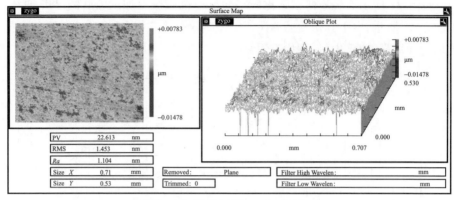

(b) 加工后 (RMS 1.453nm、*Ra* 1.104nm)

图 6.22　轻质薄型碳化硅平面反射镜磁流变加工前后的表面粗糙度

图 6.23　轻质薄型碳化硅平面反射镜磁流变加工后的实物

6.4.2　异形碳化硅平面反射镜

图 6.24 所示为异形碳化硅平面反射镜磁流变加工前后的面形误差。如图 6.24 所示,外形尺寸为 224mm×160mm 的异形碳化硅平面反射镜(有效口径为 200mm×135mm),经过四次磁流变工艺循环(12h),面形精度由加工前 PV 735.0nm、RMS 203.6nm 提高到 PV 162.4nm、RMS 11.5nm,总面形收敛比达到 17.7,平均单次面形收敛比为 2.05。如图 6.24(b)所示,磁流变抛光后的面形精度 PV 接近 $\lambda/4$,RMS 达到 $\lambda/55$。

图 6.25 所示为异形碳化硅平面反射镜磁流变加工前后的 PSD 曲线。如图 6.25 所示,由于其初始面形误差以低频误差为主[图 6.24(a)],磁流变抛光后的面形误差高、中、低频均有明显改善。

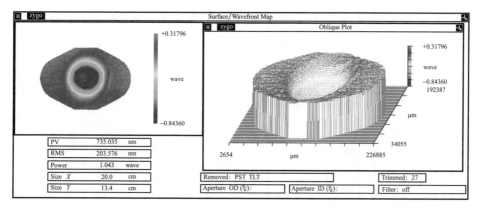

(a) 加工前 (PV 735.0nm、RMS 203.6nm)

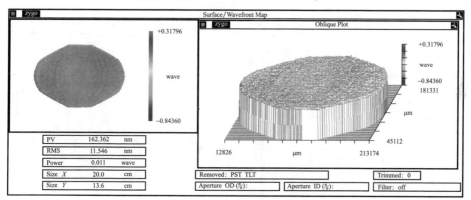

(b) 加工后 (PV 162.4nm、RMS 11.5nm)

图 6.24　异形碳化硅平面反射镜磁流变加工前后的面形误差

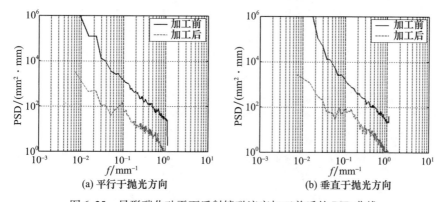

图 6.25　异形碳化硅平面反射镜磁流变加工前后的 PSD 曲线

图 6.26 所示为异形碳化硅平面反射镜磁流变加工前后的表面粗糙度。如图 6.26 所示,磁流变抛光后表面粗糙度从 RMS 0.908nm、Ra 0.710nm 提升到

RMS 0.602nm、Ra 0.481nm。由于 CVD SiC 材料的光学加工性能优良，磁流变抛光后表面粗糙度 Ra 小于 0.5nm。图 6.27 所示为异形碳化硅平面反射镜磁流变加工状态和加工后的实物。

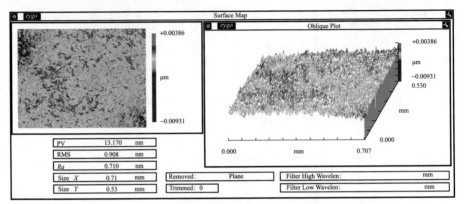

(a) 加工前 (RMS 0.908nm、Ra 0.710nm)

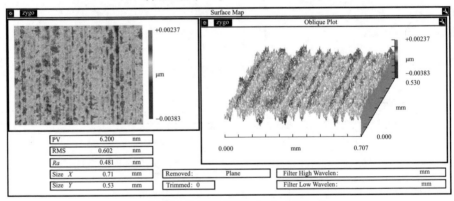

(b) 加工后 (RMS 0.602nm、Ra 0.481nm)

图 6.26　异形碳化硅平面反射镜磁流变加工前后的表面粗糙度

(a) 加工状态　　　　　　　(b) 加工后实物

图 6.27　异形碳化硅平面反射镜磁流变加工状态和加工后实物

第7章 离轴非球面加工技术简介

高精度非球面光学零件制造技术一直是当今光学制造的难点和热点,作为非球面的一类,离轴非球面制造技术更是业界公认的"瓶颈"技术[1,147-148]。国际上离轴非球面的制造水平一定程度上体现着该国在空间观测、对地侦查以及极紫外光刻等相关前沿尖端领域的核心竞争力,因此离轴非球面制造技术是各国争先发展的关键技术。《国家中长期科学和技术发展规划纲要(2006—2020年)》确定了多个重大专项,其中"高分辨率对地观测"和"极大规模集成电路制造技术及成套工艺"等国家重大专项对于高精度离轴非球面更是有直接需求。传统光学制造方法已经无法满足日益增长的高精度离轴非球面应用需求,以美国为首的西方国家更是对我国在相关技术和设备上进行全面封锁,从而制约了我国相关领域的发展。因此,突破离轴非球面的制造技术已经成为我国科技发展的迫切需要。

7.1 离轴非球面背景和意义

7.1.1 离轴非球面特征分析

离轴非球面作为全口径非球面的一部分,是一种偏轴非旋转对称光学元件,如图7.1所示。离轴非球面特征如下[1,147,149]:①偏轴、非回转对称。镜面无显性光轴,面形结构各异,多为长条形、六边形、体育场形以及椭圆形等非回转对称抛物面/双曲面或高次非球面。②特征量参数约束。离轴非球面在追求高精度面形的同时,还对离轴量、离轴角、顶点曲率半径以及二次曲面常数等参数有严格要求,这些参数直接决定着系统后续的装调水平。③大矢高和大(相对)口径。为了获取更大的大通光口径和视场角,离轴非球面的离轴量越来越大,相应矢高也随之增大。

离轴非球面的特征增加了其制造难度,使其加工过程面临误差高精高效收敛和多特征量参数控制的双重挑战,从而降低了离轴非球面的加工可控性和加工效率。因此,离轴非球面制造面临一系列新的挑战:①无显性光轴加工误差定位和控制；②面形误差的检测与评价；③高动态性和高误差收敛能力的实现；④高精高效材料去除；⑤特征量参数的测量与控制；⑥加工工艺路线的制订与实现。

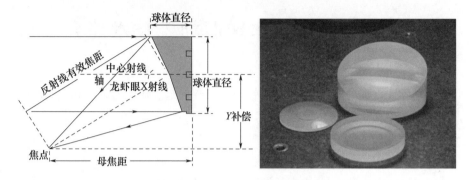

图 7.1　离轴非球面示意图

7.1.2　离轴非球面应用需求

随着现代科学技术的发展,光学系统的应用正向可见光波段的红外与紫外两端延伸发展[1]。透射式光学系统由于透红外和紫外光学材料制造困难和品种少(大尺寸材料则更困难),特别是在极紫外波段根本就没有透射材料,其应用越来越受限制。而与之相对应的反射式光学系统由于材料容易得到,镀膜反射层在很宽的波段范围内有很高的反射率,同时能够有效克服透射玻璃材质的非均匀性、双折射性,且没有色差[149]。因此,反射式光学系统是现代光学系统的首选结构,在空间光学系统、红外及紫外光学系统中得到广泛应用。目前典型的反射式光学系统的基本结构可分为两种:同轴三反光学系统和离轴三反光学系统,如图 7.2 所示。

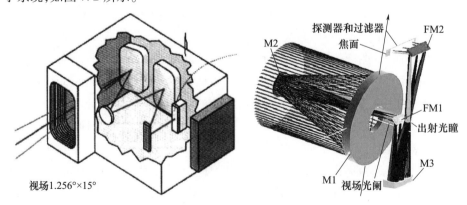

图 7.2　反射式光学系统

大型的同轴反射式光学系统中，主镜一般为孔径米级以上的同轴非球面，由于直接制造比较困难，因此通常采用多块单独制造的离轴非球面子镜拼接而成。这种拼接结构的反射式光学系统常见于对天观测系统，为满足实际应用需要，系统对离轴非球面子镜的各频段误差具有严格的指标要求。例如，美国航空航天局（NASA）发射的JWST[6-7]（james webb space telescope），系统采用同轴三反式结构[图7.3(a)]，主镜、次镜和三镜均为非球面，在波长为2μm达到衍射极限，主镜口径为6.5m，由18块六边形铍镜拼接而成，次镜是整体式铍镜。每块子镜要求在空间周期大于222mm的尺度内，面形误差优于RMS 20nm；周期在0.08~222mm尺度内，面形误差优于RMS 7nm；周期小于0.08mm的尺度内，面形误差小于RMS 4nm。欧洲ESO（European southern observatory）于2018年建设的E-ELT[150-151]（European extremely large telescope），采用五镜反射式结构，主镜达42m，由984块六边形子镜构成，每块均为口径约1.45m的离轴非球面，建成后将成为世界上最大的地基天文望远镜[图7.3(b)]。该系统要求每块子镜全口径波前像差优于RMS 40nm，去低频、中频项后误差优于RMS 10nm。

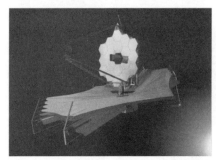
(a) 詹姆斯·韦伯空间望远镜JWST

(b) 欧洲极大望远镜E-ELT

图7.3 对天观测系统

相比同轴反射式光学系统，离轴反射式光学系统不存在中央遮拦问题，具有更大的有效通光口径，并且可以避免由此而产生的衍射现象，提高成像质量，有效满足现代光学成像系统对于大视场、长焦距和接近于衍射极限像质的迫切需求[148-149,152]。因此，离轴反射式光学系统已经逐渐成为未来发展主流，在现代各类光学系统中呈现出日益增长的应用需求。其中比较典型的应用领域包括：

（1）对地观测系统。离轴反射式光学系统能够同时实现大视场和高分辨率，因此在对地观测系统中颇受青睐。例如，公开报道的美国2001年10月发射的快鸟2（QUICKBIRD-2）卫星，其主要有效载荷为一台离轴三反空间光学相机。该相机是世界公认的性能最优秀的商用空间相机之一，地面像元分辨率高达0.61m。美国2008年发射的锁眼KH-13侦查相机,为解决原有"锁眼"系列相机地面覆盖范围太窄、驻留时间太短等问题,同时实现"宽覆盖"和"详查"功能,该相机同样采用离轴反射式结构,主要部件为离轴非球面光学零件[148]。

(2)极紫外光刻系统。光刻技术于20世纪90年代初期进入亚微米时代,从1986年至今光刻分辨率已经由1μm降至45nm,相应光刻机的曝光波长已经从436nm减小到目前的193nm。国际上提出下一代的光刻技术为极紫外光刻技术(extreme-ultraviolet lithography,EUVL),曝光波长将达13.5nm[153]。目前,ASML[154]公司已经成功研制最新的极紫外光刻机 Twinscan NXE3100,如图7.4(a)所示。该光刻机的投影系统采用离轴六镜反射式结构,光刻分辨率达27nm。在ASML公司规划的EUVL光刻机发展蓝图中,光刻机的投影系统均采用离轴六反结构设计。图7.4(b)显示了该公司设计的六种投影系统结构,数值孔径由0.25增至0.7,光刻分辨率可提高至10nm左右[155-156]。结构设计上数值口径的增大,需要引入更大口径和更高陡度的离轴非球面,因此对于离轴非球面的加工能力无疑提出了更加苛刻的要求。

 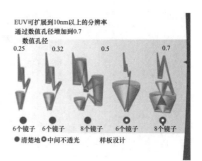

(a) Twinscan NXE3100 EUV光刻机　　　　(b) EUVL投影系统

图7.4　极紫外光刻设备

7.2　离轴非球面加工技术现状

7.2.1　加工方法综述

非球面只有一个对称轴且各点曲率半径不同,相比球面而言加工难度急剧增加。早期的光学系统中,由于缺乏制造非球面的手段,系统设计只能采用球面镜,因此非球面的加工方法起源远远落后于球面。非球面的加工方法,最早可以追溯到1638年建立的形状复制原理;从1638年—1850年,人们一直在探索非球面的加工方法并建立了非球面的手工修抛法；手工修抛法建立后直到1920 年，Mackense 实现了形状复制原理的加工方法；然后到 1976 年 R. A. Jones 提出计算机控制抛光的思想，非球面的加工方法从此进入了计算机控制光学制造时代，各种原创性的加工手段层出不穷[148,157]。图 7.5 显示了非球面加工方法的发展历程。

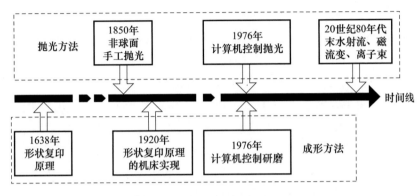

图 7.5 非球面加工方法发展历程

离轴非球面的传统加工主要有两种方式：同轴母镜加工和单件加工。同轴母镜加工是指采取传统方法加工一块大的轴对称非球面母镜，其口径至少应能包含所需离轴非球面，待同轴母镜加工完毕后，从该母镜中切出所需离轴非球面。该方法适用于小口径小离轴量离轴非球面的加工，当口径或离轴量较大时，加工成本将急剧增加。单件加工是将毛坯尺寸做到离轴非球面所需口径，然后直接对其进行加工。单件加工的传统抛光方法，主要包括手工修抛法和弯曲应力抛光法等[148]。手工修抛法是工人手工把持粘贴沥青的小工具进行加工，根据测量的面形误差分布以及个人经验来选择抛光工具形状、控制抛光时间以及抛光压力。手工修抛法效率极低，非常依赖于人的经验，收敛过程需要反复迭代，且中高频误差比较严重，不能满足大口径离轴非球面的加工需求[1,148]。弯曲应力抛光法是先将离轴非球面加工成一个球面，根据材料力学公式计算出加在镜面边缘的力和力矩，使之产生变形，其变形量正好和离轴非球面与起始球面之差相等，但符号相反[129]，然后在应力状态下将其抛光成球面，抛光完成后解除镜体弯曲应力，镜体弹性恢复后得到离轴非球面面形。弯曲应力抛光法容易保持离轴非球面的焦距和离轴量，但是需要大量加力用的机械零件，适用于大批量离轴非球面的加工。

随着计算机技术的飞速发展，美国 Itek 公司的 W. J. Rupp 在 20 世纪 70 年代初提出算机控制光学表面成形技术,其基本思想是利用计算机控制小于工件的研抛盘在工件表面的运动路径、驻留时间和加工压力等参数,实现表面材料的定量去除,达到修正误差的目的[158]。基于 CCOS 的基本原理,衍生了许多崭新的先进光学制造方法,其中代表性的包括:计算机控制小工具抛光(CCOS)[158-159]、应力盘抛光(stressed – lap polishing, SLP)[160-162]、气囊抛光(bonnet polishing, BP)[163-164]、离子束抛光(ion beam figuring, IBF)[128,165-166]和磁流变抛光(magnetorheological finishing, MRF)[44,77,167]。除了磁流变抛光技术,这些加工方法在离轴非球面光学零件的制造过程中均有一定应用。例如,法国 REOSC 公司使用 CCOS 技术成功加工 8m 的 VLT 主镜,面形精度 RMS 值达到 8.8nm,远优于要求的 35nm 指标[168],如图 7.6(a)所示。美国亚利桑那大学使用应力盘抛光加工 $f/0.7$ 口径 8.4m 的 GMT 离轴非球面主镜,最终面形精度 RMS 值高达 17nm[169-170],如图 7.6(b)所示。英国 Zeeko 公司正在利用气囊抛光加工 E – ELT 中的离轴非球面,相关研究正在进行,加工结果还未见报道,图 7.7(a)是该公司开发的用于加工 E – ELT 中六边形离轴非球面镜的 2m 机床[171]。美国柯达(kodak)公司采用离子束技术加工一块口径 1.3m 的轻质微晶离轴非球面镜,经过四次迭代最终面形精度 RMS 值达到 9.5nm[172],如图 7.7(b)所示。虽然如此,但是这些方法在离轴非球面制造过程中仍然存在一定的局限性,比如 CCOS 技术存在抛光工具同镜面的不匹配效应,而且具有明显的边缘效应;应力盘抛光由于加工工具的复杂性,适用于大口径离轴非球面的加工,而且同样边缘效应比较突出;气囊抛光技术相对而言还不够成熟,相关离轴非球面的加工技术还在研究之中;离子束加工的体积去除效率有限,适用于小去除量高精度的加工过程,因此在大误差量修形过程中难以满足效率需求。

(a) CCOS加工离轴非球面

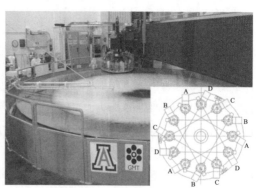
(b) SLP加工离轴非球面

图 7.6 离轴非球面加工的 CCOS 技术和 SLP 技术应用实例

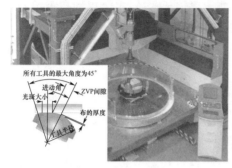

(a) Zeeko的2m气囊抛光机床　　　　　　(b) IBF技术加工离轴非球面

图 7.7　离轴非球面加工的 BP 技术和 IBF 技术应用实例

7.2.2　关键参数控制研究现状

　　离轴非球面的关键约束参数包括离轴量、顶点曲率半径和二次曲面参数等，离轴非球面镜一般只是光学系统中的部件之一，因此这些关键参数对于光学系统的性能具有重要影响。例如，离轴量偏差会在离轴非球面面形误差中引入慧差或像散，降低实际应用的面形精度；顶点曲率半径偏差在面形误差中引入球差，降低成像质量；二次曲面常数决定着离轴非球面的形状，它的偏差会引起面形形状偏离，影响光学性能。不仅如此，这些关键参数还会增加系统装调的难度，从而降低装调精度，甚至可能不能得到满足应用需求的系统精度。因此，离轴非球面关键参数的控制对于离轴非球面的使用性能具有重要的影响。

　　离轴量参数一般在磨削或者研磨阶段进行严格控制，在抛光阶段只需进行有效的监控即可。该参数主要表征离轴非球面几何中心同光轴的位置关系，因此常用三坐标轮廓测量进行测量。顶点曲率半径和二次曲面常数存在相关耦合关系，因此对这两个参数的控制一般都是采用同一算法进行求解的。Rufino Diaz – Uribe[173]通过对非球面方程进行推演，建立了顶点曲率半径和二次曲面的相关关系，并通过 He – Ne 激光器非接触测量非球面表面法线误差实现这两个参数的求解。Ying Pi[174]则采用球面参考镜干涉测量离轴非球面的顶点曲率半径和二次曲面常数，以干涉测量球面镜为基础，可以理论建立非球面镜镜面误差和位置的关系，从而解算出非球面的顶点曲率半径和二次曲面常数。国内对于顶点曲率半径和二次曲面常数的测算主要基于轮廓测量法和干涉测量法。其中轮廓测量法[175-176]一般以三坐标测量为基础得到数据，然后基于非球面方程进行模型推演，进而实现参数解耦求解。成都光电工程研究所进行了干涉测量法[177]的研究,其基本原理是直接干涉测量离轴子孔径,拟合得到初级像差系数,结合位置差可同时计算出顶点曲率半径和二次曲面常数。

7.2.3 国内离轴非球面加工现状

国内对于离轴非球面的加工起步较晚,在该方面的研究一直处于亦步亦趋的状态。随着国内在光学制造方面的研究深入,也逐渐发展出计算机控制光学表面成形、磁流变抛光和离子束加工等先进制造方法。但是,鉴于离轴非球面光学零件一般应用在国家重要领域,因此具有相关背景并从事该方面研究的单位并不多。相关文献表明,开展相关研究的单位主要有长春光学精密机械研究所、成都光电工程研究所、西安光学精密机械研究所和上海技术物理研究所等。

长春光学精密机械研究所基于离轴三反光学系统的研究背景开展相关研究,在国内率先研制成功具有完全自主知识产权的离轴非球面数控加工中心,图7.8(a)所示为其研制的非球面数控加工中心的第二代设备FSGJ-2[178]。该设备采用集成化设计方案,将研磨、抛光和在线轮廓测量单元合为一体,可实现离轴非球面的自动加工。在此基础上,他们开展了大口径高精度离轴非球面光学表面确定性加工和面形误差高收敛性的研究,并成功实现了离轴非球面的计算机控制制造。典型的例子[178]是某离轴三反消像散光学系统的次镜加工,该镜为176mm×110mm矩形口径的离轴凸双曲面反射镜,背面为高精度平面。光学参数如下:顶点曲率半径为895.27mm,二次曲面常数为-4.256,离轴量为69.5mm。采用FSGJ-2对该镜进行加工,最终面形精度达RMS 11nm,如图7.8(b)所示。

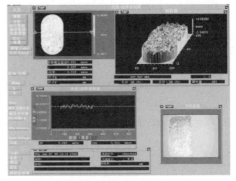

(a) FSGJ-2非球面数控加工中心　　　　　(b) 离轴凸非球面镜加工结果

图7.8　长春光学精密机械研究所的加工设备和加工结果

7.3 离轴光学零件磁流变抛光研究现状

磁流变抛光技术的成熟促进了其在各个光学制造领域的应用,离轴非球面的加工是光学制造领域的难点问题。因此,尝试用磁流变抛光技术来解决离轴非球面的制造难题,实现离轴非球面的高精高效制造具有十分重要的意义。

QED 公司一直从事磁流变抛光技术的研究,为此我们对其进行了跟踪,现有文献表明 QED 公司还没有使用磁流变抛光技术进行离轴非球面的加工,唯一加工过的离轴光学零件是离轴球面镜。QED 公司于 2007 年利用其磁流变抛光机床 Q22-950F-PC 对一块口径为 300mm×90mm、曲率半径为 450mm 的离轴微晶凹球面镜进行加工,加工过程共采用三种抛光工具,如图 7.9 所示。离轴球面镜的加工工艺流程包括三部分:①利用直径 370mm 的磁流变抛光轮高效去除研磨亚表面损伤层;②利用 CCP 平动沥青盘进行表面中高频残差的光顺加工;③利用直径 50mm 的磁流变抛光轮进行高精度误差修正。总加工过程包含五次迭代,面形误差 PV 值由研磨 4μm 收敛到最终的 30nm,RMS 值由研磨后的 734nm 收敛到最终的 2.9nm[179-181],如图 7.10 所示。虽然此次加工工件为离轴球面镜,但是加工结果显示出磁流变抛光技术的高稳定性和高收敛性,验证了磁流变抛光技术具有高精度自由曲面的修形能力。

(a) 磁流变抛光机直接数字化X射线摄影系统W/370mm 磨头

(b) 抛光机W/射频容性耦合等离子体平面磨头

(c) 磁流变抛光机 FCW/50mm 磨头

图 7.9 三种抛光工具加工离轴球面镜的现场照片

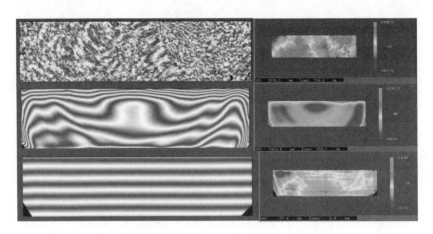

图 7.10 离轴球面镜加工过程不同阶段的测量结果

第8章 离轴非球面修形理论

离轴非球面上各点曲率半径连续变化使得去除函数是空间变化的,现有等曲率去除函数建模法不能解决去除函数的变曲率问题,线性成形过程和经典驻留时间算法不能满足离轴非球面高陡度和大矢高的加工需求。因此,为实现离轴非球面高精度确定性磁流变抛光修形,本章提炼离轴非球面磁流变抛光中的相关理论问题进行研究。首先基于去除函数形成特征建立变曲率条件下的去除函数理论模型,其次分析计算机控制成形模型的特点和应用,最后针对离轴非球面驻留时间的高动态性要求,建立相应的高动态性驻留时间模型和算法。

8.1 变曲率去除函数建模

高精度高确定性磁流变抛光修形过程是基于时间和空间不相关的去除函数模型实现的,即加工过程中去除函数不随时间和空间的变化而变化。去除函数的时间不变性由工艺参数的稳定性决定,而去除函数的空间不变性则是由工件几何形状特征和计算机控制抛光轮的位姿精度共同决定。在抛光轮位姿精度一定的情况下,空间不变去除函数模型要求工件在任意位置处具有等曲率形状特征,即空间不变去除函数是等曲率去除函数模型。然而,离轴非球面各点曲率均不相同,要实现离轴非球面的精确磁流变抛光修形,需要建立同工件形状相关的去除函数模型——变曲率去除函数模型。本章基于磁流变抛光去除函数的形状和效率分析,建立变曲率去除函数模型,为离轴非球面的确定性修形控制和修形工艺提供理论基础。

8.1.1 去除函数模型分析

去除函数特征包括形状特征和效率特征,如图8.1所示。去除函数形状特征包括前端轮廓和后端轮廓两部分,前端轮廓反映抛光轮最低点和磁流变液入口之间的轮廓特征,后端轮廓为抛光轮最低点和磁流变液出口之间的轮廓特征。定义去除函数前端轮廓的长度为前端长度 L_f,后端轮廓的长度为后端长度 L_b,去除函

数长度为 L，宽度为 W，如图 8.1(a)所示。去除函数效率特征主要包括峰值去除效率和体积去除效率，其中峰值去除效率定义为去除函数在单位时间内的最大材料去除量，即去除函数效率分布图的峰值点，单位一般为 μm/min；体积去除效率定义为去除函数在单位时间内所去除的材料体积，即去除函数效率分布图中所有去除量的总和，单位一般为 $μm^3$/min 或 mm^3/min，如图 8.1(b)所示。

传统去除函数建模均是基于工件等曲率半径假设为前提的，无法反映工件曲率半径变化对去除函数特征的影响规律，因此不能满足离轴非球面磁流变抛光加工的实际应用需求。为建立适用于离轴非球面加工过程的去除函数模型，需要考虑工件曲率半径变化的影响，并建立相应的变曲率去除函数模型。建立变曲率去除函数模型主要基于以下三个目的：①评估离轴非球面的加工工艺，基于理论模型分析可以得到变曲率条件下去除函数特征变化的大小，从而选择适当的加工工艺策略；②提供非线性补偿修形的理论基础和实现方法，将变曲率去除函数引入驻留时间解算过程，可以实现非球面磁流变抛光修形过程中的去除函数非线性补偿，提高修形精度；③提供主动变去除函数误差修正的途径，实现加工时间、加工精度以及中高频误差控制的联合优化。

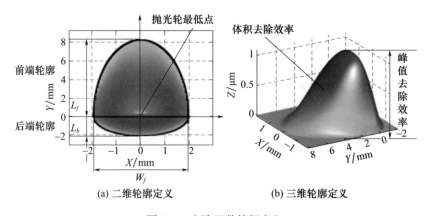

(a) 二维轮廓定义   (b) 三维轮廓定义

图 8.1 去除函数特征定义

8.1.2 去除函数形状模型

8.1.2.1 抛光区域磁流变液轮廓的数学表述

磁流变抛光过程中，磁流变液在高强度磁场作用下附着在球形抛光轮表面。为描述抛光区域的磁流变液轮廓，以磁流变液最低点为坐标原点建立坐标系 $OXYZ$。磁流变液的坐标系定义如图 8.2 所示，其中 X 轴为抛光轮轴线方向，Y 轴为抛光轮最低点切线方向，Z 轴为抛光轮最低点法线方向。

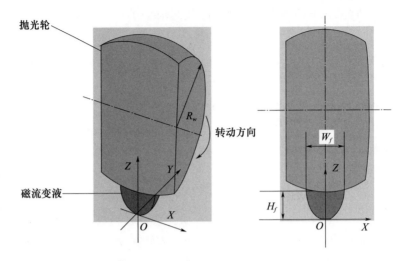

图 8.2　磁流变液轮廓描述的坐标系定义

磁流变液随抛光轮转动进入抛光区域，因此在 YOZ 平面内其轮廓为与抛光轮同心的圆形。记 R_w 为抛光轮半径，H_f 为抛光轮最低点处的磁流变液缎带厚度，W_f 为抛光轮表面的磁流变液宽度，则磁流变液在 YOZ 平面内的轮廓可以描述为

$$y^2 + (z - R_w - H_f)^2 = (R_w + H_f)^2 \tag{8.1}$$

抛光区域内的磁流变液在高强度磁场作用下会在抛光轮最低点形成缎带突起，该缎带突起在 XOZ 平面内具有二次曲线形状[54,182]。根据相关约束条件，可以采用二次抛物线进行形状拟合，因此得到 XOZ 平面内的磁流变液轮廓表达式为

$$z = ax^2 + bx + c \tag{8.2}$$

式(8.2)包含未知参数 a、b 和 c，根据抛光区域内磁流变液的边界条件可以建立关于参数 a、b 和 c 的三元一次方程组，求解该方程组即可得到 XOZ 平面内磁流变液形状轮廓的数学描述。

根据式(8.1)和式(8.2)建立的 YOZ 平面和 XOZ 平面内磁流变液轮廓的数学描述，抛光区域内磁流变液的三维表面轮廓是由 XOZ 平面内定义的抛物线绕抛光轮轴线旋转而构成的环面，因此抛光轮下方磁流变液的表面轮廓满足下列方程：

$$R_w + H_f - \sqrt{y^2 + (z - R_w - H_f)^2} = ax^2 + bx + c \tag{8.3}$$

通过对抛光区域进行边界定义，即确定式(8.3)中 x 和 y 的取值范围，即可得到相应 z 值分布,从而确定磁流变液的几何轮廓分布。

8.1.2.2 去除函数形状的几何形成机理

磁流变液在磁场作用下具有类似宾厄姆(Bingham)介质的性质,宾厄姆介质存在屈服应力值,因此被认为是一种非牛顿流体[44,77,92,183]。将磁流变液几何轮廓和工件分别看成两个体,则去除函数几何轮廓同它们的相贯线直接关联。抛光轮同工件之间的楔形区域使进入该区域的磁流变液发生挤压,并形成剪切力实现工件表面材料去除。由于非牛顿流体具有不可压缩性,因此加工过程中磁流变液发生变形,即抛光轮下端遭受挤压的磁流变液将会向相贯线周围扩散,使实际去除函数的形状将略大于相贯线的形状特征。考虑构成去除函数的压深参数一般在亚毫米量级,因此可以分别引入去除函数长度修正因子 k_L[见式(8.12)]和宽度修正因子 k_W[见式(8.14)]来修正由磁流变液挤压变形造成的去除函数形状相对相贯线形状的变化。根据上述分析,基于磁流变液体和工件体之间的相贯线形状建立去除函数的几何轮廓模型是可行的。磁流变液体同工件体的相贯线是关于 XOZ 平面对称的,经过楔形区域的磁流变液的流体动力学特性使磁流变液在经过抛光轮最低点后存在截留特性,因此形成的去除函数后端轮廓不是关于 XOZ 平面对称的。综合上述假设,可对去除函数几何形状做如下定性描述:去除函数前端轮廓可以基于磁流变液体和工件体的相贯线进行求解[182,184],后端轮廓近似为前端轮廓的镜像,如图 8.3 所示,采用去除函数长度修正因子和宽度修正因子对去除函数的实际轮廓进行修正可以得到去除函数的几何形状模型。

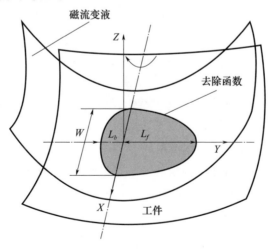

图 8.3 去除函数形状生成原理

磁流变液体同工件体的相贯线方程为

$$\begin{cases} R_w + H_f - \sqrt{y^2 + (z - R_w - H_f)^2} = ax^2 + bx + c \\ z = f(x,y) + D \end{cases} \quad (8.4)$$

式中：$f(x,y)$ 为工件的曲面方程；D 为磁流变液的压入深度。

要求解去除函数的几何形状，需要对两个曲面相交的相贯线方程(8.4)进行求解。对非球面光学零件而言，磁流变液体同工件体的相贯线是椭圆形状。因此，去除函数的前端轮廓和后端轮廓可以分别采用椭圆方程进行数学描述。

对于去除函数前端轮廓的椭圆，其长轴为去除函数前端长度 L_f，短轴为去除函数宽度 W，因此前端轮廓可以表示为

$$\begin{cases} -W/2 \leqslant x \leqslant W/2 \\ y = L_f \sqrt{1 - \left(\dfrac{2x}{W}\right)^2} \\ z = f(x,y) + D \end{cases} \quad (8.5)$$

用 k 表示去除函数后端长度和前端长度的比值，则后端轮廓的椭圆长轴为去除函数宽度 W，短轴为去除函数后端长度 $L_b = kL_f$，因此后端轮廓可表示为

$$\begin{cases} -W/2 \leqslant x \leqslant W/2 \\ y = -kL_f \sqrt{1 - \left(\dfrac{2x}{W}\right)^2} \\ z = f(x,y) + D \end{cases} \quad (8.6)$$

根据式(8.5)和式(8.6)可知，在工件曲面确定的情况下，要计算去除函数的形状，需要确定的参数包括去除函数前端长度 L_f、去除函数后端长度和前端长度的比值 k、去除函数宽度 W 和磁流变液压入深度 D。其中 k 值是根据去除函数实验设定的，D 则是由工艺参数决定的。因此，要求解去除函数的几何形状，还需要根据已有参数确定去除函数前端长度 L_f 和去除函数宽度 W。

8.1.2.3　去除函数形状模型的近似求解

去除函数前端长度由磁流变液在 YOZ 平面内的轮廓同工件曲面的交点确定，去除函数宽度则由磁流变液在 XOZ 平面内的轮廓同工件曲面的交点决定。因此，根据 YOZ 平面内磁流变液轮廓方程和工件曲线方程可以求解去除函数前端长度，根据 XOZ 平面内磁流变液的轮廓方程和工件曲线方程可以求解去除函数宽度。非球面在任意位置处具有不同的局部形状，为求解去除函数形状时便于确定磁流变液压入深度 D，可行的方法是对该位置处的非球面进行坐标变换，如图8.4所示。在不含高次项的情况下，经过坐标变换能得到非球面的解

析表达式,但如果非球面中包含高次项,则只能通过数值方法进行求解。因此,直接采用非球面方程进行去除函数形状求解很难建立解析表达式,并且求解过程烦琐而复杂。

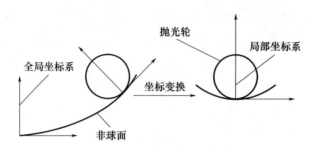

图 8.4 去除函数形状求解的坐标变换示意图

  磁流变液体同非球面体在空间上进行交汇,满足抛光轮最低点法线同非球面体法线一致的特征,因此去除函数长度和宽度形状分别同非球面各位置处的子午平面和弧矢平面相关。要建立去除函数形状解析式,需要利用非球面任意位置处子午平面和弧矢平面的圆形方程进行近似处理。非球面的子午半径和弧矢半径定义如图 8.5 所示,其中 C_0 为非球面顶点处的曲率半径中心,AC_0 为顶点曲率半径[185-186]。假设非球面上任意一点为 P,则 PC_T 为 P 点在包含光轴与 P 点子午平面内的切向曲率半径,$C_0 C_T C_{BT}$ 是非球面上 A、B 两点之间切向曲率中心的轨迹,即子午半径中心轨迹;PC_S 为 P 点在法向平面内的弧矢半径,$C_0 C_S C_{ST}$ 是 A、B 两点之间的弧矢半径中心轨迹。在顶点 A 处,子午半径等于弧矢半径,两者均随径向轮廓的改变而变化,随着径向轮廓距离的增大,子午半径大于弧矢半径。根据上述定义,可得非球面上径向位置 r 处的子午半径 R_t 和弧矢半径 R_s 为[187]

$$R_t(r) = \frac{1}{c}\sqrt{(1-kc^2r^2)^3} \quad R_s(r) = \frac{1}{c}\sqrt{1-kc^2r^2} \quad (8.7)$$

式中:c 为顶点曲率;k 为二次曲线常数。

  根据磁流变液的压深参数,建立非球面在子午平面内曲线的近似方程如下:

$$y^2 + (z + R_t(r) - D)^2 = R_t(r)^2 \quad (8.8)$$

同样可以建立非球面在弧矢平面内曲线的近似方程如下:

$$x^2 + (z + R_s(r) - D)^2 = R_s(r)^2 \quad (8.9)$$

根据式(8.1)和式(8.8)可以建立方程组如下:

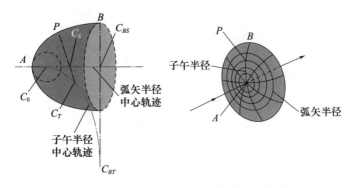

图 8.5 非球面子午半径和弧矢半径示意图

$$\begin{cases} y^2 + (z - R_w - H_f)^2 = (R_w + H_f)^2 \\ y^2 + (z + R_t(r) - D)^2 = R_t(r)^2 \end{cases} \quad (8.10)$$

方程(8.10)是一个二元二次方程组,因此 y、z 存在两个解。假设 y 的两个解分别为 y_1 和 y_2,由于去除函数的前端轮廓分布在曲面上,因此其前端长度为

$$L_f = R_t(r)\sin[\max(y_1, y_2)/R_t(r)] \quad (8.11)$$

根据去除函数长度定义,同时考虑长度修正因子 k_L 可得去除函数长度为

$$L = k_L(1 + k)R_t(r)\sin[\max(y_1, y_2)/R_t(r)] \quad (8.12)$$

根据式(8.2)和式(8.9)可以建立方程组如下:

$$\begin{cases} z = ax^2 + bx + c \\ x^2 + [z + R_s(r) - D]^2 = R_s(r)^2 \end{cases} \quad (8.13)$$

方程(8.13)的解中 x 包含四个解,z 包含两个解。假设 x_1、x_2 为 x 的两个正解,x_3、x_4 为 x 的两个负解,去除函数宽度轮廓同样在曲面上,引入去除函数宽度修正因子 k_W,可以得到去除函数宽度表达式为

$$W = 2k_W R_s(r)\sin[\min(x_1, x_2)/R_s(r)] \quad (8.14)$$

8.1.2.4 去除函数形状模型求解流程

根据上述分析,在相关工艺参数条件确定的情况下可以对非球面上某位置处的去除函数形状进行建模。定义抛光轮半径和加工件的曲面方程为初始条件,磁流变液的黏度、流量、抛光轮转速、磁场电流为工艺参数条件,非球面上加工点位置、磁流变液压深为加工条件,可以建立变曲率去除函数形状模型求解的流程,如图 8.6 所示。首先设定去除函数形状建模的初始条件;然后设置磁流变抛光加工的工艺参数条件;在工艺参数条件确定后,需要分别利用接触式测头和游标卡尺测量抛光区域内磁流变液的厚度和宽度;利用得到的厚度和宽度实现对磁流变液轮廓的参数拟合,即拟合得到式(8.2)中参数 a、b 和 c 的

值;进一步设定加工条件;根据加工条件利用式(8.7)可以计算非球面上加工点处的子午半径和弧矢半径;基于子午半径和弧矢半径可以分别建立去除函数轮廓在子午平面和弧矢平面同工件曲线的交点方程组(8.10)和方程组(8.13);分别对这两个方程组求解并将解分别代入式(8.12)和式(8.14)可以得到去除函数前端长度和去除函数宽度值;将前面定义的所有相关参数和去除函数前端长度和去除函数宽度代入方程(8.5)和方程(8.6)即得到去除函数形状的椭圆方程,从而完成去除函数的形状建模。

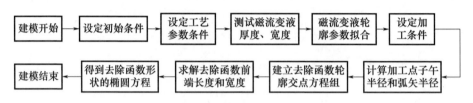

图 8.6　变曲率去除函数形状模型求解流程

8.1.3　去除函数效率模型

8.1.3.1　效率模型的数学假设

采用普雷斯顿(Preston)方程对磁流变抛光去除函数的去除机理进行解释分析,可以建立去除效率的特征模型。抛光区域内磁流变液对工件的压力是一项复杂的参数,主要包括流体动压力、磁场产生的压力和液体浮力三部分,而磁场产生的压力包括磁化压力和磁致伸缩压力。假设磁流变液是不可压缩的,因此它在磁场中由于体积变化而引起的磁致伸缩压力近似为零。当只考虑磁化压力时,有

$$p = p_d + p_m + p_g \tag{8.15}$$

式中:p_g 为磁流变液的浮力,远小于 p_d 和 p_m,因此可以忽略不计;p_d 和 p_m 分别表示磁流变液的流体动压力和磁流变液的磁化压力,它们可表示为[78,188]

$$p_d = \frac{-2\eta_0 Ux}{h(x)^2} \quad p_m = \frac{3\phi u_0(\mu - \mu_0)}{\mu + 2\mu_0}\int_0^H H dH \tag{8.16}$$

式中:η_0 为磁流变液的初始黏度;U 为抛光盘的线速度;$h(x)$ 为抛光轮同工件之间的距离函数;μ_0 为真空导磁率;ϕ 为磁性微粒在磁流变液中占的体积比;μ 为磁性微粒的导磁率;H 为工件表面外加磁场的磁场强度。

根据式(8.15)和式(8.16)可以得到去除函数的二维轮廓表达式为

$$R = k\left[\frac{-2\eta_0 Ux}{h(x)^2} + \frac{3\phi u_0(\mu - \mu_0)}{\mu + 2\mu_0}\int_0^H H dH\right]v \tag{8.17}$$

式中:k 为 Preston 常数;v 为工件和抛光轮之间的相对运动速度。

对式(8.17)进行近似处理,可以建立去除效率的表达式如下:

$$R(x) = a \cdot \frac{1}{h(x)^2} \cdot x + b \tag{8.18}$$

式中:a、b 为将式(8.17)转换为式(8.18)的近似拟合参数。

根据式(8.18)可知,在拟合参数确定的情况下,去除函数的去除效率同距离 x 和距离函数 $h(x)$ 有关。因此,要计算去除函数不同位置处的去除效率,需要得到抛光区域内抛光轮同工件之间距离的距离函数 $h(x)$。

8.1.3.2 *YOZ* 平面内去除效率模型

抛光轮在 *YOZ* 平面内可以数学描述为

$$y^2 + (z - R_w - H_f)^2 = R_w^2 \tag{8.19}$$

记 *YOZ* 平面内抛光轮同工件之间的距离函数为 $z(y)$,则 $z(y)$ 可写为

$$z(y) = R_w + H_f - \sqrt{R_w^2 - y^2} - f(0,y) - D \tag{8.20}$$

式(8.18)中去除效率同距离成正比,同距离函数的平方成反比,实验过程发现直接采用式(8.18)进行拟合存在较大误差。因此,考虑引入参数 k_{yz} 和正弦函数 $c(y)$ 来建立 *YOZ* 平面内的去除函数前端轮廓的去除效率模型。

$$R_{yz}(y) = \frac{1}{z(y)^{k_{yz}}} - \left(\frac{1}{z(y)^{k_{yz}}}\right)_{\min} \cdot c(y) \quad (0 \leqslant y \leqslant L_f) \tag{8.21}$$

式中:$c(y) = \frac{1}{2}\left(\cos\left(\left(1 - \frac{y}{L_f}\right) \cdot \pi\right) + 1\right)$;参数 k_{yz} 取 0.8 时拟合效果较好。

去除函数后端轮廓的去除效率同样可以对前端轮廓去除效率进行镜像得到,根据前端轮廓和后端轮廓的比值,得到后端轮廓的去除效率模型为

$$R_{yz}(y) = \frac{1}{z(-y/k)^{k_{yz}}} - \left(\frac{1}{z(-y/k)^{k_{yz}}}\right)_{\min} \cdot c(-y/k) \quad (-L_b \leqslant y \leqslant 0) \tag{8.22}$$

根据式(8.21)和式(8.22),将去除函数前端长度、后端长度以及参数 k_{yz} 代入即可得到去除函数模型在 *YOZ* 平面内的效率分布。

8.1.3.3 *XOZ* 平面内去除效率模型

抛光轮在 *XOZ* 平面内可以数学描述为

$$x^2 + (z - R_w - H_f)^2 = R_w^2 \tag{8.23}$$

XOZ 平面内抛光轮同工件之间的距离函数可以记为 $z(x)$,则 $z(x)$ 可写为

$$z(x) = R_w + H_f - \sqrt{R_w^2 - x^2} - f(x,0) - D \tag{8.24}$$

同 *YOZ* 平面内去除效率的求解类似,引入参数 k_{xz} 和正弦函数 $d(x)$,由于

去除函数的宽度是关于 Y 轴对称的，因此去除函数在 XOZ 平面内的去除效率模型为

$$R_{xz}(x) = \frac{1}{z(x)^{k_{xz}}} - \left(\frac{1}{z(x)^{k_{xz}}}\right)_{\min} \cdot c(x) \quad (-W/2 \leqslant x \leqslant W/2) \quad (8.25)$$

其中，$d(x) = \frac{1}{2}\left[\cos\left(2 \cdot \frac{|x|^{k_{xz}}}{W} \cdot \pi\right) + 1\right]$，由于 XOZ 平面内去除函数的陡度大于 YOZ 平面内去除函数的陡度，因此拟合得到的参数 k_{xz} 略大于 k_{yz}，k_{xz} 的取值为 1.2。

根据式(8.25)，将去除函数宽度以及参数 k_{xz} 代入即可得到去除函数模型在 XOZ 平面内的去除效率分布。

8.1.3.4 去除函数效率模型求解流程

综合去除函数在 YOZ 平面和 XOZ 平面内的去除效率模型，可以建立去除函数在去除函数形状模型区域内的去除效率模型为

$$RR(x,y) = k_{fit}R_{xz}(x)R_{yz}(y) \quad (8.26)$$

式中：k_{fit} 为去除函数的去除效率拟合因子，用来标定去除函数的去除效率值。

根据设定的工艺参数条件和加工条件，在去除函数形状模型求解完成的情况下，利用式(8.26)可以实现去除函数效率的模型求解。

变曲率去除函数效率模型的求解流程如图 8.7 所示。首先采用图 8.6 的流程进行去除函数形状模型求解，从而可以得到去除函数的前端长度、后端长度以及宽度等条件；根据式(8.21)和先验信息拟合参数 k_{yz}，并代入式(8.21)从而建立去除函数在 YOZ 平面内的去除函数效率模型；根据式(8.24)和先验信息拟合参数 k_{xz}，并代入式(8.24)建立去除函数在 XOZ 平面内的去除函数效率模型；利用式(8.24)进行去除函数效率模型标定，从而得到去除函数的去除效率拟合因子 k_{fit}；将 k_{yz}、k_{xz} 和 k_{fit} 代入式(8.25)并结合形状模型的求解可以建立去除函数的三维去除效率模型，从而完成变曲率去除函数模型的整个建模过程，最终可以实现任意工艺参数及加工条件下的三维去除函数模型仿真分析。

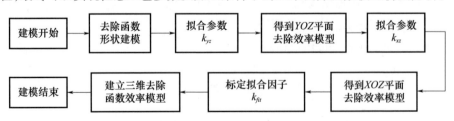

图 8.7 变曲率去除函数效率模型求解流程

8.1.4 去除函数实验

上两节分别建立了变曲率去除函数的形状模型和效率模型,未验证模型的正确性和有效性,本章对去除函数建模进行实验研究。去除函数的特征获取对于面形误差的测量精度和定位精度均有较高要求,非球面面形误差的测量和定位相比平面球面而言难度更大,直接采用非球面进行去除函数模型实验不仅在工艺上存在很大难度,而且各种相关误差的引入也会降低去除函数的获取精度,从而导致不能获得足够精确的去除函数特征。

为了不增加实验的工艺难度,同时保证去除函数的获取精度和变曲率去除函数的特征,采用不同曲率半径的球面镜进行变曲率去除函数实验。实验总共采用 10 块不同曲率半径的球面镜,其中 4 块凹球面镜,1 块平面镜,5 块凸球面镜,详细参数见表 8.1。采用相同工艺参数进行实验,具体参数如下:抛光轮直径为 200mm,抛光轮转速为 120r/min,电流强度为 5A,流量为 140L/h,压深为 0.28mm,磁流变液黏度为 200mPa·s,驻留时间为 5s,测试得到磁流变液厚度和宽度分别为 1.2mm 和 15mm。

表 8.1 用于变曲率去除函数实验的球面镜参数

编 号	1	2	3	4	5	6	7	8	9	10
形 状	凹面	凹面	凹面	凹面	平面	凸面	凸面	凸面	凸面	凸面
曲率半径 /mm	105	200	300	400	∞	400	300	200	100	40

8.1.4.1 去除函数形状验证

利用上述条件对去除函数形状进行建模,可以得到不同曲率半径工件的去除函数形状模型。图 8.8 显示了去除函数长度、宽度的仿真结果和实验结果,去除函数长度的最大偏差值仅为 2.02%,去除函数宽度的最大偏差值仅为 1.46%,且都发生在 1 号工件上,这是由于工件曲率半径同抛光轮半径比较接近从而降低了去除函数形状特征的获取精度造成的。仿真结果表明,去除函数形状模型不仅能够反映变曲率去除函数形状特征的变化趋势,而且能够准确预测去除函数的形状信息参数。

为进一步直观分析去除函数形状仿真结果和实验结果的一致性,以 5 号工件为例进行对比分析。去除函数的仿真形状如图 8.9(a)所示,去除函数的实验形状如图 8.9(b)所示,它们的形状基本一致,验证了去除函数形状模型的正确性和有效性。因此,使用去除函数形状模型不仅能够准确获得去除函数的长度和宽度信息,而且能够获得精确的去除函数形状特征。

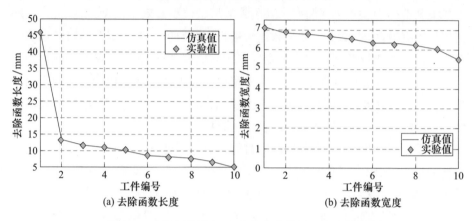

图 8.8　去除函数长度、宽度的仿真结果和实验结果

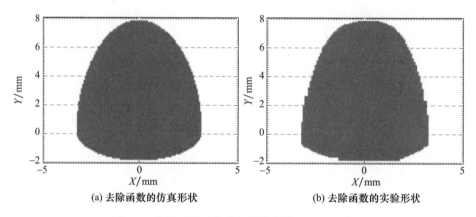

图 8.9　去除函数形状特征的仿真结果(5 号工件)

8.1.4.2　去除函数效率验证

分析上述实验中去除函数的峰值去除效率和体积去除效率信息,以此来验证去除函数的效率模型。图 8.10 显示了去除函数峰值去除效率、体积去除效率的仿真结果和实验结果,峰值去除效率的最大偏差为 2.67%,体积去除效率的最大偏差为 2.81%。仿真结果表明,去除函数效率模型不仅能够反映变曲率去除函数效率特征的变化趋势,而且能够有效预测去除函数的去除效率值大小。

同样,为直观比较去除函数的仿真结果和实验结果,对 5 号工件所得的去除函数进行分析。去除函数的去除效率仿真结果如图 8.11(a)所示,实验结果如图8.11(b)所示。根据仿真结果可知,它们不仅峰值去除效率和体积去除效率很接近,而且效率特征分布也基本吻合。

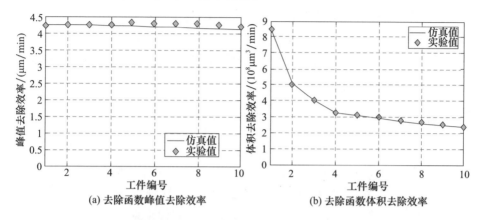

图8.10　去除函数峰值去除效率、体积去除效率的仿真结果和实验结果

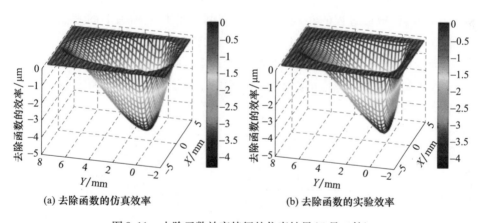

图8.11　去除函数效率特征的仿真结果(5号工件)

综上所述,变曲率去除函数模型能够实现一定工艺参数条件下变曲率工件的去除函数三维建模,得到的去除函数模型不仅有较高的形状精度,而且有较高的效率精度,能够应用于计算机控制磁流变抛光确定性修形过程。

8.2　计算机控制成形模型

磁流变抛光修形过程的数学模型,本质上是三维空间上的线性卷积过程。对于平面光学零件,面形误差模型和去除函数模型在三维空间笛卡儿坐标系中进行投影建模,该过程是线性可叠加的,因此卷积过程理论上是线性的[27]。然而,对于非平面光学零件,三维空间笛卡儿坐标系上的投影建模具有非线性特征,因此卷积过程理论上必然引入投影非线性误差[189]。特别是非球面光学零件,不仅存在投影非线性误差,而且曲率半径的连续变化还会引起去除函数模型变化,从而引入修形过程误差。因此,针对非球面成形过程的特点,建立适用于非球面的计算机控制光学表面的非线性成形理论具有非常重要的意义。

8.2.1 线性成形过程

8.2.1.1 线性成形模型

计算机控制光学表面成形是一种线性成形过程,成形模型依赖于面形误差模型和去除函数模型的空间线性描述。严格的线性成形过程不仅要求工件在空间上具备线性可展性,而且要求去除函数和面形误差的网格模型相互匹配。

典型线性成形过程的实现是以三维空间笛卡儿坐标系下的平面正轴投影模型为基础建立的。平面正轴投影模型的原理如图 8.12(a)所示,平面 XOY 为投影面,光线沿 Z 轴负方向垂直于投影面入射,分别在 X 方向和 Y 方向取等间隔离散网格,可以得到正交均匀离散网格模型,如图 8.12(b)所示。

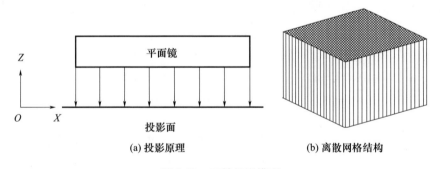

(a) 投影原理 (b) 离散网格结构

图 8.12 正轴投影模型

平面是空间可展曲面,且存在严格正交保形离散网格模型,因此平面成形过程是理论线性的。对去除函数模型同样采用平面正轴投影,可以得到与面形误差相匹配的离散网格模型,面形误差和去除函数的离散网格模型结构如图 8.13 所示。由于模型基于平面正轴投影的正交保形特性,因此成形过程是严格线性的。

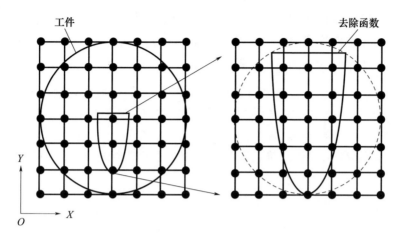

图 8.13 面形误差和去除函数正交网格离散模型

8.2.1.2 线性成形误差分析

平面成形过程是理论线性的,因此不会引入成形误差。但是,利用该成形原理对非球面进行计算机控制成形,会引入成形误差。这种成形误差主要体现在两个方面:一方面,非球面不具备空间可展性,因此其三维笛卡儿坐标系下的离散网格模型存在非线性网格畸变;另一方面,非球面上各点曲率半径连续变化,会在去除函数模型的形成过程中引入非线性误差。对于去除函数的非线性误差,在 8.3 节有详细讨论,在此仅对非线性网格畸变引入的成形误差进行理论分析。

文献[143]定义了评价离散网格模型的两个指标:间隔变化率和网格扭曲度,在此参考它们的定义,对两个指标进行适当修改以应用于成形误差分析。定义间隔变化率 e_g 表示离散网格点距离相对于标准离散网格距离的变化率,网格扭曲度 e_θ 表示离散网格夹角相对于标准离散网格夹角的变化率。由于离散网格在 x、y 两个方向上的间隔变化率具有可交换性,因此讨论一个方向的间隔变化率,能够反应间隔变化率的变化规律,在此仅对 x 方向的间隔变化率进行分析。

离轴非球面名义上是同轴非球面的一部分,因此可以将离轴非球面看作同轴非球面的一部分进行成形误差分析。本章以同轴非球面为分析对象,通过对离轴非球面进行边界定义即可得到离轴非球面的成形误差。典型非球面方程可写为

$$z = \frac{c\rho^2}{1+\sqrt{1-(1+k)c^2\rho^2}} \tag{8.27}$$

式中:c 为顶点曲率($c=1/R_0$);k 为二次曲面常数;ρ 为空间点 (x,y,z) 在 XOY 平面上距离光轴的距离($\rho=\sqrt{x^2+y^2}$)。

假设非球面口径为D,离散网格模型中x、y方向的离散间隔分别为S_x和S_y(一般情况下离散网格模型为均匀正交结构,即$S_x = S_y = S, S_\theta = \pi/2$),离散网格点数为$n^2$,则非球面表面任意离散网格点$(x,y,z)$的坐标可表示为

$$x = iS_x, y = jS_y, z = \frac{c((iS_x)^2 + (jS_y)^2)}{1 + \sqrt{1 - (1+k)c^2[(iS_x)^2 + (jS_y)^2]}} \quad (1 \leq i \leq n, 1 \leq j \leq n)$$

(8.28)

根据间隔变化率和网格扭曲度的定义,同时结合式(8.28),可得如下表达式:

$$e_g = \frac{\sqrt{S_x^2 + (\partial_x z \cdot S_x)^2} - S_x}{S_x} = \sqrt{1 + (\partial_x z)^2} - 1 \quad (8.29)$$

$$e_\theta = \frac{\arccos\frac{\boldsymbol{\nu}_x \cdot \boldsymbol{\nu}_y}{|\boldsymbol{\nu}_x||\boldsymbol{\nu}_y|} - \frac{\pi}{2}}{\frac{\pi}{2}} = \frac{2}{\pi}\arccos\left(\frac{\partial_x z \partial_y z}{\sqrt{1 + (\partial_x z)^2}\sqrt{1 + (\partial_y z)^2}}\right) - 1 \quad (8.30)$$

式中:$\boldsymbol{\nu}_x$和$\boldsymbol{\nu}_y$分别为非球面在点(x,y,z)处沿x方向和y方向的切向量,$\boldsymbol{\nu}_x = [S_x \quad 0 \quad \partial_x z S_x]$,$\boldsymbol{\nu}_y = [0 \quad S_y \quad \partial_y z S_y]$;$\partial_x z$、$\partial_y z$分别表示非球面在点$(x,y,z)$处沿$x$方向和$y$方向的偏导数,$\partial_x z = \frac{cx}{\sqrt{1-(k+1)c^2\rho^2}}$,$\partial_y z = \frac{cy}{\sqrt{1-(k+1)c^2\rho^2}}$。

至此式(8.29)和式(8.30)建立了非球面线性成形条件下的误差表达式。由于网格扭曲度相比间隔变化率为高阶小量,因此实际成形过程中间隔变化率是影响线性成形过程的主要因素。式(8.29)可近似简化为

$$e_g \approx \frac{\partial_x z}{2} \quad (8.31)$$

式(8.31)表明,间隔变化率同非球面陡度存在近似线性关系。非球面陡度越高,则间隔变化率越大,相应地成形误差也越大。当非球面陡度较低时,成形过程可近似作为线性过程处理。然而,成形误差沿非球面半径方向存在累积效应,因此对于高精度、高陡度或者大口径非球面,需要考虑成形误差对修形精度的影响。

8.2.2 非线性成形过程

8.2.2.1 非线性成形模型

基于平面正轴投影的线性成形模型应用于非球面成形过程时存在非线性网格畸变误差以及网格不匹配误差,不仅会影响加工确定性,而且会降低收敛

效率。因此,需要利用新的投影模型来构建非球面的非线性成形过程。

非球面不具备空间可展性,因此面形误差模型难以严格正交均匀。另外,非球面只有一个对称轴且曲率半径随位置连续变化,导致去除函数模型随位置非线性变化,面形误差和去除函数的匹配特性无法严格保证。鉴于以上两点,建立严格无误差的非球面非线性成形模型几乎是不可能的。球面具有无数对称轴且曲率半径处处一致,在此先对球面的非线性成形过程进行理论分析。

考虑磁流变抛光过程中抛光轮同加工工件之间的几何关系,即抛光轮顶点法线方向必须始终同光学表面加工点法线方向保持一致,由此可以建立等弧长投影模型来对球面进行非线性展开。等弧长投影模型的基本原理如图 8.14(a)所示,其中平面 XOY 为投影面,在球心处放置点光源,光线按等角度间隔沿法线入射至球面表面,从而在球面上形成一系列等弧长离散点,这些离散点构成的网格结构在球面上是均匀分布的。再将上述离散点沿 Z 轴负方向投影至 XOY 平面,从而得到投影平面上的离散网格模型,由于这些离散网格结构在投影面上是非均匀分布的,如图 8.14(b)所示,因此称该成形过程为非线性成形过程。

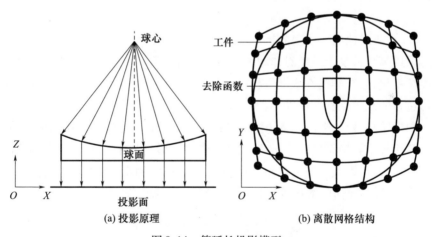

图 8.14 等弧长投影模型

非球面与其最接近比较球面的偏离量一般在微米量级,且等弧长投影模型在球面非线性成形过程中不引入成形误差,因此非球面的非线性成形过程可以其最接近比较球面为基础进行近似处理。对任意非球面,首先寻找非球面的最接近比较球面,利用等弧长投影模型对最接近比较球面进行离散网格划分,将上述离散点沿最接近比较球面法线方向延伸至非球面表面形成交点,对这些交

点沿 Z 轴负方向投影至 XOY 平面,从而得到非球面的非线性展开,其基本原理如图 8.15 所示。

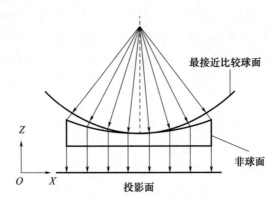

图 8.15 非球面非线性展开原理

基于球面的等弧长投影模型,对非球面面形误差进行非线性展开,同时利用非球面的最接近比较球面来实验去除函数模型,能够近似实现计算机控制非球面的非线性成形过程。当非球面曲率半径变化较大时,还需要对去除函数模型进行非线性补偿,以保证非球面的修形精度实现,具体内容将在下一节详细阐述。

8.2.2.2 非线性成形误差分析

采用等弧长投影模型对非球面进行非线性展开,由于非球面各点曲率半径的连续变化,会在非线性成形过程中引入一定量的成形误差。为分析该非线性成形过程的有效性和实用性,需要对非线性成形误差进行评估。

同样采用线性成形误差分析中的评价指标,即间隔变化率和网格扭曲度。假设等弧长投影模型中的离散弧长等于线性成形过程中离散网格模型的离散间隔,可知每段弧长对应的夹角必然相等。假设 X 方向和 Y 方向上的离散夹角分别为 α、β,非球面的最接近比较球面半径为 R_b,则存在下列关系:

$$\alpha = \frac{iS}{R_b} \quad \beta = \frac{jS}{R_b} \quad (1 \leq i \leq n, 1 \leq j \leq n) \tag{8.32}$$

分别用 x 和 y 表示投影面 XOY 平面上 X、Y 两个方向上离散网格点的坐标,则可以建立约束 x、y 的方程组如下:

$$\begin{cases} \dfrac{x^2}{(R_b \sin\alpha)^2} + \dfrac{y^2}{R_b^2} = 1 \\ \dfrac{x^2}{R_b^2} + \dfrac{y^2}{(R_b \sin\beta)^2} = 1 \end{cases} \tag{8.33}$$

求解方程组(8.33)可得投影面上对应离散网格点的 x、y 坐标,将其代入方程(8.27),从而得到投影面上离散网格点的 x、y 和 z 坐标如下:

$$\begin{cases} x = \dfrac{R_b \sin\alpha \cos\beta}{\sqrt{1-\sin^2\alpha\sin^2\beta}} \\ y = \dfrac{R_b \cos\alpha \sin\beta}{\sqrt{1-\sin^2\alpha\sin^2\beta}} \\ z = \dfrac{R_b}{1+k}\left(1 - \dfrac{\sqrt{\cos^2\alpha\cos^2\beta - k\sin^2\alpha\cos^2\beta - k\sin^2\beta\cos^2\alpha}}{\sqrt{1-\sin^2\alpha\sin^2\beta}}\right) \quad (k \ne -1) \\ z = \dfrac{R_b(\sin^2\alpha\cos^2\beta + \sin^2\beta\cos^2\alpha)}{2(1-\sin^2\alpha\sin^2\beta)} \quad (k = -1) \end{cases} \tag{8.34}$$

根据间隔变化率和网格扭曲度的定义,存在下列表达式:

$$e_g = \frac{|\boldsymbol{v}_\alpha|d\alpha - S}{S} \approx -\alpha^2 \tag{8.35}$$

$$e_\theta = \frac{\arccos\dfrac{\boldsymbol{v}_\alpha \cdot \boldsymbol{v}_\beta}{|\boldsymbol{v}_\alpha||\boldsymbol{v}_\beta|} - \dfrac{\pi}{2}}{\dfrac{\pi}{2}} \approx \frac{2}{\pi}\frac{\boldsymbol{v}_\alpha \cdot \boldsymbol{v}_\beta}{|\boldsymbol{v}_\alpha||\boldsymbol{v}_\beta|} - 1 \approx \frac{2}{\pi}\alpha\beta - 1 \tag{8.36}$$

式中:$\boldsymbol{v}_\alpha$、$\boldsymbol{v}_\beta$ 分别为非球面在离散夹角 (α,β) 所在离散网格点处沿 α 和 β 对应圆的切向量,$\boldsymbol{v}_\alpha = [\partial_\alpha x \quad \partial_\alpha y \quad \partial_\alpha z]$,$\boldsymbol{v}_\beta = [\partial_\beta x \quad \partial_\beta y \quad \partial_\beta z]$。

式(8.36)建立了非球面非线性成形过程中的误差模型,其中间隔变化率与非球面最接近比较球面的最大角度紧密相关,该角度某种程度上反映非球面的陡度,因此间隔变化率与非球面陡度相关。非球面陡度越大,则间隔变化率越大,相应成形误差也越大。对间隔变化率和网格扭曲度进行仿真计算以定量评估成形误差,从而验证其有效性和实用性。对一块口径 200mm,相对口径 1∶1.6 的抛物面进行非线性展开,取离散间隔弧长 $S = 4$mm。利用式(8.35)和式(8.36)进行非线性成形误差分析,得到 X 方向的间隔变化率最大值仅为 1.24%,网格扭曲度最大值仅为 0.77%,分布如图 8.16(a)和图 8.16(b)所示。

上述仿真结果表明,对于相对口径 1∶1.6 的高陡度非球面,间隔变化率和网格扭曲度较小,引起的非线性成形误差也较小,可以忽略不计。因此,基于等弧长投影理论的非线性成形模型是正确的,具有实际可行性。将该非线性成形过程应用于非球面成形,可以降低线性成形引入的成形误差,达到提高加工精度的目的。

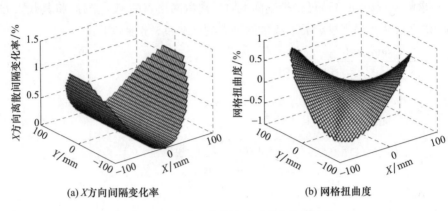

(a) X方向间隔变化率　　　　　(b) 网格扭曲度

图 8.16　非球面非线性展开误差仿真结果

8.3　高动态性驻留时间模型及算法

工艺动态性是离轴非球面加工中的重要问题,很大程度上决定着离轴非球面面形误差修形精度,主要包括驻留时间可解精度和动态实现特性。工艺动态性对离轴非球面加工的影响有两个方面:①驻留时间可解精度体现去除函数在工件表面的驻留时间精度,从而决定理论加工精度和误差修正能力;②驻留时间动态性和实现平稳性反映驻留时间可达精度,影响工艺实现性和中高频误差特性。因此,建立高动态性驻留时间模型及算法来满足加工工艺动态性,可以适应离轴非球面大矢高、大离轴量以及曲率半径连续变化等特征需求,实现修形过程的有效控制。

8.3.1　高动态性驻留时间模型

8.3.1.1　驻留时间解算模型分析

C. L. Carnal[143]在研究离子束修形过程中,提出驻留时间线性方程组模型。该模型虽然源于离子束修形,但也适用于其他计算机控制光学表面成形过程。基于该思想,并考虑非球面的非线性成形过程,可以建立磁流变抛光的驻留时间模型。

磁流变抛光的去除函数具有非规则外形(倒 D 型),在修形过程中使用最小外接圆对其进行数学表述。基于成形理论建立面形误差离散模型,可以得到一系列离散数据点,记第 k 个离散网格点空间坐标为 (x_k,y_k,z_k),对应的误差值为

$R_a(x_k,y_k,z_k)$。当去除函数外接圆圆心位于驻留点(x_b,y_b,z_b)时,假设单位时间内该去除函数对空间任意点(x,y,z)的材料去除量为$b(x-x_b,y-y_b,z-z_b)$,同时点(x_b,y_b,z_b)的驻留时间值为$\tau(x_b,y_b,z_b)$,则空间任意点(x,y,z)的材料去除量为

$$r(x,y,z) = b(x-x_b,y-y_b,z-z_b) \cdot \tau(x_b,y_b,z_b) \tag{8.37}$$

当去除函数遍历工件表面所有定义的驻留点时,材料去除量可以描述为

$$R_a(x_k,y_k,z_k) = \sum_{i=1}^{N_\tau} b(x_k-x_i,y_k-y_i,z_k-z_i) \cdot \tau(x_i,y_i,z_i) \tag{8.38}$$

式中:N_τ为工件表面面形误差的总驻留点数;$b(x_k-x_i,y_k-y_i,z_k-z_i)$为去除函数模型外接圆圆心位于驻留点$(x_k,y_k,z_k)$上单位时间内对空间点$(x_i,y_i,z_i)$的材料去除量;$\tau(x_i,y_i,z_i)$为驻留点$(x_i,y_i,z_i)$处分配的驻留时间值。定义如下等式:

$$R_a(x_k,y_k,z_k) = r_{ak}, b(x_k-x_i,y_k-y_i,z_k-z_i) = a_{ki}, \tau(x_i,y_i,z_i) = t_i \tag{8.39}$$

则磁流变抛光过程中的材料去除量可以表述为空间线性方程:

$$\boldsymbol{r}_a = \boldsymbol{B} \cdot \boldsymbol{\tau} \tag{8.40}$$

式中:$\boldsymbol{r}_a$为N_r维列向量,$\boldsymbol{r}_a$的第k个元素为r_{ak};$\boldsymbol{\tau}$为N_τ维列向量,$\boldsymbol{\tau}$的第i个元素为t_i;$\boldsymbol{B}$为$N_r \times N_\tau$维的去除矩阵,它的第k行、第i列的元素$A_{ki} = a_{ki}$。

由于无法实现连续路径对离散网格点的材料去除量计算,因此驻留时间解算是离散实现的,即需要选择预先定义的驻留点对材料去除量进行近似计算。记某离散网格点为MP_{ij},相应路径驻留点TP_{ij}。图8.17显示了驻留时间模型的原理,与离散网格点MP_{22}相邻的路径驻留点有TP_{11}、TP_{12}、TP_{21}和TP_{22},依次连接这些驻留点所构成的四边形将离散网格点MP_{22}包围在其中,假设离散网格点MP_{22}去除材料的作用面积为$A_{MP_{22}}$。当去除函数外接圆圆心位于各路径驻留点时,根据离散网格点MP_{22}相对于路径驻留点TP_{11}的方向和距离d_{ij},能够获得路径驻留点TP_{11}对离散网格点MP_{22}的材料去除量。将材料去除量除以作用面积$A_{MP_{22}}$,可以得到驻留点TP_{11}对离散网格点MP_{22}的平均材料去除量,得到MP_{22}的材料去除量定义。依次定义所有驻留点对所有离散网格点的材料去除量,最终可以得到材料去除矩阵$\boldsymbol{B}$。

上述驻留时间模型将驻留时间反卷积过程变为方程(8.40)的求解,解的2范数对应面形残差的RMS值。该模型具有如下优点:①驻留点和离散网格点无需相同的离散网格划分;②离散网格可以是均匀的,也可以是非均匀的,如德洛奈(Delaunay)三角剖分;③总驻留点数可以少于、等于或者多于总离散网格点数;④可以实现任意路径下的驻留时间解算;⑤去除函数没有形状限制,且可

以是空间时变的。对空间时变去除函数,可以通过定义去除矩阵实现驻留时间补偿。

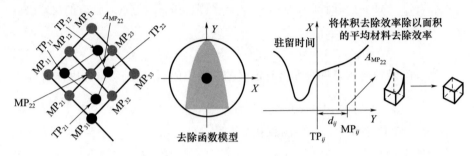

图 8.17　驻留时间模型原理

驻留时间解算是求解方程(8.40)解的过程,因此,驻留时间求解模型的数学本质是对 $\|r_a - B \cdot \tau\|_2$ 进行优化并搜索最小值的过程,其数学表述为

$$\min_x f(x) = \|Ax - b\|_2 \tag{8.41}$$

$$A = B, b = r_a \tag{8.42}$$

式中：x 为驻留时间分布；$f(x)$ 为驻留时间算子,表示残差的 RMS 值。

8.3.1.2　驻留时间实现模型分析

磁流变抛光中驻留时间的物理实现是根据机床动态特性(主要包括速度和加速度特性),选择合理的运动方式,优化驻留时间分布,从而保证去除函数在各驻留点处尽量达到或接近理论驻留时间。驻留时间的机床实现存在两种模式[183]：位置驻留模式和速度驻留模式。位置驻留模式是指去除函数在驻留点上驻留相应驻留时间,而在相邻驻留点间采用最大速度运动。该模式的优点是处理简单,实现容易。缺点是系统不仅存在频繁的起、停动作,使得运动不连续,容易引起高频震颤,造成去除函数波动,而且还需要增加额外的驻留时间,降低实际加工效率。速度驻留模式是以各驻留点的驻留时间为基础,根据机床动态特性优化相邻驻留点间的可实现驻留速度,从而使得去除函数在相邻驻留点间运动所需时间正好等于理论驻留时间。该模式考虑了机床的加减速特性,因此能够保持运动连续性和平稳性,不会引入额外的驻留时间,有助于提高加工效率。显然,速度驻留模式明显优于位置驻留模式,因此磁流变抛光修形过程采取速度驻留模式。

速度驻留模式的关键在于将驻留时间合理转换为可实现的驻留速度。忽略机床动态特性限制,假设机床具有无穷大速度和加速度,那么驻留速度的公式如下：

$$v_k = \Delta X/t_k \tag{8.43}$$

式中:ΔX 为相邻驻留点间距离,即离散网格间距;t_k 为第 k 个驻留点的理论驻留时间;v_k 为经过第 k 个驻留点的驻留速度。最大速度和最大加速度不可能无穷大,且相邻驻留时间不可能完全相同,因此式(8.43)不能满足驻留速度的求解需要。

假设机床可实现的最小速度为 $v_{\min}$,最大速度为 $v_{\max}$,加速度为 a,第 k 个驻留点的理论驻留时间为 t_k,驻留速度为 v_k。假设系统能够在距离 ΔX 内实现正常运动,即系统在两相邻驻留点间首先进行匀加速或匀减速运动,然后进行匀速运动。图 8.18 描述了相邻驻留点间完成正常运动的加减速过程,假设第 $k-1$ 个驻留点的驻留速度为 v_{k-1},第 k 个驻留点的驻留速度为 v_k,从驻留速度 v_{k-1} 到驻留速度 v_k 的变速过程需要时间 t_1,行程为 s_1,保持驻留速度 v_k 进行匀速运动所需时间为 t_2,行程为 s_2。根据驻留速度、驻留时间和运动距离的关系,可以建立下列约束[128,183,190]:

$$\begin{cases} s_1 = |v_k^2 - v_{k-1}^2|/(2a) \\ t_1 = |v_k - v_{k-1}|/a \\ s_2 = v_k t_2 \\ v_{\min} \leqslant v_{k-1}, v_k \leqslant v_{\max} \end{cases} \tag{8.44}$$

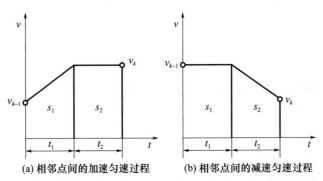

(a) 相邻点间的加速匀速过程   (b) 相邻点间的减速匀速过程

图 8.18 磁流变抛光加工中相邻驻留点间的加减速过程示意图

利用式(8.44)计算驻留速度,需要对相邻驻留点是否存在加减速运动和匀速运动进行判断,相关分析已有研究[190]。当运动过程存在匀速运动时,机床能够在相邻驻留点间完成加/减速过程;当运动过程不存在匀速运动时,机床无法在相邻驻留点间实现加/减速过程。假设驻留时间实现误差为驻留点实际驻留时间和理论驻留时间的差值,那么驻留时间实现误差同动态特性紧密相关。文献[27]分析了影响驻留时间实现相对误差的关键因素,认为驻留时间实现相对误差与加速度成反比,与相邻驻留点间距离平方成反比,与理论驻留时间沿加工路径的梯度平方成正比。

上述分析表明,在机床动态特性和工艺参数一定的情况下,理论驻留时间沿加工路径的梯度分布是决定驻留时间实现误差的主要因素。因此,要合理实现驻留时间,需要在求解域内搜索高动态性驻留时间,即尽量平滑的驻留时间分布。

8.3.1.3 高动态性驻留时间建模

驻留时间解算模型是求解具有最小残差的驻留时间,而驻留时间实现模型是将驻留时间转换为可精确平稳实现的驻留速度。典型的驻留时间模型是一种低动态性驻留时间模型,即首先在驻留时间分布域内求解驻留时间,其次对理论驻留时间进行二次优化以得到驻留速度。低动态性驻留时间模型分离了驻留时间精确求解和动态实现之间的关联特性,难以获得具备高动态性的精确驻留时间,因此不利于离轴非球面加工过程工艺动态性的实现。

考虑以驻留时间求解为目标函数,而以驻留时间实现为约束条件,同时增加机床动态特性限制,从而将驻留时间求解及实现进行关联,建立高动态性驻留时间模型,从而面向加工过程工艺动态性的要求。根据驻留时间的特性,可以限定驻留时间的分布域,并通过引入特定算子,在驻留时间分布域内搜索驻留时间梯度平滑的驻留时间解,最终获得满足高动态性的驻留时间分布。

拉普拉斯算子是一种二阶微分算子,它主要用于图像处理中的图像增强或者边缘检测等方面。典型二元函数 $f(x,y)$ 的拉普拉斯变换定义如下:

$$\nabla^2 f = \frac{\partial^2 f}{\partial x^2} + \frac{\partial^2 f}{\partial y^2} \tag{8.45}$$

为便于离散处理,一般将拉普拉斯算子表示离散形式:

$$\nabla^2 f = [f(x+1,y) + f(x-1,y) + f(x,y+1) + f(x,y-1)] - 4f(x,y) \tag{8.46}$$

由于拉普拉斯算子能够有效表征函数梯度分布特征,因此将其引入驻留时间求解过程可以实现驻留时间的梯度约束。通过在驻留时间求解过程中引入驻留时间梯度控制参数,最终能够得到满足驻留速度要求的驻留时间分布。对于更高动态性的驻留时间要求,则需要考虑驻留时间的加速度特性。如果要对驻留时间求解过程中的加速度进行约束,那么可以考虑在驻留速度约束的条件下进一步增加一阶微分算子,以满足驻留时间求解的速度和加速度要求。一般而言,可以采用的一阶微分算子有 Roberts 算子、Prewitt 算子和 Sobel 算子等,在此不再详细讨论。

考虑驻留时间的求解过程,采用拉普拉斯算子的模板形式,选取模板 L 为

$$L = \begin{bmatrix} -1 & -1 & -1 \\ -1 & 8 & -1 \\ -1 & -1 & -1 \end{bmatrix} \quad (8.47)$$

驻留时间求解模型(8.40)的数学本质是求解 $\|r_a - B \cdot \tau\|_2$ 最优解的过程,在驻留时间求解域中增加 $\|L \cdot \tau\|_2$ 求解条件能够保证求解的驻留时间分布足够平滑。因此,可以得到同时约束驻留时间求解及实现的模型如下:

$$\min(\|r_a - B \cdot \tau\|_2 + \|L \cdot \tau\|_2) \quad (8.48)$$

以 $\|r_a - B \cdot \tau\|_2$ 和 $\|L \cdot \tau\|_2$ 为综合目标函数,同时引入驻留时间梯度在目标函数中的权重因子 λ,可以实现驻留时间求解及实现的综合优化。在模型中进一步增加最大最小速度约束条件,最终得到高动态性驻留时间模型,该模型的数学本质是约束条件下的优化问题,因此也可以称为约束非线性最优化模型。

$$\min_x f(x) = \|Ax - b\|_2 \quad (8.49)$$

$$t_{\min} \leq g(x) \leq t_{\max} \quad (8.50)$$

$$A = [B \quad \lambda \cdot L]^T, b = [r_a \quad p]^T \quad (8.51)$$

式中:x 为驻留时间;$t_{\min}$ 为最小驻留时间;$t_{\max}$ 为最大驻留时间;L 为拉普拉斯(Laplace)算子;$g(x)$ 为对 x 施加的线性约束;$f(x)$ 为驻留时间算子,表示残差的 RMS 值;p 为全零元素的列向量;λ 为权重因子,表示驻留时间梯度在目标函数中的权重。

高动态性驻留时间模型,同时考虑了驻留时间的精确求解和动态实现,因此得到的驻留时间能够满足离轴非球面加工工艺动态性的要求,从而在应用磁流变抛光加工离轴非球面的过程中保证确定性修形的实现。

8.3.2 高动态性驻留时间算法

8.3.2.1 高动态性驻留时间模型的数学描述

高动态性驻留时间模型的数学本质是约束条件下的非线性最优化问题,因此需要采用非线性最优化问题的解法进行解算。非线性最优化问题的典型特点为:①多变量;②大规模;③问题复杂,呈强非线性特征。

非线性优化也叫非线性规划,其重要理论是1951年Kuhn-Tucker最优条件(KT条件)的建立[191-193]。20世纪50年代主要是对梯度法和牛顿法的研究,以William C. Davidon、Roger Fletcher 和 Michael J. D. Powell 提出的 Davidon-Fletcher-Powell 方法(简称DFP)为起点,60年代是研究拟牛顿法活跃时期,同时对共轭梯度法也有研究。1970年由 C. G. Broyden、Roger Fletcher、Donald

Goldfarb 和 David Shanno 从不同角度提出的 Broyden - Fletcher - Goldfarb - Shanno 方法(简称 BFGS)是目前为止最有效的拟牛顿法。由于他们的研究工作使得拟牛顿法的理论更加完善,20 世纪 70 年代是非线性规划飞速发展时期,约束变尺度方法(sequential quadratic programming, SQP)和拉格朗日(Lagrange)乘子法是这时期的主要研究成果。计算机的飞速发展使非线性规划的研究如虎添翼,80 年代开始研究信赖域法、稀疏拟牛顿法、大规模问题的方法和并行计算,90 年代研究解非线性规划问题的内点法和有限储存法[193-195]。

磁流变抛光是一种典型的子口径加工方法,去除函数尺寸远远小于工件口径,因此建立的去除矩阵呈稀疏性,从而使得高动态性驻留时间模型表现为大规模稀疏非线性最优化问题。近年来发展起来的内点算法[196-197]在求解大规模非线性问题中表现出运算速度快、计算精度高等优势,考虑磁流变抛光过程中驻留时间模型的特点,利用该算法对高动态性驻留时间模型进行求解,具有可行性和创新性。

8.3.2.2 高动态性驻留时间求解的内点算法

内点算法的基本思想是通过设置屏障函数,将原有的约束非线性优化问题转换成一系列等式约束的非线性优化问题。定义误差的搜索区域,在搜索区域内对一系列等式约束的非线性优化问题进行求解,从而得到原约束非线性优化问题的最优解。利用内点算法进行约束非线性优化问题的求解步骤如下[197-199]:

(1)引入松弛变量 s_i 和屏障函数 $\ln s^{(i)}$,式(8.49)可以转变为

$$\min f(x) - \mu \sum_{i=1}^{m_I} \ln s^{(i)} \quad (g_E(x) = 0, \quad g_I(x) + s = 0) \quad (8.52)$$

式中:μ 为屏障因子,$\mu > 0$;向量 $s = (s^{(1)}, s^{(2)}, \cdots, s^{m_I})^T$ 中的元素假设均大于零。

(2)设定屏障因子的初始值 $\mu > 0$,初始循环步 $z = (x, s)$ 和拉格朗日乘子 λ_E、λ_T。

(3)直接对式(8.52)进行求解,如果求解结果达到要求精度,则结束。

(4)应用 Byrd - Omojokun 方法求解式(8.52),详细过程如下:

① 定义如下等式:

$$\varphi(z) = f(x) - \mu \sum_{i=1}^{m_I} \ln s^{(i)}, \quad z = \begin{pmatrix} x \\ s \end{pmatrix}, \quad c(z) = \begin{pmatrix} g_E(x) \\ g_I(x) + s \end{pmatrix} \quad (8.53)$$

则式(8.52)可写成如下形式:

$$\min \varphi(z) \quad (c(z) = 0) \quad (8.54)$$

根据 Byrd - Omojokun 方法,可以定义品质函数如下:

$$\varphi(z;v) = \varphi(z) + v \parallel c(z) \parallel \qquad (8.55)$$

② 对式(8.55)定义初始信赖域半径 $\Delta > 0$,收缩因子 $\xi \in (0,1)$ 和惩罚因子 $v > 0$。

③ 求解式(8.52),如果达到要求精度,则转到第⑤步。

④ 通过近似求解垂直子问题计算垂直步 $v = (v_x, v_s)$。

⑤ 通过近似求解水平子问题计算水平步 $d = (d_x, d_s)$。

⑥ 如果垂直步 $v = (v_x, v_s)$ 和水平步 $d = (d_x, d_s)$ 不能保证式(8.55)有效收敛,则减小信赖域半径 Δ 并转到第④步。否则,设置 $x = x + d_x$,$s = s + d_s$ 和 $z = (x,s)$,重新计算拉格朗日乘子 λ_E、λ_T,然后转到第①步。

(5)减小屏障因子 μ 并转到第(3)步。

8.3.3 不同驻留时间模型仿真

为验证高动态性驻留时间模型的可行性,同时评估内点算法的高效性,利用该模型进行驻留时间模型仿真,同时对两种低动态性驻留时间模型进行对比仿真,以说明高动态性驻留时间模型在加工工艺过程中的优越性。

8.3.3.1 高动态性驻留时间模型仿真

对高动态性驻留时间模型进行仿真,对象为口径 80mm 的工件。建立面形误差的离散网格模型,选取相同的驻留点和离散网格点并使之重合。根据面形误差的采样频率、去除函数尺寸以及求解时间,选取离散网格间距为 1mm。离散处理后的初始面形误差分布如图 8.19(a)所示,误差 PV 值为 3825.8nm,RMS 值为 183.5nm,面形误差矩阵点数为 81×81。将实验获取的去除函数应用于仿真,其分布如图 8.19(b)所示,去除函数峰值去除效率为 3.594μm/min,体积去除效率为 $2.6355 \times 10^8 \mu m^3 / min$。

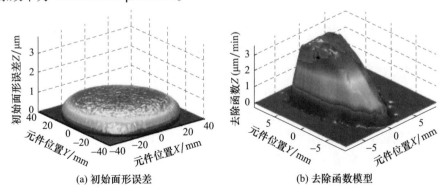

(a) 初始面形误差 (b) 去除函数模型

图 8.19 离散处理后的面形误差分布及去除函数模型

假设最小速度为10mm/min,最大速度为1000mm/min,加速度值为1m/s²。定义驻留时间梯度在目标函数中的权重因子 λ 为0.3,在约束条件(8.50)下利用内点算法求解方程(8.49),得到理论驻留时间和残差,分别如图8.20(a)和图8.20(b)所示。理论总加工时间为68.11min,残差PV值为71.9nm,RMS值为12.3nm。

为衡量面形误差收敛特性,定义面形误差PV收敛比为加工前后面形误差PV值的比值,面形误差RMS收敛比为加工前后面形误差RMS值的比值[21],即

$$\text{Ratio}_{\text{RMS}} = \frac{\text{RMS}_{\text{before}}}{\text{RMS}_{\text{after}}}, \text{Ratio}_{\text{PV}} = \frac{\text{PV}_{\text{before}}}{\text{PV}_{\text{after}}} \quad (8.56)$$

根据式(8.56)可知,面形残差PV值收敛比为53.2,RMS值收敛比为14.9,表明该模型条件下的加工收敛特性较好。高动态性驻留时间模型包含机床的动态特性约束,为验证所得的驻留时间是否满足约束条件,需要对驻留速度分布以及驻留速度梯度分布进行详细分析。

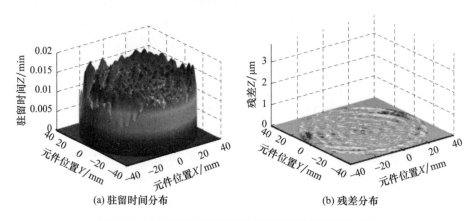

(a) 驻留时间分布　　　　　　(b) 残差分布

图8.20　求解高动态性驻留时间模型的驻留时间和残差

根据式(8.44)可将驻留时间转换为驻留速度,得到理论驻留速度分布如图8.21(a)所示。其中,最小理论驻留速度为57.9mm/min,最大理论驻留速度为303.4mm/min,满足初始设定的机床最小速度和最大速度约束条件。将理论驻留时间应用于光栅扫描路径的磁流变抛光,需要将理论驻留速度沿路径方向进行求导,以验证机床的加速度约束条件。理论驻留速度梯度分布如图8.21(b)所示,发现整个区域内的驻留速度梯度比较平滑,只在边缘区域存在少量局部突变。驻留速度梯度最大值为164.01mm/min,假设理论最小驻留时间恰好位于该驻留速度点,从而得到实现驻留速度需要的最大理论加速度为0.046m/s²,显然低于加速度设定值1m/s²。仿真结果验证了高动态性驻留时间模型的正确

性,所得驻留时间满足约束条件要求,能够适应离轴非球面加工工艺动态性的需要。

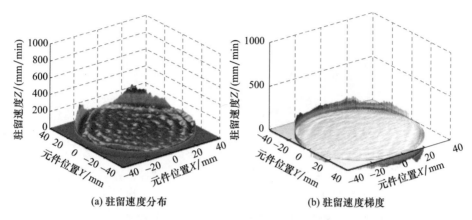

(a) 驻留速度分布　　　　　(b) 驻留速度梯度

图 8.21　求解高动态性驻留时间模型的驻留速度和驻留速度梯度

8.3.3.2　低动态性驻留时间模型 1 仿真

典型的低动态性驻留时间模型,一般对驻留时间的特性存在一定约束。在典型的驻留时间模型中增加驻留时间非负约束条件,并将其称为低动态性驻留时间模型 1。根据驻留时间模型的数学描述,得到该模型的数学表达式如下:

$$\min_{x} f(x) = \|Ax - b\|_2 \tag{8.57}$$

$$g(x) \geqslant 0 \tag{8.58}$$

$$A = B, b = r_a \tag{8.59}$$

式中:x 为驻留时间分布;$f(x)$ 为驻留时间算子,表示残差的 RMS 值;$g(x)$ 为对驻留时间分布 x 施加的线性约束。

低动态性驻留时间模型 1 同样属于约束非线性优化问题,因此可以采用内点算法解算。采用同高动态性驻留时间模型一致的条件进行仿真,得到驻留时间和残差,分别如图 8.22(a) 和图 8.22(b) 所示。理论加工时间为 62.85min,面形残差 PV 值为 70.5nm,RMS 值为 11.1nm,PV 值收敛比为 54.3,RMS 值收敛比为 16.5。

对理论驻留时间进行转换,得到理论驻留速度如图 8.23(a) 所示,其中最小驻留速度为 27.2mm/min,最大驻留速度为 1.14×10^8 mm/min。将驻留速度沿加工路径方向进行求导,得到驻留速度梯度如图 8.23(b) 所示。驻留速度梯度最大值为 1.7118×10^7 mm/min,折算为机床所需最大加速度值为 5.42×10^{10} m/s²,远远超出机床加速度设定值 $1\mathrm{m/s^2}$,因此该模型求解的驻留时间不能满足工艺动态性要求。

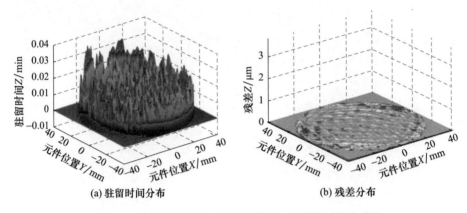

(a) 驻留时间分布　　　　　　　　(b) 残差分布

图 8.22　求解低动态性驻留时间模型 1 的驻留时间和残差

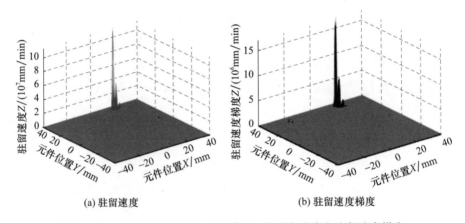

(a) 驻留速度　　　　　　　　(b) 驻留速度梯度

图 8.23　求解低动态性驻留时间模型 1 的驻留速度和驻留速度梯度

8.3.3.3　低动态性驻留时间模型 2 仿真

低动态性驻留时间模型 1 只对驻留时间施加了非负约束,显然无法满足实际加工过程的工艺动态性要求。另外一种模型是在约束条件中进一步增加最大最小速度限制,相比高动态性驻留时间模型其约束条件仍然有限,因此将该模型称之为低动态性驻留时间模型 2,其数学表达式如下:

$$\min_{x} \quad f(x) = \| \boldsymbol{A}x - \boldsymbol{b} \|_2 \tag{8.60}$$

$$t_{\min} \leqslant g(x) \leqslant t_{\max} \tag{8.61}$$

$$\boldsymbol{A} = \boldsymbol{B}, \boldsymbol{b} = \boldsymbol{r}_a \tag{8.62}$$

式中:x 为驻留时间;$f(x)$ 为驻留时间算子,表示残差的 RMS 值;$g(x)$ 为对 x 施加的线性约束;t_{min} 为可实现的最小驻留时间;t_{max} 为可实现的最大驻留时间。

低动态性驻留时间模型 2 也属于约束非线性优化问题,因此采用同样条件进行仿真,得到驻留时间和残差分别如图 8.24(a) 和图 8.24(b) 所示。理论总加工时间为 68.08min,残差 PV 值为 99.5nm,RMS 值为 14.2nm,PV 值收敛比为 38.45,RMS 值收敛比为 12.9。对驻留时间进行转换,得到理论驻留速度如图 8.25(a) 所示,其中最小驻留速度为 16.1mm/min,最大驻留速度为 1000mm/min。将驻留速度沿加工路径方向进行求导,得到驻留速度梯度分布如图 8.25(b) 所示。其中驻留速度梯度最大值为 1.0112×10^3 mm/min,得到机床所需最大加速度为 0.82m/s^2,低于机床的加速度设定值 1m/s^2,因此该模型基本满足加工工艺动态性要求。

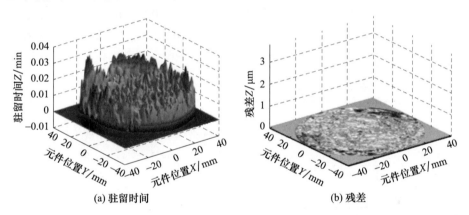

(a) 驻留时间　　　　　　　　　(b) 残差

图 8.24　求解低动态性驻留时间模型 2 的驻留时间和残差

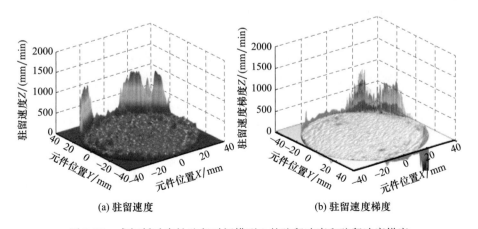

(a) 驻留速度　　　　　　　　　(b) 驻留速度梯度

图 8.25　求解低动态性驻留时间模型 2 的驻留速度和驻留速度梯度

8.3.3.4 不同驻留时间模型仿真结果对比

为比较三种驻留时间模型的优劣性,对同样仿真参数和求解算法条件下的仿真结果进行对比,见表 8.2。根据仿真结果,可以得出以下结论:

(1)低动态性驻留时间模型 1 的求解精度最高(残差 PV 值和 RMS 值最小),总加工时间最少。但是其最大驻留速度以及所需的最大加速度均最大,甚至超出机床动态要求,因此驻留时间实现误差较大。

(2)低动态性驻留时间模型 2 的求解精度最低,总加工时间则其次。相比常规约束优化模型 1,该模型得到的最大驻留速度刚好满足机床要求。另外,虽然所需最大加速度满足机床要求,但是显然远远高于本章建立的约束非线性优化模型。相比高动态性驻留时间模型,所需加速度较大,因此驻留时间实现误差相对偏大。

(3)高动态性驻留时间模型的总加工时间最大,求解精度居中,但是其最大驻留速度和最大加速度均远远低于设定值,因此引入的驻留时间实现误差相对较小。

表 8.2 相同仿真条件下三种模型的仿真结果

模型	残差 PV/nm	残差 RMS/nm	加工时间 /min	最小速度 /(mm/min)	最大速度 /(mm/min)	最大加速度 /(m/s^2)
低动态性模型 1	70.5	11.1	62.85	27.2	1.14×10^8	5.42×10^{10}
低动态性模型 2	99.5	14.2	68.08	16.1	1000	0.82
高动态性模型	71.9	12.3	68.11	57.9	303.4	0.046

综合考虑加工时间、加工精度及加工可实现性,认为本章所建立的高动态性驻留时间模型优于低动态性驻留时间模型 1 和低动态性驻留时间模型 2。高动态性驻留时间模型通过牺牲少量加工时间和加工精度,换来了驻留速度的精确实现,即该模型在驻留时间求解和驻留时间实现之间取得平衡,所得驻留速度具备良好的动态性能。因此,高动态性驻留时间模型在驻留时间精确实现的约束下求解最优驻留时间,能够对影响驻留时间实现的速度和加速度进行有效控制。利用该模型对驻留时间进行求解实现,满足动态性要求,能够提高加工效率和加工精度。

第 9 章 去除函数多参数建模与实验分析

作为一种可控柔体抛光方法,磁流变抛光与其他抛光方法的本质区别是去除函数,获取稳定、准确的去除函数是磁流变抛光的关键技术之一。本章通过计算抛光区域的流体力场和磨粒有效压入深度,建立了去除函数多参数模型,并且验证了模型的准确性。本章通过正交工艺实验研究了工艺参数(转速、流量、磁场和压入深度)对去除函数的去除效率、几何形状和表面粗糙度的影响规律,并进行了定性分析。本章还通过对比实验研究了工件材料和磁流变液对去除函数表面粗糙度的影响规律以及去除函数的基本特性(稳定性、相似性和线性)。

9.1 去除函数多参数理论模型

去除函数的主要评价指标包括去除效率、几何形状和表面粗糙度。图 9.1 所示为典型的磁流变抛光去除函数图。表面粗糙度一般指采用此去除函数对光学表面进行充分抛光后的表面粗糙度 RMS 值或 Ra 值。去除函数的多参数模型就是要建立去除函数的主要评价指标与主要影响因素之间的定量关系。

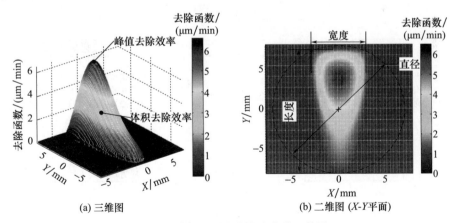

图 9.1 典型的磁流变抛光去除函数图

本章首先分析影响磁流变抛光去除函数的主要因素及其相互关系,提出建立去除函数多参数模型的基本思路,而后对磨粒接触状态与受力状态、磨粒形状与刃圆半径进行基本假设,并根据弹塑性接触力学理论计算磁流变抛光区域的单颗磨粒受力和有效压入深度,建立去除函数的去除效率和表面粗糙度理论模型。

9.1.1 磁流变抛光过程理论分析

磁流变抛光过程的影响因素十分复杂,根据罗彻斯特(Rochester)大学相关人员的研究结论,材料、磁流变液和工艺参数是影响磁流变抛光去除函数的主要因素[92,94]。图9.2所示为磁流变抛光去除函数的主要影响因素及其相互关系。磁流变抛光去除函数的主要影响因素可以分为三类:①材料因素。由于组成成分和晶相结构不同,不同被抛光材料的表面机械特性(硬度、弹性模量、断裂强度等)、化学稳定性和材料相对结合强度等物理、化学特性差异明显。②磁流变液因素。由于羰基铁粉、磨料和稳定剂等组分的种类及含量不同,不同种类磁流变液的剪切屈服强度、零磁场黏度和pH等性能指标差异较大。③工艺参数因素。抛光轮转速、压入深度、流量和磁场等工艺参数影响磁流变抛光区域的磁场、压力场和剪切应力场的大小及分布,最终影响磁流变抛光的去除函数。由图9.2知,磁流变抛光去除函数各影响因素之间相互影响、相互耦合。例如,磁流变液会对材料表面的机械特性与化学稳定性产生影响,而磁场会影响磁流变液的剪切屈服强度和表观黏度。由于磁流变抛光独特的塑性剪切去除机理[93],各因素对去除函数的影响最终统一为抛光区域的磨粒有效压入深度,计算磨粒有效压入深度是建立去除函数多参数模型的关键。

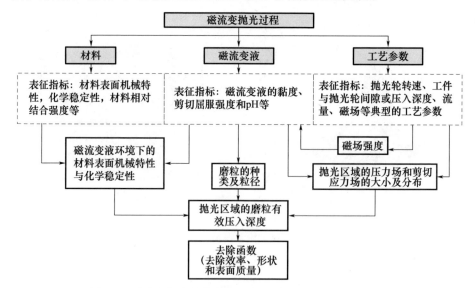

图9.2 磁流变抛光去除函数的主要影响因素及其相互关系

磁流变抛光的材料去除机理包括机械作用、化学作用和表面流动作用,一般情况下机械作用占主导地位[93]。机械作用主导的研抛过程中磨粒与工件表面之间存在着四种可能的材料去除方式:两体塑性去除、三体塑性去除、两体脆性去除和三体脆性去除[200]。图9.3所示为传统抛光和磁流变抛光中磨粒与光学元件表面的相互作用示意图。如图9.3(a)所示,传统抛光过程中,抛光模(沥青模或聚氨酯模)对磨粒的把持能力较差,两体塑性去除和三体塑性去除同时存在,能够形成有效材料去除的磨粒比例很小;如图9.3(b)所示,磁流变抛光过程中,链状羰基铁粉形成的柔性抛光模对磨粒的把持能力较强,材料去除以两体塑性去除为主,形成有效材料去除的磨粒比例较高。由图9.3知,传统抛光过程中,施加在抛光盘上的载荷通过磨粒传递到光学元件,单颗磨粒对光学元件表面的正压力约为10^{-3}N,正压力是材料去除的主导因素;磁流变抛光过程中,磨粒施加在光学元件表面的正压力由重力、磁浮力和流体动压力F_p组成,其中重力和磁浮力可以忽略不计。对于典型的磁流变抛光过程,单颗磨粒对光学元件表面的正压力为$10^{-8} \sim 10^{-7}$N,远小于传统抛光过程的正压力,正压力不再是材料去除的主导因素,Shorey[92]、DeGroote[94]和Shi[80]提出并验证了剪切力F_s是磁流变抛光材料去除的主导因素。根据上述分析,磁流变抛光的材料去除机理主要是两体塑性剪切去除,单颗磨粒所受载荷和压入深度在很大程度上决定了磁流变抛光的材料去除效率和表面、亚表面质量。下面从理论上计算单颗磨粒所受载荷与压入深度。

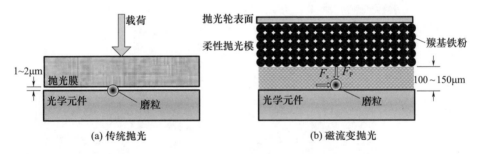

图9.3 磨粒与光学元件表面的相互作用示意图

9.1.2 单颗磨粒所受载荷与压入深度理论计算

首先,根据磁流变抛光两体塑性剪切去除的材料去除机理和磨粒的微观形貌,对磨粒的接触状态、受力状态以及磨粒的形状、刃圆半径进行一系列基本假设。其次,根据假设条件和磨粒的受力状态,计算单颗磨粒所受载荷与有效压入深度。最后,根据粒度分析仪的测量数据,给出磨粒粒度分布函数 $Q(x)$、概率密度分布函数 $q(x)$ 的拟合计算方法。

1. 基本假设

(1)磨粒接触状态与受力状态的基本假设。对磨粒与柔性抛光模、工件表面的接触状态以及磨粒的受力状态进行如下假设:如图9.3(b)所示,柔性抛光模与工件表面之间存在 $100\sim150\mu m$ 的间隙,因此假设柔性抛光模与工件表面之间无直接接触,磨粒分别与柔性抛光模和工件表面发生直接接触;由于磨粒的尖端刃圆半径较小,会在接触区产生很高的局部应力,因此假设磨粒与工件表面之间、磨粒与柔性抛光模之间的接触均为塑性接触,并且忽略磨粒自身的变形(假设磨粒为理想刚体);忽略磨粒所受的重力和磁浮力,假设磨粒所受载荷为流体动压力 F_p、剪切力 F_s 和来自工件表面的阻力 F_r。

(2)磨粒形状与刃圆半径的基本假设。图9.4所示为不同粒径金刚石磨粒的扫描电镜图。纳米级粒径的金刚石磨粒接近球形,而微米级粒径的金刚石磨粒呈现不规则的多面体结构。针对这种球形与多面体复合结构,可以采用"双刃圆半径"模型进行研究。假设磨粒的形状符合"双刃圆半径"模型,即分析磨粒与柔性抛光模之间的接触情况时,由于柔性抛光模的硬度较低,磨粒的压入深度较大,因此忽略磨粒的尖端刃圆半径,而采用等效半径(体积等于磨粒体积的球的半径值)进行研究;分析磨粒与工件之间的接触情况时,由于磨粒压入工件的深度与磨粒尖端刃圆半径相近,因此必须考虑磨粒尖端刃圆半径的影响。下面采用"双刃圆半径"模型,计算等效直径为 x_1 的单颗磨粒所受的载荷与压入深度。

(a) 5nm

(b) 80nm

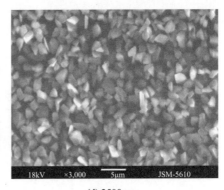

(c) 500nm   (d) 2500nm

图 9.4　不同粒径金刚石磨粒的扫描电镜图

2. 磨粒有效压入深度的计算

图 9.5 所示为磨粒有效压入深度理论计算模型。根据上述假设与分析，磨粒对工件的抛光过程可以视为刚性压头对一个半空间的滑动印压过程[113]。图 9.5 中，x_1 表示磨粒与柔性抛光模接触时的平均刃圆直径(等效直径)，x_2 表示磨粒与工件接触时的刃圆直径。由于 x_2 只在磨粒与工件接触的数十纳米范围内有效，其对磨粒高度、表面积和体积的影响均可以忽略，根据磨粒的受力状态以及维氏硬度的定义：

$$F_{r,n} = \frac{1}{2}\pi H x_2 \delta = F_p \tag{9.1}$$

$$F_{r,t} = \gamma H A_p \tag{9.2}$$

$$A_p(\delta) = \frac{x_1^2}{4}\arcsin\frac{2\sqrt{\delta(x_1-\delta)}}{x_1} - \sqrt{\delta(x_1-\delta)}\left(\frac{x_1}{2}-\delta\right) \tag{9.3}$$

式中：x_1 为磨粒的等效直径；x_2 为磨粒与工件接触时的刃圆直径；H 为工件在磁流变液环境下的维氏硬度；δ 为磨粒压入工件的深度；A_p 为压入面积，定义为磨粒压入工件的半球冠在切线方向的投影面积；F_p 为单颗磨粒所承受的流体动压力；$F_{r,t}$ 为单颗磨粒所受的切向阻力；$F_{r,n}$ 为单颗磨粒所受的法向阻力；γ 为材料的阻力系数[69]，一般 $0<\gamma<2$。根据文献[200]，金刚石磨粒的等效直径一般为尖端刃圆直径的 2～5 倍，即 $0.2x_1 \leqslant x_2 \leqslant 0.5x_1$。

单颗磨粒所受的载荷等于磨粒所占面积与流体动压力 p 的乘积：

$$F_p(x_1) = \frac{1}{4}\pi p x_1^2 \tag{9.4}$$

单颗磨粒所受的剪切力等于磨粒所占面积与流体剪切应力 τ 的乘积：

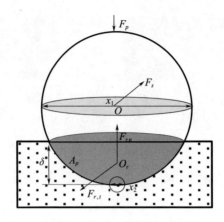

图9.5 磨粒有效压入深度理论计算模型

$$F_s(x_1) = \frac{1}{4}\pi\tau x_1^2 \tag{9.5}$$

根据式(9.1)、式(9.4),在压力 p 的作用下,磨粒压入工件的深度为

$$\delta(x_1, x_2) = \frac{px_1^2}{2Hx_2} \tag{9.6}$$

分析式(9.6)可知,对于磁流变抛光区域内的某一确定位置,流体动压力、工件的硬度和磨粒的等效直径 x_1 一般为固定值,但磨粒与工件接触时的刃圆直径 x_2 却随着磨粒与工件的接触角度和接触状态不断发生变化,从而导致磨粒压入深度的变化。可见,式(9.6)仅考虑了流体动压力对压入深度的影响,难以唯一确定磨粒的压入深度。假设磨粒与工件接触时的刃圆直径 x_2 在范围[$x_{2\min}$, $x_{2\max}$]变化,则根据式(9.6)可以确定磨粒压入深度的变化范围 $\delta \in [\delta_{\min}, \delta_{\max}]$,根据式(9.3)可以确定磨粒压入面积的变化范围 $A_p \in [A_p(\delta_{\min}), A_p(\delta_{\max})]$,根据式(9.2)可以确定磨粒所受切向阻力的变化范围 $F_{r,t} \in [F_{r,t}^{\min}, F_{r,t}^{\max}]$,其中,

$$\delta_{\min} = \frac{px_1^2}{2Hx_{2\max}}, \delta_{\max} = \frac{px_1^2}{2Hx_{2\min}},$$
$$F_{r,t}^{\min} = \gamma H A_p(\delta_{\min}), F_{r,t}^{\max} = \gamma H A_p(\delta_{\max}) \tag{9.7}$$

图9.6所示为磨粒与工件表面接触状态示意图。如图9.6,磁流变抛光过程中,单颗磨粒主要受到流体动压力 F_p、剪切力 F_s 和阻力 F_r,其中阻力主要来源于磨粒与工件表面的接触与摩擦。根据磨粒所受的剪切力 F_s 和切向阻力 $F_{r,t}$ 的大小关系,磨粒与工件表面可能存在三种接触状态。在压力固定的情况下,当 $F_s \geq F_{r,t}^{\max}$ 时(状态1),剪切力足以克服磨粒的最大切向阻力,磨粒可以形

成材料去除,此时磨粒的压入面积可由式(9.3)计算;当 $F_s < F_{r,t}^{min}$ 时(状态3),剪切力不足以克服磨粒的最小切向阻力,磨粒不能形成材料去除;当 $F_{r,t}^{min} \leq F_s < F_{r,t}^{max}$ 时(状态2),磨粒会不断调整与工件表面的接触状态,改变磨粒与工件接触时的刃圆半径,随着刃圆半径的变化,磨粒的压入深度和压入面积不断改变,最终使切向阻力与剪切力相等,形成材料去除。根据磨粒处于状态2时满足 $F_s = F_{r,t}$,联立式(9.2)、式(9.5)和式(9.7),可以计算出此时的压入面积为

$$A_p = \frac{F_s}{\gamma H} = \frac{\pi \tau x_1^2}{4\gamma H} \tag{9.8}$$

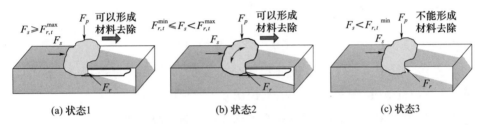

(a) 状态1　　(b) 状态2　　(c) 状态3

图 9.6　磨粒与工件表面接触状态示意图

定义磨粒能够形成材料去除时的压入深度为有效压入深度 δ_e、压入面积为有效压入面积 A_{pe},则根据式(9.3),δ_e 与 A_{pe} 之间具有一一对应关系,可以相互求解。图 9.7 所示为磨粒的有效压入面积与剪切力关系图(压力固定的情况下)。当磨粒处于状态3时,磨粒不能形成材料去除,有效压入面积为零;当磨粒处于状态2时,磨粒的有效压入面积与剪切力呈线性正比关系;当磨粒处于状态1时,磨粒的有效压入面积等于最大压入面积 $A_p(\delta_{max})$,且 $A_p(\delta_{max})$ 一般随着压力的增大而增大,而与剪切力无关。根据图 9.7,有效压入面积 A_{pe} 的计算公式如下:

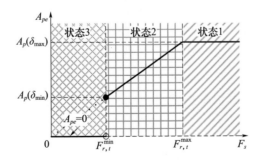

图 9.7　磨粒的有效压入面积与剪切力关系图

$$\begin{cases} A_{pe} = A_p \left(\dfrac{px_1^2}{2Hx_{2\min}} \right) & (F_s \geqslant F_{r,t}^{\max}) \\ A_{pe} = \dfrac{\pi \tau x_1^2}{4\gamma H} & (F_{r,t}^{\min} \leqslant F_s < F_{r,t}^{\max}) \\ A_{pe} = 0 & (F_s < F_{r,t}^{\min}) \end{cases} \quad (9.9)$$

上述计算过程中,取定磨粒的粒度为 x_1,而实际上磨粒的粒径 x 具有一定的分布范围,假设磨粒粒径介于 $x_{\min}$ 和 $x_{\max}$ 之间,在区间 $[x_{\min}, x_{\max}]$ 上的概率密度分布函数为 $q(x)$。对于抛光区域内的某一确定位置,考虑到磨粒粒度分布的连续性,可以根据式(9.9),计算出该位置的磨粒平均有效压入面积 $\overline{A_{pe}}$:

$$\overline{A_{pe}} = \int_{x_{\min}}^{x_{\max}} q(x) A_{pe}(x) \mathrm{d}x \quad (9.10)$$

式(9.10)中,$q(x)$ 可以根据粒度分析仪的测量数据进行拟合,下面以 W0.5 金刚石微粉[图 9.4(c)]为例,说明 $q(x)$ 的拟合方法。

3. 磨粒粒度分布函数、概率密度分布函数拟合计算方法

假设磨粒的粒度分布符合正态分布[201],则有

$$q(x) = a \cdot \mathrm{e}^{-\left(\frac{x-b}{c} \right)^2} \quad (9.11)$$

表 9.1　W0.5 金刚石微粉的粒度分布数据

粒度/nm	概率密度/%	粒度/nm	概率密度/%	粒度/nm	概率密度/%	粒度/nm	概率密度/%
86	0.00	145	2.51	243	11.05	409	1.22
94	0.26	158	3.04	265	13.69	446	0.66
102	0.54	172	3.84	289	14.02	486	0.28
111	0.91	187	4.93	315	12.24	530	0.00
122	1.36	204	6.55	344	8.76		
133	1.95	223	8.71	375	3.48		

根据激光粒度分析仪(1180,CILAS)的测量数据(表 9.1),采用 MATLAB 数据拟合工具箱,可以拟合出式(9.11)中 $a = 13.7, b = 279.2, c = 92.02$,则 W0.5 金刚石微粉的磨粒粒度概率密度分布函数为

$$q(x) = 13.7 \times \mathrm{e}^{-\left(\frac{x - 279.2}{92.02} \right)^2} \quad (9.12)$$

式(9.12)中,粒度 x 的单位为纳米,$q(x)$ 的单位为百分比。

根据拟合出的 $q(x)$ 可以计算磨粒粒度分布函数 $Q(x)$:

$$Q(x) = \int_{x_{\min}}^{x} q(x)\,\mathrm{d}x = \frac{\int_{x_{\min}}^{x} q(x)\,\mathrm{d}x}{\int_{x_{\min}}^{x_{\max}} q(x)\,\mathrm{d}x} \tag{9.13}$$

图 9.8 所示为粒度分布函数和概率密度分布函数的拟合值与测量值对比图。拟合值与测量值十分接近，磨粒粒度的正态分布假设是合理的，可以采用拟合值代替测量值进行后续的理论计算。

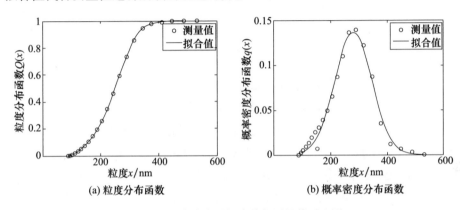

图 9.8 粒度分布的拟合值与测量值对比图

9.1.3 去除效率理论模型

图 9.9 所示为磨粒对工件材料去除过程示意图。假设磨粒在工件表面形成稳定连续的材料去除，即有效压入面积 A_{pe} 内的材料被全部去除。对于工件表面的任意面积微元 ΔS，假设该位置处的流体动压力为 p，流体剪切应力为 τ，磨粒与工件表面的相对运动速度为 v，磨粒平均有效压入面积为 $\overline{A_{pe}}$，磨粒总数 $N = \varphi \Delta S$，其中 φ 为单位面积内的磨粒个数。一般情况下，由于磨粒与工件接触时的最小刃圆直径 $x_{2\min}$ 很小，磨粒的最大压入面积和最大切向阻力很大，剪切力很难超过最大切向阻力，图 9.7 中的状态 1 出现的概率较小。同时，由于磨粒的最大刃圆直径一般接近磨粒的等效直径，磨粒的最小压入面积和最小切向阻力几乎接近于零，剪切力一般都大于最小切向阻力，图 9.7 中的状态 3 出现的概率也较小。若假设理想情况下状态 1、状态 3 不会出现，则材料的体积去除效率 VRR 和峰值去除效率 PRR 分别为

$$\begin{aligned} \mathrm{VRR} &= N \cdot \overline{A_{pe}} \cdot v = \Delta S \cdot K \cdot \tau \cdot v \\ \mathrm{PRR} &= \varphi \cdot \overline{A_{pe}} \cdot v = K \cdot \tau \cdot v \end{aligned} \tag{9.14}$$

式中：$K = \dfrac{\pi \varphi}{4\gamma H} \int_{x_{\min}}^{x_{\max}} q(x) x^2 \mathrm{d}x$。

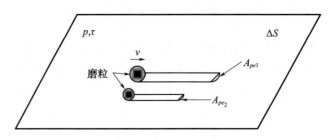

图9.9　磨粒对工件材料去除过程示意图

定义 K 为材料去除常数，则一般情况下 K 与材料硬度、材料阻力系数、单位面积内的磨粒个数和磨粒粒度分布有关，而与具体的工艺参数（转速、磁场、流量和压深）无关[92-94]。对于确定的磁流变抛光过程（固定被抛光材料和磁流变液），材料去除常数 K 一般保持恒定，但由于材料在磁流变液环境下的机械特性难于准确测定，材料去除常数的理论计算误差较大，一般采用实验的方法进行测定。值得注意的是，在磁流变抛光区域的边缘部分，由于压力远小于剪切应力，部分磨粒可能处于状态1，此时磨粒的有效压入面积可以根据式(9.9)进行计算。

由式(9.9)、式(9.14)可得以下结论：

(1)磁流变抛光过程中，剪切力是材料去除的主导因素，压力是材料去除的辅助因素，两者相辅相成，共同完成材料的去除。

(2)理想情况下，磁流变抛光的材料去除效率与剪切应力 τ、相对速度 v 成正比，这从理论上揭示了磁流变抛光过程的剪切去除机理。

(3)增加单位面积内的磨粒个数将提高材料去除效率。因此，在一定的范围内增加抛光粉浓度有利于提高材料去除效率，但当浓度超过一定范围后，磨粒已经饱和，甚至开始出现团聚现象，单位面积内的磨粒个数不再提高，材料去除效率也趋于稳定。

(4)在一定范围内，增加磨粒的粒度将提高材料去除效率。

9.1.4　表面粗糙度理论模型

图9.10所示为表面粗糙度理论计算模型。根据上述理论模型，理想情况下，磨粒将在工件表面留下一系列深浅不一的球形沟槽，在任意垂直于速度方向的截面内，工件的表面轮廓都相同，因此可以将三维表面粗糙度计算转化为二维截面的表面粗糙度计算。下面建立二维表面粗糙度 Ra 值的理论计算模型。

二维表面粗糙度 Ra 值的定义为

$$Ra = \frac{1}{l}\int_0^l |f(x)| dx \tag{9.15}$$

式中:l 为取样长度;$f(x)$ 为表面轮廓到基准线的距离。

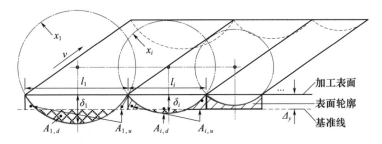

图 9.10　表面粗糙度理论计算模型

根据基准线上下面积之差最小的原则可以确定评定基准线与加工表面之间的距离 Δ_y[1]。如图 9.10 所示,确定基准线的位置以后,对于等效直径为 x_i、有效压入深度为 δ_i 的磨粒,定义其表面轮廓在基准线以上的面积为 $A_{i,u}$,在基准线以下的面积为 $A_{i,d}$,形成的球形沟槽的宽度为 l_i,根据二维表面粗糙度 Ra 的定义有

$$Ra = \frac{1}{l}\sum n_i \cdot (A_{i,u} + A_{i,d}) \tag{9.16}$$

式中:n_i 为等效直径为 x_i 的磨粒数目,$n_i = n \cdot q(x_i)$;n 为计算选取的磨粒总数,$q(x)$ 为磨粒粒径的分布函数;l 为取样长度,$l = \sum n_i \cdot l_i$。根据式(9.16),一般情况下,磨粒粒度越大,压入深度越深,表面粗糙度越大。

9.2　去除函数多参数模型实验分析

为验证 9.1 建立的去除函数多参数模型的准确性,并且研究材料、磁流变液和工艺参数(转速、流量、磁场和压入深度)对去除函数的影响,进行如下的实验研究。第一组实验中,固定工件材料和磁流变液,重点研究工艺参数对去除函数的影响,同时验证去除函数多参数模型的准确性;第二组实验中,固定工艺参数,重点研究工件材料和磁流变液对去除函数的影响。

9.2.1　工艺参数对去除函数的影响

第一组实验采用正交工艺参数实验,选定工件的材料为 K9 玻璃,磨料为粒径 80nm 的金刚石微粉,磁流变液的剪切屈服强度为 30.0kPa,零磁场黏度为 0.5Pa·s,采用实验法测定出材料去除常数 $K=2.55\times10^{-11}\mathrm{m}^2\cdot\mathrm{N}^{-1}$[80],KDM-RF-1000F 磁流变抛光系统工艺参数的合理范围与推荐值见表 9.2。

表 9.2 工艺参数的合理范围与推荐值

工艺参数	合理范围	推荐值
抛光轮转速	60~140r/min	100r/min
流量	180~260L/min	200L/min
磁场电流	3~5A	5A
压入深度	缎带总高度的 20%~40%	缎带总高度的 30%

根据表 9.2 中工艺参数的合理变化范围,设计如下的四因素、五水平正交工艺参数实验,具体的工艺参数及其水平见表 9.3。根据表 9.3 中的工艺参数,分别进行 25 组去除函数实验,详细实验结果见表 9.4。

表 9.3 工艺参数选择及其水平

水平	转速 /(r/min)	流量 /(L/min)	磁场电流 /A	压深系数①
水平 1	60	180	3.0	20%
水平 2	80	200	3.5	25%
水平 3	100	220	4.0	30%
水平 4	120	240	4.5	35%
水平 5	140	260	5.0	40%

① 压入深度 = 缎带高度 × 压深系数。

表 9.4 四因素、五水平正交工艺参数实验结果

序号	工艺参数					去除函数				粗糙度 Ra/nm
	转速 /(r/min)	流量 /(L/min)	磁场电流 /A	压深 /mm	时间 /s	长度 /mm	宽度 /mm	峰值效率 /(μm/min)	体积效率 /(mm³/min)	
1	60	180	3.0	0.38	4.0	13.0	9.5	0.538	0.0149	0.316
2	60	200	3.5	0.51	4.0	16.5	12.0	1.020	0.0521	0.323
3	60	220	4.0	0.68	3.0	21.5	13.5	1.319	0.0406	0.529
4	60	240	4.5	0.85	3.0	23.5	15.0	1.550	0.144	0.543

续表

序号	工艺参数					去除函数				
	转速 /(r/min)	流量 /(L/min)	磁场电流 /A	压深 /mm	时间 /s	长度 /mm	宽度 /mm	峰值效率 /(μm/min)	体积效率 /(mm³/min)	粗糙度 Ra/nm
5	60	260	5.0	1.02	2.0	26.0	17.0	2.154	0.226	0.739
6	80	180	3.5	0.52	4.0	17.0	11.0	2.043	0.0569	0.338
7	80	200	4.0	0.66	4.0	20.0	13.0	1.526	0.113	0.598
8	80	220	4.5	0.80	3.0	23.5	14.5	1.904	0.230	0.769
9	80	240	5.0	0.42	4.0	15.0	9.0	1.502	0.0721	0.590
10	80	260	3.0	0.40	4.0	18.5	15.0	1.248	0.0989	0.303
11	100	180	4.0	0.65	3.0	20.0	11.0	2.021	0.120	0.570
12	100	200	4.5	0.35	3.0	12.0	7.0	2.284	0.0827	0.580
13	100	220	5.0	0.45	3.0	16.5	9.0	2.077	0.0869	0.680
14	100	240	3.0	0.40	3.0	21.0	16.0	1.527	0.207	0.312
15	100	260	3.5	0.51	3.0	22.5	17.0	2.054	0.206	0.584
16	120	180	4.5	0.37	3.0	14.0	8.0	2.071	0.0637	0.678
17	120	200	5.0	0.44	3.0	16.5	8.5	2.259	0.122	0.778
18	120	220	3.0	0.37	4.0	21.0	14.0	2.431	0.179	0.476
19	120	240	3.5	0.46	4.0	23.0	16.0	2.404	0.282	0.669
20	120	260	4.0	0.25	3.0	14.0	10.5	2.062	0.229	0.365
21	140	180	5.0	0.44	2.0	16.0	10.0	2.628	0.201	0.762
22	140	200	3.0	0.44	3.0	18.0	11.0	2.577	0.197	0.464
23	140	220	3.5	0.23	3.0	12.0	8.0	2.056	0.104	0.308
24	140	240	4.0	0.30	2.0	14.5	10.0	2.925	0.213	0.689
25	140	260	4.5	0.39	2.0	17.0	11.5	2.481	0.203	0.870

9.2.1.1 工艺参数对去除效率的影响

通常采用因素-指标关系图表示正交实验的结果,即以各个因素的水平作为横坐标,以指标的均值作为纵坐标。图9.11所示为去除效率(峰值去除效率和体积去除效率)与工艺参数的关系。由图9.11(a)知,各工艺参数对峰值去除效率的影响大小依次为:转速>压深>磁场>流量,其中转速对峰值去除率的影响最为显著。随着抛光轮转速的增加,峰值去除效率显著提高,其主要原因包括:①随着抛光轮转速的提高,磁流变液与工件表面的相对速度不断增大,根据式(9.14),理想情况下峰值去除效率与相对速度具有线性关系。②根据流体动力学基本方程,抛光轮转速的提高会引起抛光区域压力场和剪切应力场的增强,因而大幅提高材料的峰值去除效率。增加压深也会提高峰值去除效率。随着压入深度的增大,抛光区域的压力场和剪切应力场也会不断增大,并且压入深度的增大还会使抛光区域的磁场增强(工件更加接近磁极位置),因此增加压深对提高峰值去除效率效果明显。增加磁场也可以提高峰值去除效率。随着磁场强度的增大,磁流变液的剪切屈服强度提高,磁流变抛光区域的固态核心范围会进一步增大,对磁流变液的截流作用越强,抛光区域的压力场和剪切应力场也会增大,因此峰值去除效率也会有一定程度的增大。增加流量对提高峰值去除效率效果不明显,这是由于增加流量对抛光区域的压力场和剪切应力场影响不大。由图9.11(b)知,各工艺参数对体积去除效率的影响大小依次为:压深>流量>转速>磁场,其中压深对体积去除效率的影响最为显著。压深对体积去除效率影响最为显著的主要原因包括:①随着压入深度的增加,去除函数的几何形状会明显增大,因而大幅提高体积去除效率。②随着压入深度的增加,峰值去除效率也会明显增大,这也有利于提高体积去除效率。流量的增加也会提高体积去除效率。随着流量的增大,去除函数的几何形状、峰值去除效率也都有一定程度的增加,因此体积去除效率也会增大。转速的增加也会提高体积去除效率。虽然随着转速的提高,去除函数的几何形状明显缩小,但由于峰值去除效率明显增大,因此体积去除效率也会有所增大。提高磁场对体积去除效率影响不明显,这是由于增加磁场会同时减小去除函数的宽度和提高峰值去除效率,两种作用相互抵消,因此对体积去除效率影响不明显。

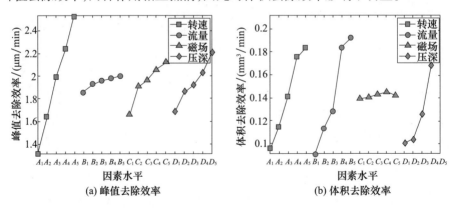

图9.11 去除效率与工艺参数的关系

9.2.1.2 工艺参数对几何形状的影响

图 9.12 所示为去除函数几何形状(长度和宽度)与工艺参数的关系。由图 9.12(a)知,各工艺参数对去除函数长度的影响大小依次为:压深>转速>流量>磁场,其中压深对去除函数长度的影响最为显著。由图 9.12(b),各工艺参数对去除函数宽度的影响大小依次为:压深>流量>转速>磁场,其中压深对去除函数宽度的影响也最为显著。随着压深的增加,去除函数的长度和宽度均有显著增大。由于随着压入深度的增加,抛光轮与工件表面的间隙逐渐减小,这会明显增大磁流变液缎带与工件的接触范围,因此去除函数的长度和宽度均有显著增大。随着转速的提高,去除函数的长度和宽度均减小。由于在固定流量的情况下,随着抛光轮转速的提高,磁流变液缎带的横截面积会逐渐减小,因此磁流变液缎带与工件的接触范围也会相应减小,去除函数的长度和宽度也会减小。随着流量的提高,去除函数的长度和宽度均增大。由于在固定转速的情况下,随着流量的提高,磁流变液缎带的横截面积会逐渐增大,因此磁流变液缎带与工件的接触范围也会相应增大,去除函数的长度和宽度也会增大。随着磁场的提高,去除函数的长度变化不大,宽度明显减小。由于随着磁场的提高,磁流变液缎带的高度不断增大,而宽度却不断减小,因而在相同压入深度的情况下,磁流变液缎带与工件接触范围的长度基本不变,宽度却显著减小,从而导致去除函数的长度变化不大,宽度明显减小。根据上述分析,磁流变液缎带的横截面形状和压入深度是决定去除函数形状的关键因素。图 9.13 所示为磁流变液缎带的截面形状随工艺参数变化规律示意图。一般情况下,随着流量的增大,磁流变液缎带的高度、宽度均增大;随着磁场强度的增强,磁流变液缎带的高度增大、宽度减小;随着抛光轮转速的提高,磁流变液缎带的高度、宽度均减小。

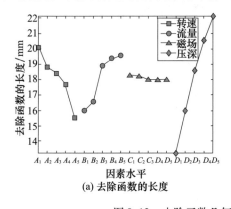

(a) 去除函数的长度

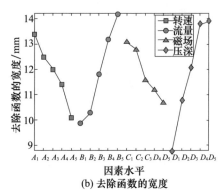

(b) 去除函数的宽度

图 9.12 去除函数几何形状与工艺参数的关系

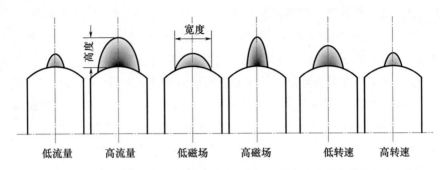

图9.13　磁流变液缎带的截面形状随工艺参数变化规律示意图

9.2.1.3　工艺参数对表面粗糙度的影响

图 9.14 所示为表面粗糙度(峰值去除效率位置的表面粗糙度 Ra 值)与工艺参数的关系。由图 9.14 知,各工艺参数对表面粗糙度的影响大小依次为:磁场＞压深＞转速＞流量,其中磁场对表面粗糙度的影响最为显著。随着磁场强度的增大,表面粗糙度显著增大,其主要原因包括:①随着磁场强度的增大,磁流变液的剪切屈服强度不断增大,这会提高磁流变液形成的柔性抛光模的硬度及其对磨粒的把持力,从而增大磨粒的有效压入深度和有效压入面积。②随着磁场强度的增大,抛光区域的压力场和剪切应力场也会增强,进一步增大磨粒的有效压入深度和有效压入面积。图 9.14 中,压深、转速和流量的增加,也会引起表面粗糙度的增大,其本质原因都是通过增大抛光区域的压力场和剪切应力场,使磨粒的有效压入深度和有效压入面积增加。

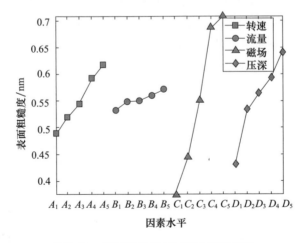

图9.14　表面粗糙度与工艺参数的关系

9.2.2 去除函数多参数模型准确性分析

针对表 9.3 中的工艺参数,根据去除函数多参数模型可以预测出去除函数的去除效率、几何形状和表面粗糙度 Ra 值(峰值去除效率位置)。值得注意的是,为消除磁流变抛光后工件表面波纹度对表面粗糙度的影响,对三维表面形貌轮廓仪(Zygo New View 200,10 倍镜头)的试测数据进行了滤波处理,具体的滤波参数为:High Pass 模式、FFT Fixed 滤波器、低频截止波长 0.08mm。

如图 9.15(a)所示,随着工艺参数的改变,去除函数峰值去除效率不断发生变化,但是理论预测值始终比较接近实验值。如图 9.15(b)所示,峰值去除效率的预测误差始终保持在 ±2% 以内。

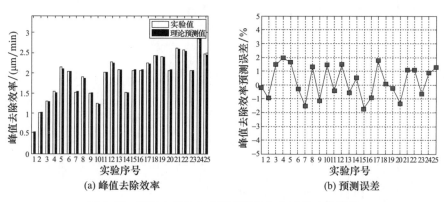

图 9.15　峰值去除效率理论预测值与实验值比较结果

如图 9.16(a)所示,随着工艺参数的改变,去除函数体积去除效率不断发生变化,但是理论预测值始终比较接近实验值。如图 9.16(b)所示,体积去除效率的预测误差始终保持在 ±4% 以内。

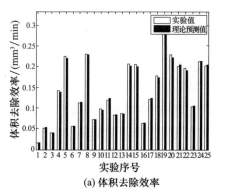 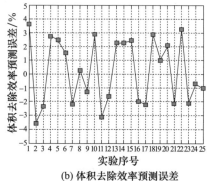

图 9.16　体积去除效率理论预测值与实验值比较结果

图 9.17 所示为去除函数几何形状理论预测值与实验值比较结果。由图 9.17(a)、图 9.17(c)知,随着工艺参数的改变,去除函数的几何形状不断发生变化,但是理论预测值始终比较接近实验值。由图 9.17(b)、图 9.17(d)知,去除函数长度的预测误差始终保持在 ±3% 以内,去除函数宽度的预测误差始终保持在 ±4% 以内。

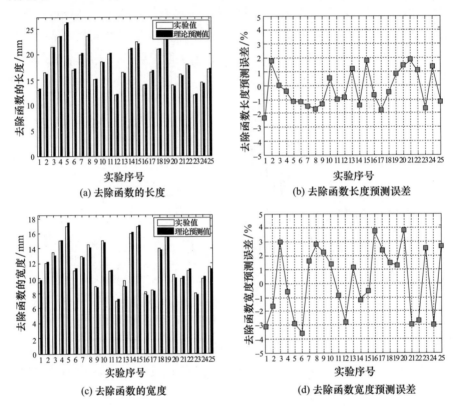

图 9.17　去除函数几何形状理论预测值与实验值比较结果

图 9.18 所示为表面粗糙度 Ra 的理论预测值与实验值比较结果(峰值去除效率位置)。随着工艺参数的改变,表面粗糙度 Ra 值不断发生变化,理论预测值与实验值之间有一定的差距,表面粗糙度 Ra 值的预测误差约为 ±10%。

综合分析图 9.15～图 9.18,去除函数多参数模型对于去除函数的去除效率和几何形状具有较高的预测精度,其中峰值去除效率的预测误差为 ±2%,体积去除效率的预测误差为 ±4%,长度的预测误差为 ±3%,宽度的预测误差为 ±4%;而去除函数多参数模型对于去除函数表面粗糙度的预测精度较低,表面粗糙度 Ra 值的预测误差达到 ±10%。引起这些预测误差的主要原因包括建模过程中忽略的其他次要因素、磁流变液流变学参数的测量误差、抛光区域磁场强度的测量误差、磁流变抛光装置的系统误差和流体力场数值计算过程中引入的计算误差。

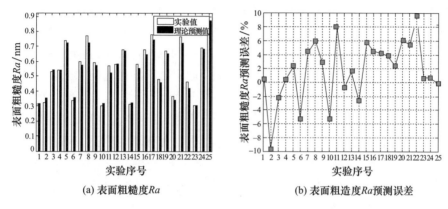

(a) 表面粗糙度 Ra   (b) 表面粗糙度 Ra 预测误差

图 9.18   表面粗糙度 Ra 的理论预测值与实验值比较结果

去除函数多参数模型可以广泛应用于磁流变抛光过程的理论分析与工程实践：

(1) 去除函数多参数模型揭示了磁流变抛光塑性剪切去除的材料去除机理。根据去除函数多参数模型，磁流变抛光过程中，剪切力是材料去除的主导因素，压力是材料去除的辅助因素，两者相辅相成，共同完成材料的去除。

(2) 去除函数多参数模型揭示了材料、磁流变液和工艺参数对去除函数的影响规律。根据去除函数多参数模型，通过计算抛光区域的磁流变液成核范围、压力场和剪切应力场分布，把工艺参数对去除函数的影响规律由定性规律提升到定量规律，从而指导工艺参数的优化选取和加工过程中敏感工艺参数的严格控制。

(3) 去除函数多参数模型对去除函数的去除效率和几何形状具有较高的预测精度，可广泛应用于磁流变抛光过程。例如，根据材料去除常数和具体工艺参数，可以直接采用理论预测的去除函数进行磁流变加工，从而避免烦琐的去除函数制作过程；根据在平面上制作的去除函数，对加工球面、非球面时采用的去除函数进行修正，从而提高加工精度与效率；根据实际加工需求，选择合理的工艺参数，优化去除函数的去除效率、几何形状与表面粗糙度。

(4) 虽然去除函数多参数模型对去除函数表面粗糙度的预测精度较低，但仍有一定的参考价值，可以指导选择合理的工艺参数和磨料粒径，满足加工要求。

9.2.3 材料和磁流变液对去除函数的影响

在工艺参数相同的情况下,材料和磁流变液主要影响材料去除常数和去除函数的表面粗糙度,一般不影响去除函数的去除效率分布和几何形状。对于确定的磁流变抛光过程(固定被抛光材料和磁流变液),材料去除常数一般保持恒定,并且可以通过实验法进行测定[92-94]。因此,本章第二组实验重点研究材料和磁流变液对去除函数表面粗糙度的影响。固定磁流变抛光的工艺参数如下:抛光轮转速为60r/min,流量为180L/min,磁场电流为5A,压入深度为0.5mm,固定磁流变液中羰基铁粉和稳定剂的种类及含量,固定磁流变液的剪切屈服强度为30.0kPa,零磁场黏度为0.5Pa·s,重点研究含有不同种类、不同粒径磨料的磁流变液抛光不同工件材料时的去除函数表面粗糙度。本组实验中,选取K9玻璃、石英玻璃、CVD SiC(化学气相沉积碳化硅)和S SiC(无压烧结碳化硅)四种光学材料试件(直径60mm的圆形工件)进行研究,根据不同类型磁流变液的峰值去除效率,选择合理的驻留时间,保证每种材料试件上去除函数的最深处为2μm。采用三维表面形貌轮廓仪(Zygo New View 200)测量去除函数最深处的表面粗糙度Ra值,并进行滤波处理(High Pass、FFT Fixed、低频截止波长0.08mm)。如果没有特殊说明,表面粗糙度测量中采用的镜头均为10倍镜头,测量区域大小为0.71mm×0.53mm。本组实验中,K9玻璃、石英玻璃和CVD SiC试件的初始表面粗糙度Ra值为1.0nm左右,S SiC试件的初始表面粗糙度Ra值为(1.861±0.071)nm。本组实验中采用的磨料种类、粒径以及相应的磁流变液编号见表9.5。

表9.5 磨料种类、粒径以及磁流变液的编号

磁流变液编号	磨料种类	粒径/nm	磁流变液编号	磨料种类	粒径/nm
D1#	金刚石微粉	20	C1#	氧化铈粉体	100
D2#	金刚石抛光液	100	C2#	氧化铈抛光液	300
D3#	金刚石微粉	100	C3#	氧化铈粉体	300
D4#	金刚石抛光液	200	C4#	氧化铈抛光液	500

9.2.3.1 纳米金刚石磨料磁流变液抛光结果

图9.19所示为D1#~D4#纳米金刚石磨料磁流变液抛光K9玻璃、石英玻璃、CVD SiC和S SiC试件的表面粗糙度测试结果。D1#磁流变液对上述四种材料的抛光效果最好。

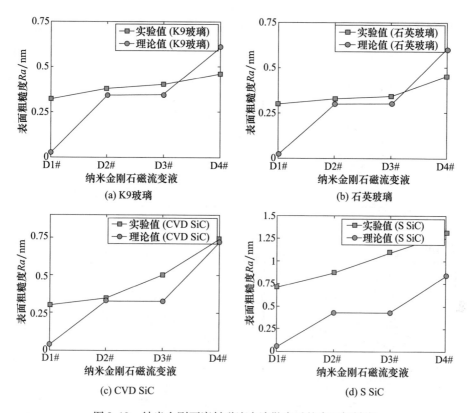

图 9.19 纳米金刚石磨料磁流变液抛光后的表面粗糙度

图 9.20 所示为 D1#磁流变液抛光后的表面粗糙度测试结果。经过数据滤波处理后，D1#磁流变液抛光 K9 玻璃、石英玻璃、CVD SiC 的表面粗糙度 Ra 可达 0.3nm 左右，抛光 S SiC 的表面粗糙度 Ra 可达 0.719nm。

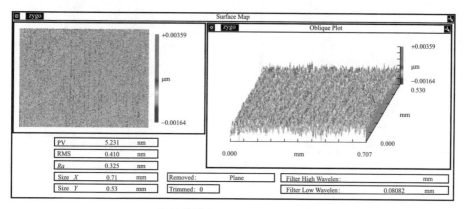

(a) K9玻璃 (RMS 0.410nm、Ra 0.325nm)

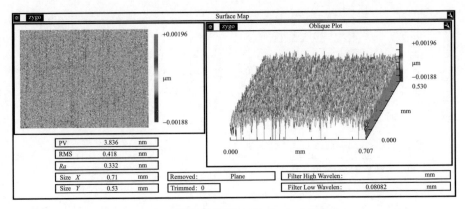

(b) 石英玻璃 (RMS 0.418nm、*Ra* 0.332nm)

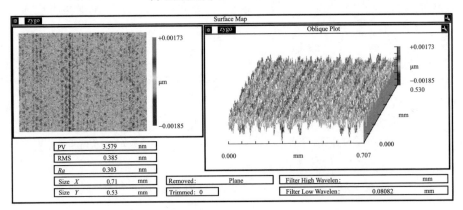

(c) CVD SiC (RMS 0.385nm、*Ra* 0.303nm)

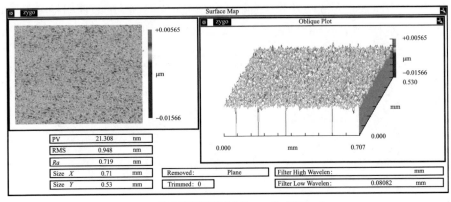

(d) S SiC (RMS 0.948nm、*Ra* 0.719nm)

图 9.20　D1#磁流变液抛光后的表面粗糙度

由图9.19知,每一种材料磁流变抛光后的表面粗糙度都呈现出从D1#到D4#逐渐增大的趋势,这主要是由于磨粒分散后的实际粒径从D1#到D4#逐步增大的原因。一般情况下,处于液体环境下的金刚石微粉的分散情况要好于固体金刚石微粉。因此,虽然D2#与D3#磁流变液使用的金刚石微粉的名义粒径相同,但是D3#磁流变液中磨粒的实际粒径要大于D2#磁流变液。图9.19(c)中,去除函数多参数模型对D2#、D4#磁流变液抛光CVD SiC的表面粗糙度预测准确度较高(预测误差在±5%以内),其主要原因包括:①CVD SiC难于水解,抛光过程中金刚石微粉对工件材料的机械去除作用占主导地位,这与多参数模型的前提假设最为符合。②D2#、D4#磁流变液使用的是处于液体环境下的金刚石微粉,磨粒的名义粒径与实际粒径比较接近。去除函数多参数模型对D1#、D3#磁流变液抛光CVD SiC的表面粗糙度预测准确度较差,主要是由于D1#、D3#磁流变液使用的是固体金刚石微粉,磨粒的名义粒径与实际粒径有较大差距。图9.19(d)中,虽然同为碳化硅材料,但去除函数多参数模型却对S SiC的预测精度很差。由于S SiC材料为两相材料(包含α-SiC和β-SiC),磁流变抛光过程中不同相碳化硅材料之间的去除效率不同,这已不满足多参数模型的前提假设,因此多参数模型的预测误差较大,并且实际抛光后的表面粗糙度较差。图9.19(a)、图9.19(b)中,去除函数多参数模型对表面粗糙度的预测精度较差,主要是由于K9玻璃和石英玻璃的抛光过程中存在一定的水解作用,影响了模型预测的准确性。

9.2.3.2 氧化铈磨料磁流变液抛光结果

图9.21所示为C1#~C4#氧化铈磨料磁流变液对K9玻璃和石英玻璃试件抛光后的表面粗糙度。由于氧化铈磨料磁流变液对CVD SiC和S SiC材料的抛光效率极低,不适宜抛光这两种材料,因此未进行抛光实验。由图9.21知,C2#磁流变液对K9玻璃和石英玻璃的抛光效果最好。

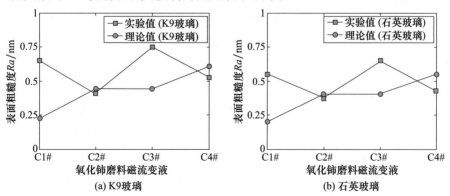

图9.21 氧化铈磨料磁流变液抛光后的表面粗糙度

图 9.22 所示为 C2#磁流变液抛光后的表面粗糙度测试结果。经过数据滤波处理后,C2#磁流变液抛光 K9 玻璃和石英玻璃的表面粗糙度 Ra 可达 0.35nm 左右。

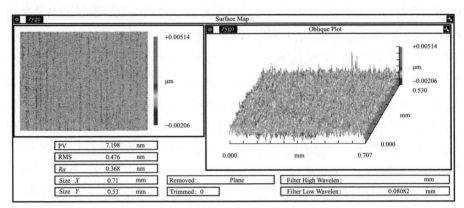

(a) K9玻璃 (RMS 0.476nm、Ra 0.368nm)

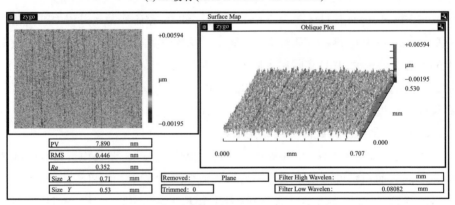

(b) 石英玻璃 (RMS 0.446nm、Ra 0.352nm)

图 9.22　C2#磁流变液抛光后的表面粗糙度

在图 9.21 中,C2#、C4#磁流变液抛光后的表面粗糙度明显小于 C1#、C3#磁流变液,这是由于固体氧化铈磨料容易团聚成较大的颗粒,因此使用固体氧化铈磨料的 C1#、C3#磁流变液的磨粒实际粒径要大于使用氧化铈抛光液的 C2#、C4#磁流变液。受到玻璃表面水解作用和氧化铈磨料对玻璃材料的化学抛光作用的影响,去除函数多参数模型的预测误差较大,这也是图 9.18 中表面粗糙度预测误差高达 ±10% 的原因。

根据上述实验结果,磁流变液中磨粒的实际粒径是决定表面粗糙度的关键因素,因此采用名义粒径较小的磨料并改善磨料的分散方式可以有效减小磁流变抛光后的表面粗糙度。值得注意的是,名义粒径越小的磨粒越容易产生团聚现象,因此过分减小磨料粒径是没有意义的。例如图 9.21 中,C1#磁流变液(名义粒径 100nm)抛光后的表面粗糙度反而高于 C2#磁流变液(名义粒径为 300nm)和 C4#磁流变液(名义粒径为 500nm)。一般情况下,添加适宜的分散剂和稳定剂,并进行超声分散、球磨或高速剪切搅拌可以提高磨料的分散水平,使实际粒径尽量接近名义粒径。本组实验还表明,当不存在材料水解层和化学抛光作用时,磁流变抛光过程中机械去除作用占主导地位,去除函数多参数模型对表面粗糙度的预测精度较高(预测误差在 ±5% 以内);当存在材料水解层和化学抛光作用时,由于不再满足模型的前提假设条件,去除函数多参数模型对表面粗糙度的预测精度较差。

9.3 去除函数基本特性实验分析

去除函数的基本特性主要包括去除函数稳定性、相似性和线性。去除函数稳定性包括短时稳定性、长时稳定性和长期稳定性。其中,短时稳定性是指在同一次制作过程中(1min 以内)去除函数的稳定性,短时稳定性反映了去除函数制作、提取过程中的系统误差;长时稳定性是指在一定的工作时间内(8h 以内)去除函数的稳定性,保持较高的长时稳定性是实现磁流变稳定、高效加工的必要条件;长期稳定性是指在磁流变液的有效工作时间内(2~3 周)去除函数的稳定性,长期稳定性反映了磁流变液的长期工作稳定性和使用寿命。去除函数相似性是指采用相同的磁流变液和本章工艺参数加工不同种类的材料时,去除函数的几何形状基本相同,去除函数相似性是辨识和补偿去除效率误差的前提。去除函数线性是指材料去除量和去除函数驻留时间之间满足时间线性关系,去除函数线性是进行 CCOS 成形的基本要求。分别对去除函数稳定性、相似性和线性进行实验研究,重点分析去除函数的去除效率和几何形状变化情况,实验中采用相对变化率(变化量与平均值之比)作为变化量的表征指标。

9.3.1 去除函数稳定性

去除函数稳定性实验中,采用的磨料为粒径 80nm 的金刚石微粉,磁流变液的剪切屈服强度为 30.0kPa,零磁场黏度为 0.5Pa·s,工件材料为 K9 玻璃,工艺参数如下:抛光轮转速为 80r/min,流量为 150L/min,磁场电流为 5A,压入深度为 0.5mm。

图 9.23 所示为短时稳定性实验的去除函数测试结果。在口径为 80mm 的 K9 玻璃上,先后制作 4 个去除函数(间隔时间为 10s),抛光轮在每个位置的驻留时间为 4s。采用差动法分别提取图 9.23 中的 4 个去除函数,并比较去除效率和几何形状的相对变化率。图 9.24 所示为去除函数短时稳定性实验结果。峰值去除效率的相对变化率小于 1.5%,体积去除效率的相对变化率小于 2.0%,去除函数的长度和宽度的相对变化率均小于 1.2%。由图 9.24 知,综合各类实验误差因素,去除函数短时稳定性优于 2.0%,即 KDMRF-1000F 磁流变抛光系统的去除函数系统误差约为 2.0%。

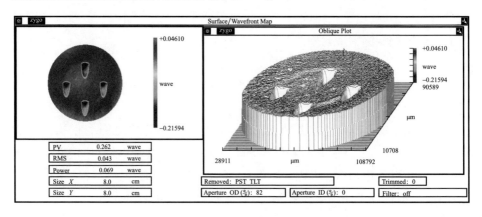

图 9.23 短时稳定性实验的去除函数测试结果

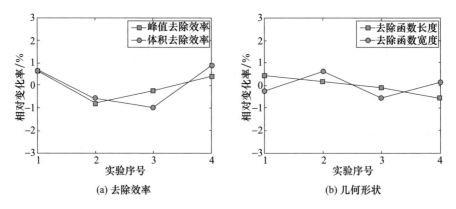

(a) 去除效率   (b) 几何形状

图 9.24 去除函数短时稳定性实验结果

图 9.25 所示为长时稳定性实验的去除函数测试结果。在口径 50mm 的 K9 玻璃上,先后制作 8 个去除函数(间隔时间为 1h),抛光轮在每个位置的驻留时间为 4s。采用差动法分别提取图 9.25 中的 8 个去除函数,并比较去除效率和

几何形状的相对变化率。图 9.26 所示为去除函数长时稳定性实验结果。峰值去除效率的相对变化率小于 2.0%，体积去除效率的相对变化率小于 3.0%，去除函数的长度和宽度的相对变化率均小于 2.0%。由图 9.26 可见，在 8h 的工作时间内，循环控制系统保持了较高的稳定性，去除函数长时稳定性优于 3.0%。通常情况下，每个磁流变工艺循环的加工时间小于 8h，因此可认为 KD-MRF-1000F 磁流变抛光系统在加工状态下的去除函数稳定性优于 3.0%。

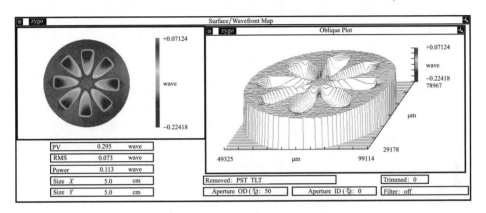

图 9.25　长时稳定性实验的去除函数测试结果

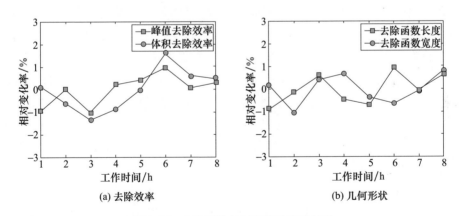

(a) 去除效率　　　　　　　　　　(b) 几何形状

图 9.26　去除函数长时稳定性实验结果

在多块口径 100mm 的 K9 玻璃上，分别制作 10 个去除函数（间隔时间为 1 天，驻留时间为 4s），采用差动法提取去除函数，并比较去除效率和几何形状的相对变化率。图 9.27 所示为去除函数长期稳定性实验结果。峰值去除效率的相对变化率小于 8.0%，体积去除效率的相对变化率小于 12.0%，去除函数的长度和宽度的相对变化率小于 5.0%。由图 9.27 可见，虽然在磁流变液的长期使用过程中,去除函数会明显发生的变化,但却始终能够保持一定的材料去除效率,并且去除函数长期稳定性优于12.0%。根据去除函数的长期稳定性实验结果,开始新的磁流变工艺循环之前有必要重新制作去除函数。

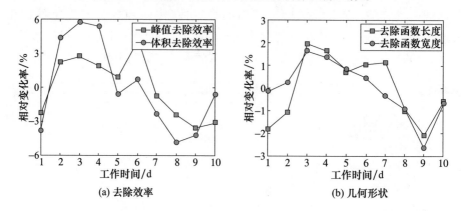

图 9.27　去除函数长期稳定性实验结果

9.3.2　去除函数相似性

去除函数相似性实验中,采用的磨料为粒径 80nm 的金刚石微粉,磁流变液的剪切屈服强度为 30.0kPa,零磁场黏度为 0.5Pa·s,工件材料分别为 K9 玻璃、K4 玻璃、石英玻璃和微晶玻璃。采用的三组工艺参数如下:工艺参数一,抛光轮转速为 80r/min,流量为 150L/min,磁场电流为 5A,压入深度为 0.5mm;工艺参数二,抛光轮转速为 100r/min,流量为 180L/min,磁场电流为 4A,压入深度为 0.4mm;工艺参数三,抛光轮转速为 120r/min,流量为 200L/min,磁场电流为 4A,压入深度为 0.5mm。在口径 100mm 的 K9 玻璃、K4 玻璃、石英玻璃和微晶玻璃上,分别采用上述三组工艺参数制作去除函数,采用差动法提取去除函数,并比较去除函数的几何形状和材料去除常数的相对变化率。

图 9.28 所示为去除函数几何相似性实验结果。当采用相同的磁流变液和工艺参数加工不同种类的材料时,去除函数长度和宽度的相对变化率均小于 2.0%,这与制作去除函数的系统误差已经十分接近,因此可以认为材料种类不影响去除函数的几何形状,去除函数具有相似性。

图 9.29 所示为工艺参数对材料去除常数的影响曲线。虽然采用相同磁流变液、不同工艺参数加工不同材料时的材料去除常数不同,但对于同一种材料,工艺参数基本上不影响材料去除常数,不同工艺参数之间的材料去除常数相对变化率小于 1.5% [图 9.29(b)]。由图 9.29 知,对于确定的磁流变抛光过程

（固定被抛光材料和磁流变液），材料去除常数一般保持恒定，与工艺参数（转速、流量、磁场和压入深度）无关，这与理论分析的结论相一致。

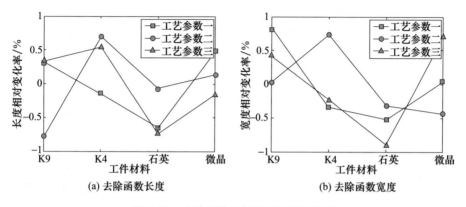

图 9.28　去除函数几何相似性实验结果

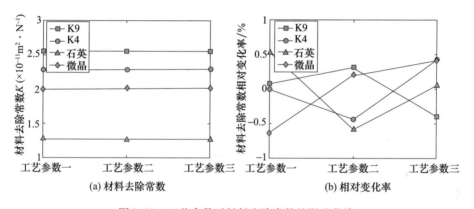

图 9.29　工艺参数对材料去除常数的影响曲线

9.3.3　去除函数线性

去除函数线性实验中，采用磨粒平均粒径为 300nm 的氧化铈抛光液，磁流变液的剪切屈服强度为 25.0kPa，零磁场黏度为 0.5Pa·s，工件材料为 K9 玻璃。实验过程中采用的三组工艺参数如下：工艺参数一，抛光轮转速为 60r/min，流量为 120L/min，磁场电流为 3A，压入深度为 0.3mm；工艺参数二，抛光轮转速为 80r/min，流量为 140L/min，磁场电流为 4A，压入深度为 0.4mm；工艺参数三，抛光轮转速为 100r/min，流量为 160L/min，磁场电流为 5A，压入深度为 0.5mm。在多块口径 100mm 的 K9 玻璃上，分别采用上述三组工艺参数制作去除函数，抛光轮的驻留时间分别为 3s、6s、15s、30s 和 45s。采用差动法提取去除函数,并分析材料去除量和材料去除效率的线性度。

图 9.30 所示为去除函数时间线性实验结果。由图 9.30(a)、图 9.30(b) 知,相同工艺参数条件下,工件材料的峰值去除量和体积去除量与抛光轮的驻留时间具有明显的时间线性关系。由图 9.30(c)、图 9.30(d) 知,相同工艺参数条件下,峰值去除量的线性度优于 ±2.0%,体积去除量的线性度优于 ±3.0%。实验结果表明,工件材料去除量和去除函数驻留时间之间满足时间线性关系,磁流变抛光过程中,去除函数具有时间线性,满足 CCOS 工艺过程对去除函数的时间线性要求。

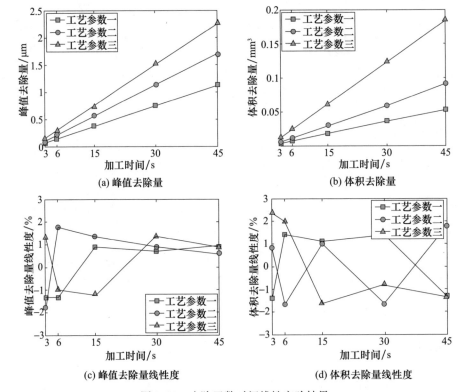

图 9.30 去除函数时间线性实验结果

9.4 去除函数误差影响分析与优化方法

本章主要研究去除函数误差对磁流变修形的影响。根据误差的统计分布规律,去除函数误差可分为系统误差和随机误差,由于磁流变修形的去除函数系统误差远大于随机误差,并且随机误差本身具有一定的误差均化作用,因此本章重点研究去除函数系统误差对磁流变修形的影响及其优化措施。通常采用残差率 η 来表征去除函数误差对磁流变修形的影响,残差率越大,说明误差对磁流变修形的影响越大。定义残差率为残差 RMS 值与初始面形误差 RMS 值之比[27]。

$$\eta = \frac{\text{RMS}_{\text{error}}}{\text{RMS}_{\text{init}}} \tag{9.17}$$

设初始面形误差向量 $\boldsymbol{H}_{\text{init}} = [h_1, \cdots, h_i, \cdots, h_m]^{\text{T}}$,磁流变加工后的残差向量为 $\boldsymbol{H}_{\text{error}} = [\Delta h_1, \cdots, \Delta h_i, \cdots, \Delta h_m]^{\text{T}}$,则残差率 η 为

$$\eta = \frac{\sqrt{\dfrac{1}{m}\sum\limits_{i=1}^{m}(\Delta h_i)^2}}{\sqrt{\dfrac{1}{m}\sum\limits_{i=1}^{m}h_i^2}} = \frac{\sqrt{\sum\limits_{i=1}^{m}(\Delta h_i)^2}}{\sqrt{\sum\limits_{i=1}^{m}h_i^2}} \Rightarrow \eta^2 = \frac{\sum\limits_{i=1}^{m}(\Delta h_i)^2}{\sum\limits_{i=1}^{m}h_i^2} \tag{9.18}$$

下面采用理论与仿真相结合的方法分析去除函数误差对磁流变修形的影响。

9.4.1 去除函数误差影响分析

9.4.1.1 理论分析

根据误差的产生原因,去除函数误差可分为去除函数定位误差和去除效率误差。去除函数定位误差是指加工过程中去除函数的实际空间位置与理论空间位置的偏差。去除函数定位误差主要包括切向定位误差、角度定位误差和法向定位误差,其中切向定位误差和角度定位误差不影响去除函数的形状和去除效率,法向定位误差虽然对去除函数形状有一定的影响,但主要表现为对去除效率的影响。去除函数定位误差主要在对刀过程中产生,由于磁流变修形去除函数具有可控柔体的特点,难于精确确定磁流变液缎带的中心位置和最低点,对刀过程中容易产生去除函数定位误差。下面从理论上分析切向定位误差对磁流变修形的影响,角度定位误差和法向定位误差的理论分析十分复杂,主要采用仿真的方法进行研究。

图 9.31 所示为去除函数切向定位误差示意图。去除函数的实际空间位置(图中实线位置,$o_2 x_2 y_2$ 坐标系内)与理论空间位置(图中虚线位置,$o_1 x_1 y_1$ 坐标系内)之间存在切向定位误差,其中 x、y 方向的切向定位误差分别为 δ_x 和 δ_y,则实际去除函数 $r_1(x,y)$ 与理论去除

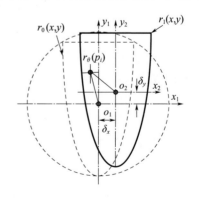

图 9.31 去除函数切向定位误差示意图

函数 $r_0(x,y)$ 之间满足：
$$r_1(x,y) = r_0(x+\delta_x, y+\delta_y) \tag{9.19}$$

假设初始面形误差为 $H(x,y)$，采用理论去除函数解算出的驻留时间为 $T(x,y)$，则采用实际去除函数进行磁流变修形时，由切向定位误差引起的残差为[128]

$$\Delta H(x,y) = \frac{H}{x} \cdot \delta_x + \frac{\partial H}{\partial y} \cdot \delta_y = \text{grad}(H) \cdot \boldsymbol{\delta} \tag{9.20}$$

式中：$\text{grad}(H)$ 为初始面形误差梯度向量，$\text{grad}(H) = \frac{\partial H}{\partial x} \cdot \boldsymbol{i} + \frac{\partial H}{\partial y} \cdot \boldsymbol{j}$；$\boldsymbol{\delta}$ 为切向定位偏差向量，$\boldsymbol{\delta} = \delta_x \cdot \boldsymbol{i} + \delta_y \cdot \boldsymbol{j}$。由式(9.20)，切向定位误差引起的残差等于初始面形误差梯度向量与切向定位偏差向量的内积，残差随着切向定位误差和初始面形误差梯度的增大而增大。

去除函数的去除效率误差是指加工过程中去除函数的实际去除效率与名义去除效率(制作去除函数过程中获取的去除效率)的偏差。去除效率误差主要来源于去除函数的制作过程，特别是在没有同炉样件的情况下，可能存在较大的去除效率误差，法向定位误差对去除效率的影响也主要表现为去除效率误差。下面分析去除效率误差对磁流变修形的影响。

当去除效率误差为 δ_r 时，实际去除函数 $r_1(x,y)$ 与理论去除函数 $r_0(x,y)$ 之间满足：

$$r_1(x,y) = (1+\delta_r) \cdot r_0(x,y) \tag{9.21}$$

去除效率误差引起的去除矩阵误差为

$$\Delta F_i^k = \delta_r \cdot F_i^k, \Delta \boldsymbol{F}_{m \times n} = \delta_r \cdot \boldsymbol{F}_{m \times n} \tag{9.22}$$

去除效率误差引起的残差和残差率为

$$\Delta h_i = \sum_{j=1}^{n} \Delta F_i^j \cdot t_j = \delta_r \cdot h_i, \eta = |\delta_r| \tag{9.23}$$

由式(9.23)，去除效率误差引起的残差正比于加工量，比例系数为去除效率误差 δ_r，去除效率误差引起的残差率为去除效率误差的绝对值。当 $\delta_r > 0$ 时，去除函数被低估，残差与初始面形的凸凹性相反；当 $\delta_r < 0$ 时，去除函数被高估，残差与初始面形的凸凹性相同，可以根据加工后残差的凸凹性判断去除函数误差的正负性，对此类误差进行辨识与补偿，提高磁流变修形的精度。

假设残差全部由去除效率误差引起，当不存在额外去除层时，加工量等于初始面形误差，面形收敛比为

$$c = \frac{\text{RMS}_{\text{before}}}{\text{RMS}_{\text{after}}} = \frac{\text{RMS}_{\text{before}}}{\eta \cdot \text{RMS}_{\text{before}}} = \frac{1}{|\delta_r|} \tag{9.24}$$

当存在厚度为 r_e 的额外去除层时,面形收敛比为

$$\Delta h_i = \delta_r \cdot (1 + r_e) \cdot h_i, \eta = |\delta_r(1 + r_e)|, c = \frac{1}{|\delta_r(1 + r_e)|} \quad (9.25)$$

由式(9.25)知,当存在去除效率误差时,增加额外去除层厚度将会增大残差率,降低面形收敛比,甚至当 $|\delta_r(1 + r_e)| > 1$ 时,残差率将大于1,面形不再收敛。由于磁流变修形中总是存在一定的去除效率误差,因此在满足加工精度的前提下,应尽量减小额外去除层的厚度,以减小去除效率误差的影响。

9.4.1.2 仿真研究

下面分别仿真各种去除函数误差对磁流变修形残差和残差率的影响。图9.32所示为仿真采用的初始面形误差、去除函数和驻留时间密度。初始面形误差是空间波长为50mm、幅值为1μm的正弦面形,初始面形的长度为100mm,宽度为100mm。去除函数直径为16mm,峰值去除效率为1μm/min(压入深度为0.4mm)。图9.32(c)为采用WNNGMRES算法求解出的驻留时间分布密度。

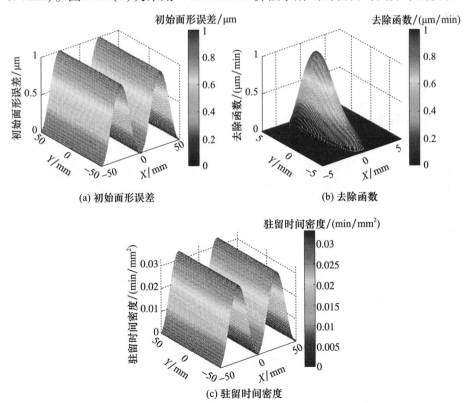

图9.32 仿真采用的初始面形误差、去除函数和驻留时间密度

图 9.33 所示为不同切向定位误差时的仿真残差,其中图 9.33(a)~图 9.33(f)分别是切向定位误差为 0mm、0.1mm、0.5mm、1mm、2mm 和 4mm 时的仿真残差(详细仿真结果见表 9.6)。由图 9.33、表 9.6 知,切向定位误差引起的残差的空间波长与初始面形误差相同,残差率随着相对定位误差(切向定位误差与初始面形空间波长之比)的增大而增大。切向定位误差对残差率的影响较大,例如,当空间波长为 50mm 时,1mm 的切向定位误差引起的残差率高达 12.373%。

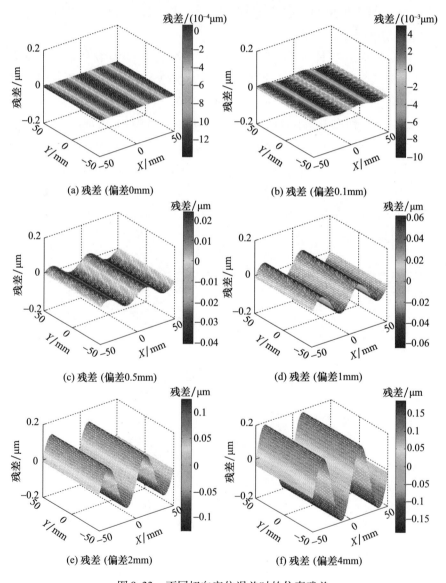

图 9.33　不同切向定位误差时的仿真残差

表 9.6　切向定位偏差对残差影响仿真结果

切向定位误差 /mm	0	0.1	0.5	1	2	4
相对定位误差 /%	0	0.625	3.125	6.25	12.5	25.0
残差(PV)/μm	0.00145	0.0150	0.0646	0.125	0.250	0.374
残差(RMS)/μm	5.21e−004	0.00524	0.0225	0.0437	0.0873	0.130
残差率 /%	0.147	1.484	6.370	12.373	24.717	36.806

图 9.34 所示为不同角度定位误差时的仿真残差,其中图 9.34(a)~图 9.34(f)分别是角度定位误差为 0°、1°、5°、10°、30°和 45°时的仿真残差(详细仿真结果见表 9.7)。

由图 9.34、表 9.7 知,角度定位误差引起的残差的空间波长与初始面形误差相同,残差率随着角度定位误差的增大而增大。角度定位误差对残差率的影响较小。例如,10°的角度定位误差引起的残差率仅为 4.587%。

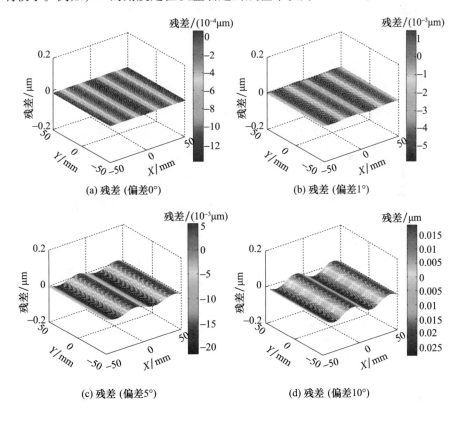

(a) 残差 (偏差 0°)　　(b) 残差 (偏差 1°)

(c) 残差 (偏差 5°)　　(d) 残差 (偏差 10°)

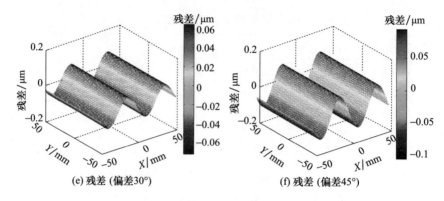

(e) 残差 (偏差30°)　　　　　(f) 残差 (偏差45°)

图 9.34　不同角度定位误差时的仿真残差

表 9.7　角度偏差对残差影响仿真结果

角度定位误差(°)	0	1	5	10	30	45
残差(PV)/μm	0.00145	0.00730	0.0266	0.0465	0.138	0.198
残差(RMS)/μm	5.21e−004	0.00254	0.00932	0.0162	0.0481	0.0693
残差率/%	0.147	0.719	2.639	4.587	13.618	19.621

图 9.35 所示为不同法向定位误差时的仿真残差,其中图 9.35(a) ~ 图 9.35(f)分别是法向定位误差为 +5μm、+10μm、+20μm、−5μm、−10μm 和 −20μm 时的仿真残差(以 400μm 压入深度为标准参考距离),详细仿真结果见表 9.8。由图 9.34、表 9.8 知,法向定位误差引起的残差的空间波长与初始面形误差相同,残差率随着法向定位误差的增大而增大。法向定位误差对残差率影响显著,例如,+20μm 的法向定位误差引起的残差率高达 15.289%。对于绝对值相同的法向定位误差,正向误差引起的残差率略高于负向误差,这是由于正向误差会引起去除函数形状和去除效率的增大,在相同的驻留时间分布密度下,引起的残差较大,对残差率的影响更为显著。

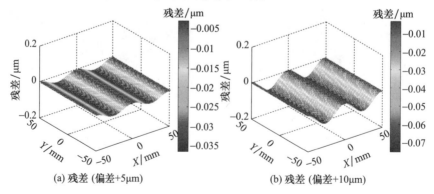

(a) 残差 (偏差+5μm)　　　　　(b) 残差 (偏差+10μm)

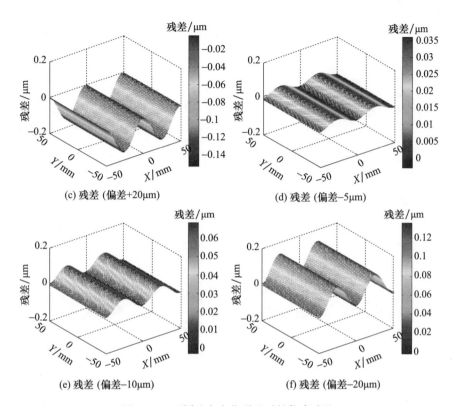

图 9.35 不同法向定位误差时的仿真残差

表 9.8 法向定位偏差对残差影响仿真结果

定位偏差 /μm	+5	+10	+20	-5	-10	-20
相对定位偏差/ %	0.0125	0.025	0.05	-0.125	-0.025	-0.05
残差(PV)/μm	0.0348	0.0734	0.151	0.0311	0.0693	0.136
残差(RMS)/μm	0.0124	0.0263	0.0540	0.0113	0.0248	0.0488
残差率 / %	3.511	7.446	15.289	3.199	7.022	13.817

图 9.36 所示为不同去除效率误差时的仿真残差,其中图 9.36(a)~图 9.36(f)分别是去除效率误差 +1%、+5%、+10%、-1%、-5%和 -10%时的仿真残差(详细仿真结果见表 9.9)。由图 9.35、表 9.9 知,去除效率误差引起的残差空间波长与初始面形误差相同,去除效率误差对残差率的影响基本上具有线性关系,随着去除效率误差的增大,残差率逐渐接近去除效率误差的绝对值。

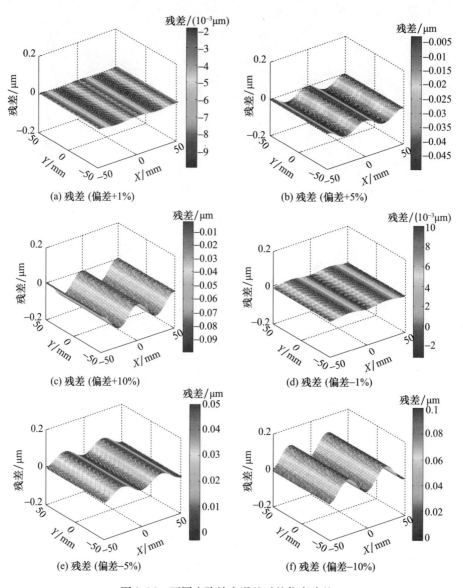

图 9.36　不同去除效率误差时的仿真残差

表 9.9　去除效率误差对残差影响仿真结果

去除效率偏差 /%	+1%	+5%	+10%	-1%	-5%	-10%
残差(PV)/μm	0.00853	0.0485	0.0984	0.0114	0.0514	0.101
残差(RMS)/μm	0.00306	0.0174	0.0352	0.00410	0.0184	0.0363
残差率 /%	0.866	4.926	9.966	1.161	5.220	10.277

一般情况下,去除函数误差对残差率的影响与初始面形的空间波长有关,采用相同的去除函数分别对空间波长为 10mm 和 25mm、幅值为 1μm 的正弦面形进行仿真研究。图 9.37 所示为各类去除函数误差对残差率的影响,其中初始面形的空间波长分别为 10mm、25mm 和 50mm。

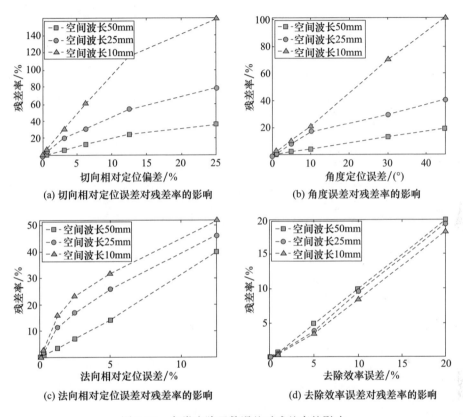

图 9.37 各类去除函数误差对残差率的影响

由图 9.37 可以得到如下结论:

(1)随着去除函数误差的增大,残差率逐渐增大,甚至可能出现残差率大于 1 的情况(面形不再收敛)。

(2)切向定位误差和角度定位误差对残差率的影响与初始面形的空间波长密切相关,空间波长越小(频率越高),切向定位误差和角度定位误差对残差率的影响越大。由于在相同的切向定位误差下,初始面形的空间波长越小,其对应的相对定位误差就越大,因此引起的残差率也越大,角度定位误差也可进行类似分析。

(3)法向定位误差对残差率的影响十分显著,并且与初始面形的空间波长相关,空间波长越小(频率越高),法向定位误差对残差率的影响越大。由于法线方向是磁流变修形的误差敏感方向,法向定位误差直接影响去除函数的形状和去除效率,因此对残差率的影响十分显著。由于法向定位误差影响去除函数的形状,而形状的改变会引入一定的等效切向定位误差,因此法向定位误差对残差率的影响与初始面形的空间波长相关。

(4)去除效率误差对残差率的影响基本上具有线性关系,随着去除效率误差的增大,残差率逐渐接近去除效率误差的绝对值,去除效率误差对残差率的影响与初始面形的空间波长无关。由于去除效率误差只对去除效率产生线性影响,而不改变去除函数的形状,因此去除效率误差对残差率的影响与初始面形的空间波长无关。

9.4.2 去除函数误差优化方法

根据上述理论与仿真分析,去除函数误差严重地影响磁流变修形的精度和面形收敛比,必须采取相应的优化措施,以减小去除函数误差的影响。在现有的工艺条件下,去除函数误差的优化主要采取辨识加补偿的方法,即首先辨识出去除函数误差,而后在磁流变修形中对去除函数误差进行补偿。

9.4.2.1 切向定位误差与角度定位误差的辨识与补偿

图 9.38 所示为工件坐标系与机床坐标系的位置关系。切向定位误差和角度定位误差主要表现为机床坐标系与工件坐标系之间的定位误差。工件坐标系为 $o_1x_1y_1$,机床坐标系为 $o_2x_2y_2$,x、y 方向的切向定位误差分别为 δ_x 和 δ_y,角度定位误差为 δ_θ。空间位置点 P 在工件坐标系内的坐标为 (x_w, y_w),在机床坐标系内的坐标为 (x_m, y_m),定义 $\boldsymbol{P}_w = (x_w, y_w, 1)^T$,$\boldsymbol{P}_m = (x_m, y_m, 1)^T$,根据坐标变换关系,则有

$$\boldsymbol{P}_m = \boldsymbol{T} \cdot \boldsymbol{P}_w \quad (9.26)$$

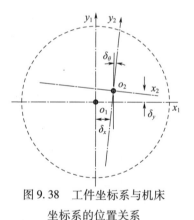

图 9.38 工件坐标系与机床坐标系的位置关系

其中

$$\boldsymbol{T} = \begin{bmatrix} 1 & 0 & \delta_x \\ 0 & 1 & \delta_y \\ 0 & 0 & 1 \end{bmatrix} \cdot \begin{bmatrix} \cos\delta_\theta & -\sin\delta_\theta & 0 \\ \sin\delta_\theta & \cos\delta_\theta & 0 \\ 0 & 0 & 1 \end{bmatrix}$$

根据式(9.26)可得

$$\begin{cases} x_\mathrm{m} = \delta_x + x_\mathrm{w} \cdot \cos\delta_\theta - y_\mathrm{w} \cdot \sin\delta_\theta \\ y_\mathrm{m} = \delta_y + x_\mathrm{w} \cdot \sin\delta_\theta + y_\mathrm{w} \cdot \cos\delta_\theta \end{cases} \tag{9.27}$$

由式(9.27),获取空间位置点 P 在工件坐标系和机床坐标系内的坐标是求解 δ_x、δ_y 和 δ_θ 的关键。切向定位误差和角度定位误差可以在去除函数的制作过程中进行辨识,下面结合具体实验进行说明。

在直径 100mm 的平面 K9 玻璃上进行去除函数制作和切向定位误差、角度定位误差辨识实验。采用四点差动法制作去除函数,在机床坐标系内抛光轮最低点依次驻留在(−25,0)、(25,0)、(0,−25)和(0,25)四个位置,每个位置的驻留时间为 6s,制作去除函数前后的面形误差如图 9.39 所示。

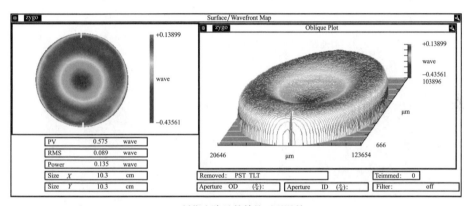

(a) 制作去除函数前的面形误差

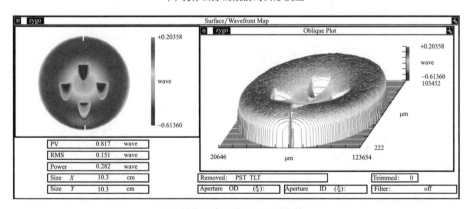

(b) 制作去除函数后的面形误差

图 9.39 制作去除函数前后的面形误差

对图 9.39 中制作去除函数前后的面形误差进行差动处理,图 9.39 所示为差动处理后的面形误差和提取出的去除函数,其直径为 22mm,峰值去除效率为

3.22μm/min。

如图9.40(b)所示,采取边界识别的方法确定每个去除函数的边界和最小外接圆,进而确定去除函数中心点在工件坐标系内的坐标 $c_i(x_{ci,w}, y_{ci,w})$。由于在去除函数内部,抛光轮最低点 $d_i(x_{di,w}, y_{di,w})$ 与中心点 c_i 之间的距离偏差为固定值 Δm、Δn,则抛光轮最低点在工件坐标系内的坐标为

$$\begin{cases} x_{di,w} = x_{ci,w} + \Delta n \\ y_{di,w} = y_{ci,w} + \Delta m \end{cases} \tag{9.28}$$

将式(9.28)代入式(9.27)中,抛光轮最低点在机床坐标系内的坐标为

$$\begin{cases} x_{di,m} = \delta_x + (x_{ci,w} + \Delta n) \cdot \cos\delta_\theta - (y_{ci,w} + \Delta m) \cdot \sin\delta_\theta \\ y_{di,m} = \delta_y + (x_{ci,w} + \Delta n) \cdot \sin\delta_\theta + (y_{ci,w} + \Delta m) \cdot \cos\delta_\theta \end{cases} \tag{9.29}$$

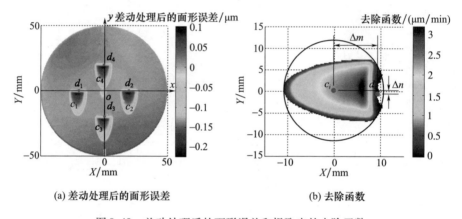

(a) 差动处理后的面形误差 (b) 去除函数

图9.40 差动处理后的面形误差和提取出的去除函数

将图9.40(a)中去除函数中心点 c_1、c_2、c_3、c_4 在工件坐标系内坐标和抛光轮最低点 d_1、d_2、d_3、d_4 在机床坐标系内的坐标代入式(9.29),可以求解出 δ_x、δ_y、δ_θ、Δm、Δn。根据上述实验数据,辨识出切向定位误差为 $\delta_x = 1.231$mm,$\delta_y = 0.685$mm,角度定位误差为 $\delta_\theta = 2.34°$,去除函数内部抛光轮最低点与去除函数中心点之间的距离偏差为 $\Delta m = 8.52$mm,$\Delta n = 0.213$mm。根据此实验结果可以在磁流变修形中对切向定位误差和角度定位误差进行补偿,Δm、Δn 可以在后置处理算法中进行修正,以保证加工过程中去除函数中心点精确驻留在每个加工位置。

9.4.2.2 去除效率误差的辨识与补偿

去除效率误差主要来源于去除函数的制作过程和去除函数法向定位误差,表现为实际去除效率与名义去除效率之间的线性偏差。可以根据磁流变修形前后的面形误差对去除效率误差 δ_r 进行辨识。设磁流变修形前的面形误差测

量值为 M_1，实际值为 S_1，测量误差为 E_1，磁流变修形后的面形误差测量值为 M_2，实际值为 S_2，测量误差为 E_2，则

$$\begin{cases} S_1 = M_1 + E_1 \\ S_2 = M_2 + E_2 \end{cases} \quad (9.30)$$

设求解驻留时间过程中采用的理论去除函数为 R_1，其对应的去除矩阵为 F_1，求解出的驻留时间为 T_1，残差为 H_1，加工过程中的实际去除函数为 R_2，其对应的去除矩阵为 F_2，实际的驻留时间为 T_2，则有

$$\begin{cases} M_1 = F_1 \cdot T_1 + H_1 \\ S_2 = S_1 - F_2 \cdot T_2 \end{cases} \quad (9.31)$$

根据式(9.21)、式(9.22)，上述磁流变修形过程中满足：

$$\begin{cases} R_2 = (1 + \delta_r) \cdot R_1 \\ F_2 = (1 + \delta_r) \cdot F_1 \end{cases} \quad (9.32)$$

假设对驻留时间求解和实现过程进行了联合优化，并且驻留时间实现过程中充分考虑了运动系统动态性能的影响，求解出的驻留时间 T_1 可以准确实现，即 $T_1 = T_2$，联立式(9.30)、式(9.31)和式(9.32)可得

$$M_2 = -\delta_r \cdot F_1 \cdot T_1 + H_1 + E_1 - E_2 \quad (9.33)$$

式(9.33)左右两边分别与 M_2 取互相关，并且假设加工前后两次测量过程中的系统测量误差相同，随机测量误差与被测面形不相关，即 $\text{Cov}(M_2, E_1 - E_2) = 0$，则有

$$1 = |\delta_r| \cdot k_1 + k_2 \quad (9.34)$$

其中，互相关系数 $k_1 = \text{Cov}(M_2, F_1 \cdot T_1)$，$k_2 = \text{Cov}(M_2, H_1)$。

由式(9.35)可计算出去除效率误差：

$$\begin{cases} \delta_r = -\dfrac{1 - k_2}{k_1} & (\delta_r < 0) \\ \delta_r = \dfrac{1 - k_2}{k_1} & (\delta_r > 0) \end{cases} \quad (9.35)$$

其中，δ_r 的正负性可以通过加工前后的面形误差凸凹性进行判断。

下面结合 5.5 节线性扫描加工路径磁流变修形实验的具体测量数据，说明去除效率误差的辨识与补偿方法。

图 9.41 所示为去除效率误差辨识与补偿过程示意图。其中，图 9.41(a)为第一次磁流变工艺循环加工后的面形误差，即式(9.34)中的 M_2。图 9.41(c)为根据理论去除函数[图 9.41(b)]和理论驻留时间计算出的理论材料去除量，即式(9.34)中的 $F_1 \cdot T_1$。图 9.41(d)为计算出的理论残差，即式(9.17)中的 H_1。

图 9.41(e)、图 9.41(f)分别为 M_2 与 $F_1 \cdot T_1$、M_2 与 H_1 的互相关系数矩阵,则 k_1、k_2 为相应的互相关系数矩阵的最大值。由于加工后的面形误差为凸[图 9.41(a)],而加工前的面形误差为凹[图 9.29(a)],加工前后的面形误差凸凹性相反,因此 $\delta_r > 0$(去除函数被低估)。根据上述实验数据,计算出 $k_1 = 0.8025$,$k_2 = 0.9219$,$\delta_r = 0.097$,采用相同的分析方法可以辨识出第二次磁流变工艺循环的去除效率误差 $\delta_r = 0.106$。可见,上述磁流变修形实验中去除函数大约被低估了 10%。

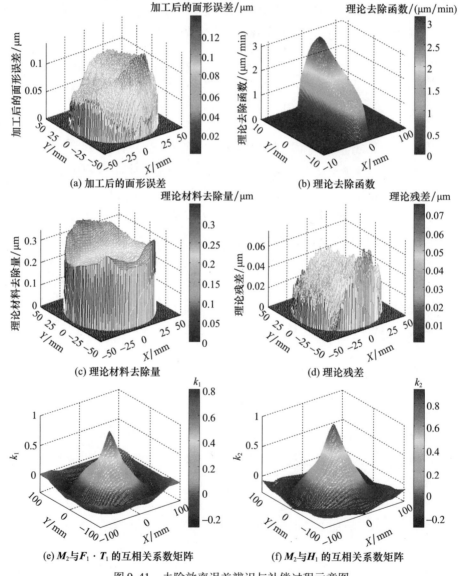

图 9.41 去除效率误差辨识与补偿过程示意图

9.4.3 实验验证

为验证本章提出的去除函数误差辨识与补偿方法对提高面形精度和面形收敛比的效果,在口径 100mm 的平面镜上进行磁流变修形实验。为保证实验条件的一致性,经双轴研抛机抛光后,使其初始面形误差 PV 值约为 $\lambda/2$、RMS 值约为 $\lambda/10$,并采用行距 1mm 的线性扫描加工路径。应用本章提出的工艺优化方法对去除函数误差进行辨识与补偿,并且在两次工艺循环之间将镜面旋转 90°,以进行消除尖峰状频带误差的初步尝试。

图 9.42 所示为平面镜 3 磁流变加工前后的面形误差。口径 100mm(90%, CA)的 K4 平面镜(平面镜 3),经过两次磁流变工艺循环,总加工时间为 35.2min,面形精度由加工前的 PV 349.5nm、RMS 63.95 nm 提高到 PV 67.9nm、RMS 7.1 nm,总面形收敛比达到 9.0,平均单次面形收敛比为 3.0。

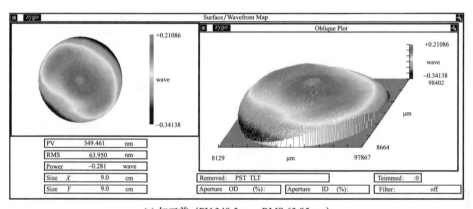

(a) 加工前 (PV 349.5nm、RMS 63.95 nm)

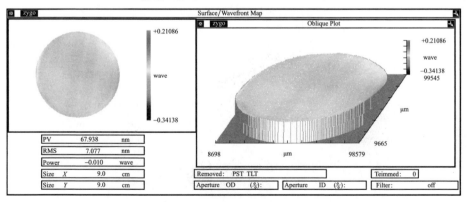

(b) 加工后 (PV 67.9nm、RMS 7.1nm)

图 9.42 平面镜 3 磁流变加工前后的面形误差

图 9.43 所示为平面镜 3 磁流变加工前后的 PSD 曲线。磁流变加工后,面形误差的高、中、低频均有明显改善。但是,由于采用了固定行距的线性扫描路径(行距为 1mm),并且两次工艺循环之间镜面旋转了 90°,在垂直和平行于抛光方向的 PSD 曲线上均引起了中心频率为 1mm^{-1} 的尖峰状频带误差。

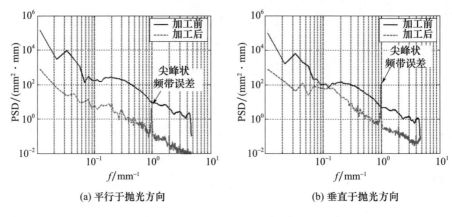

(a) 平行于抛光方向　　　　(b) 垂直于抛光方向

图 9.43　平面镜 3 磁流变加工前后的 PSD 曲线

如图 9.42,进行去除函数误差辨识与补偿后,初始面形误与 5.5 节修形实验相似的平面镜,面形加工精度由 PVλ/5、RMSλ/50 大幅提高至 PVλ/10、RMSλ/100 左右,平均面形收敛比也由 2.3~2.5 提高至 3.0,验证了去除函数误差辨识与补偿方法的有效性。如图 9.43 所示,虽然加工后 PSD 曲线整体上有明显改善,但仍然存在尖峰状频带误差。可见,不同工艺循环之间旋转镜面的方法难于消除尖峰状频带误差。

第 10 章 离轴非球面修形工艺

离轴非球面的偏轴特性、高误差收敛能力以及加工精度等加工需求不仅需要修形理论基础,而且需要对相关修形工艺进行优化。本章首先对离轴非球面的加工位姿模型进行分析,从加工特性对离轴非球面磁流变抛光修形的加工位姿进行优化;其次根据去除函数特性对离轴非球面的修形工艺进行评估并分别形成适用于不同类型离轴非球面的两种去除函数补偿修形工艺;最后分别对两种去除函数的补偿修形工艺进行理论研究和实验验证。本章的研究探讨了面向离轴非球面加工特征和加工需求的关键工艺问题,结合第 8 章的内容为离轴非球面的磁流变抛光修形提供了实现的途径和技术。

10.1 加工位姿模型

相比同轴非球面而言,离轴非球面是一种偏轴且没有显性光轴的光学零件。因此,加工位姿不仅决定实际加工可达性,而且反映对该离轴非球面的加工难度和加工精度。本章基于离轴非球面的特点建立加工位姿模型,并对加工特性进行分析,从而为离轴非球面磁流变抛光的加工位姿优化提供理论依据。

10.1.1 加工位姿建模

加工位姿是指加工过程中光学零件安装的位置和姿态,它同光学零件的性质和加工方法紧密相关。对同轴光学零件而言,其光轴同工件几何中心重合,因此只存在一种加工位姿模型,即该加工模型中工件坐标系同镜面形状的坐标系定义一致。然而,离轴非球面是光轴和几何中心不一致的非回转对称工件,且磁流变抛光加工过程要求抛光轮最低点法线方向同光学零件表面法线方向始终保持一致,这些特征决定离轴非球面的磁流变抛光过程中存在多种加工位姿模型。

根据离轴非球面的性质和磁流变抛光的加工特征,可以定义两种工件坐标系,从而建立离轴非球面光学零件的两种加工位姿模型:母镜坐标系加工位姿模型(简称母镜位姿模型)和子镜坐标系加工位姿模型(简称子镜位姿模型)。

母镜位姿模型是指采用同离轴非球面母镜工件坐标系一致的工件坐标系进行加工定位,即加工坐标系 $O_p X_p Y_p Z_p$ 同母镜坐标系 $OXYZ$ 重合,定位基点为坐标原点,如图 10.1(a)所示。子镜位姿模型采用建立在离轴非球面子镜几何中心的局部坐标系进行加工定位,工件坐标系 $O_c X_c Y_c Z_c$ 是由母镜坐标系 $OXYZ$ 经过绕 Y 轴的转动和沿 X 和 Z 轴的平移得到的,如图 10.1(b)所示。

基于母镜位姿模型的定义,该模型下的离轴非球面的数学表述为

$$z(\rho) = \frac{c\rho^2}{1+\sqrt{1-(1+k)c^2\rho^2}} \tag{10.1}$$

式中:c 为顶点曲率;k 为二次曲线常数;$\rho = \sqrt{x^2+y^2}$。

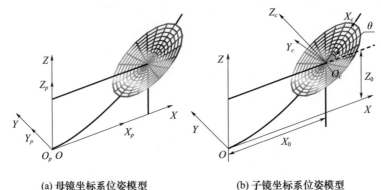

(a) 母镜坐标系位姿模型　　　　　(b) 子镜坐标系位姿模型

图 10.1　离轴非球面加工位姿模型原理

假设离轴非球面光学零件的几何中心为 C 点,其在母镜坐标系 $OXYZ$ 下的坐标为 (X_0, Y_0, Z_0),X_0 对应离轴量,子镜位姿模型下的加工坐标系 $O_c X_c Y_c Z_c$ 的原点 O_c 同 C 点重合,X_c 轴为 C 点子午切线方向,Z_c 沿 C 点弧矢法线方向。根据坐标变换关系,母镜坐标系下的点 (x,y,z) 同加工坐标系下的点 (x_c,y_c,z_c) 满足下式:

$$\begin{cases} x = x_c\cos\theta - z_c\sin\theta + X_0 \\ y = y_c \\ z = x_c\sin\theta + z_c\cos\theta + Z_0 \end{cases} \tag{10.2}$$

式中:θ 为 C 点 X 方向的切线同 XOY 平面的夹角,$\tan\theta = \dfrac{c \cdot x_0}{\sqrt{1-(k+1)\cdot c^2 \cdot x_0^2}}$。

将式(10.2)代入式(10.1)可得子镜位姿模型下离轴非球面如下[173,202]:

$$z_c(x_c, y_c) = \frac{\gamma}{\beta + \sqrt{\beta^2 - \alpha\gamma}} \tag{10.3}$$

其中

$$\begin{cases} \alpha = c(1 + k\cos^2\theta) \\ \beta = \dfrac{1}{\sqrt{1 + k\sin^2\theta}} - ck\sin\theta\cos\theta x_c \\ \gamma = c(1 + k\sin^2\theta)x_c^2 + cy_c^2 \end{cases} \quad (10.4)$$

不论是母镜位姿模型还是子镜位姿模型，只要基于该模型对离轴非球面进行有效数学定义，就可以根据所用加工设备的拓扑结构进行运动求解，从而实现该位姿模型下离轴非球面光学零件的磁流变抛光加工。对于含高次项的非球面，需要根据几何关系确定坐标变换值 X_0、Z_0 和 θ，然后将式(10.2)代入非球面方程，得到包含参数 x_c、y_c 和 z_c 的方程。由于 x_c、y_c 可以预先定义，因此方程是关于 z_c 的高次方程，利用数值方法求解 z_c，即可实现子镜位姿模型下的磁流变抛光加工。

10.1.2 加工特性分析

采用不同的加工位姿模型加工同一离轴非球面，其加工特性（包括加工可达性、加工难度和加工精度）均不相同。因此，为寻求利用磁流变抛光加工离轴非球面的优化加工位姿模型，需要从理论上对不同加工位姿模型的加工特性进行分析。

10.1.2.1 加工可达性分析

对于同轴非球面而言，在加工设备拓扑结构和工艺参数确定的条件下，位姿模型的加工可达性主要体现为可加工同轴非球面的最大口径和最大相对口径。然而，离轴非球面的形状约束参数较多，直接得到一个统一描述的可加工离轴非球面的最大口径和最大相对口径是很困难的。为对比不同位姿模型的实际加工可达性，采用同一离轴非球面在不同位姿模型条件下的分布域定义来进行分析。

假设母镜坐标系下离轴非球面在 X 和 Y 两个方向上的定义域分别为 $\tau_x\{x\,|\,x_{\min} \leq x \leq x_{\max}\}$ 和 $\tau_y\{y\,|\,y_{\min} \leq y \leq y_{\max}\}$，由于母镜位姿模型的加工坐标系同母镜坐标系重合，因此可得离轴非球面在母镜位姿模型下的分布域为

$$\psi_p(x_p, y_p, z_p, A_p, B_p) = \begin{cases} 0 \leq x_p \leq \max(x) \\ \min(y) \leq y_p \leq \max(y) \\ \min(z) \leq z_p \leq \max(z) \\ \min(\arctan(\partial z/\partial x)) \leq A_p \leq \max(\arctan(\partial z/\partial x)) \\ \min(\arctan(\partial z/\partial y)) \leq B_p \leq \max(\arctan(\partial z/\partial y)) \end{cases} \quad (10.5)$$

式中：$x \in \tau_x, y \in \tau_y, z = z(\rho)$；$A_p$ 和 B_p 分别为点 (x,y,z) 的 X 方向切线和 Y 方向

切线同 XOY 平面的夹角；$\partial z/\partial x = cx/\sqrt{1-(1+k)c^2\rho^2}$，$\partial z/\partial y = cy/\sqrt{1-(1+k)c^2\rho^2}$。由于母镜坐标系原点为加工定位基点，因此 X 方向的最小值为 0 而不是 $\min(x)$。

子镜位姿模型的加工坐标系是由母镜坐标系的旋转和平移得到的，因此离轴非球面在子镜位姿模型下的分布域可以表示为

$$\psi_c(x_c,y_c,z_c,A_c,B_c) = \begin{cases} \min(x_t) \leq x_c \leq \max(x_t) \\ \min(y) \leq y_c \leq \max(y) \\ \min(z) \leq z_c \leq \max(z) \\ \min(\arctan(\partial z/\partial x_c)) \leq A_c \leq \max(\arctan(\partial z/\partial x_c)) \\ \min(\arctan(\partial z/\partial y_c)) \leq B_c \leq \max(\arctan(\partial z/\partial y_c)) \end{cases}$$

(10.6)

式中：$x \in \tau_x$，$y \in \tau_y$，$x_t = (x-X_0)\cos\theta + (z-Z_0)\sin\theta$，$z = z_c(x_c,y_c)$；$A_c$ 和 B_c 分别为点 (x_c,y_c,z_c) 的 X_c 方向切线和 Y_c 方向切线同 $X_cO_cY_c$ 平面的夹角；$\partial z/\partial x_c = \dfrac{\beta_{x_c}}{\alpha} - \dfrac{2\beta\beta_{x_c} - \alpha\gamma_{x_c}}{2\alpha\sqrt{\beta^2-\alpha\gamma}}$，$\partial z/\partial y_c = \dfrac{\gamma_{y_c}}{2\sqrt{\beta^2-\alpha\gamma}}$，$\gamma_{y_c} = 2cy_c$，$\beta_{x_c} = -ck\sin\theta\cos\theta$，$\gamma_{x_c} = 2c(1+k\sin^2\theta)x_c$。

利用离轴非球面的形状参数和定义域 τ_x、τ_y 可以得到不同位姿模型的分布域，通过对比它们的分布域特征即可以分析不同位姿模型的加工可达性。

10.1.2.2　加工难度分析

非球面上各点曲率的连续变化，使得非球面具有比球面更大的加工难度。对于非球面加工难度的评估，一般采用非球面的陡度或非球面度变化的梯度。Foreman[203-204]提出采用非球面子午平面内表面曲率半径 R 与距离光轴距离的比值来作为非球面的加工难度系数 μ_F，由于该参数是基于母镜位姿模型建立的，并没有考虑位姿模型对非球面加工难度系数的影响，因此不能直接应用于不同位姿模型下离轴非球面加工难度系数的评估。在此可以参考该定义，同时引入位姿模型的因素，重新建立离轴非球面加工难度系数的评价指标。

母镜位姿模型采用同母镜坐标系一致的加工坐标系，因此该模型下离轴非球面的加工难度系数 μ_{Fp} 可以直接写为如下形式：

$$\mu_{Fp} = [R_t(\max(x)) - R_t(\min(x))]/[\max(x) - \min(x)] \quad (x \in \tau_x) \quad (10.7)$$

式中：R_t 为非球面的子午半径。

参考非球面加工难度系数 μ_F 的定义,同时考虑子镜位姿模型的特征,可以得到子镜位姿模型下离轴非球面的加工难度系数 μ_{Fc} 如下:

$$\mu_{Fc} = \frac{R_t(\max(x_c)) - R_t(\min(x_c))}{\max(x_c) - \min(x_c)}$$

$$= \frac{R_t(\max(x)) - R_t(\min(x))}{\max(x) - \min(x)} \cos\theta \quad (x \in \tau_x) \quad (10.8)$$

式(10.8)中 $\cos\theta < 1$,因此可得 $\mu_{Fc} < \mu_{Fp}$。加工难度系数越低,表明加工难度越小。上述分析表明在磁流变抛光过程中利用子镜位姿模型加工离轴非球面能够有效降低加工难度,这同子镜位姿模型有效降低了离轴非球面的矢高和陡度变化的现象是一致的,因此上述理论分析证明是正确的,可以应用于实际加工指导。

10.1.2.3 加工精度分析

利用磁流变抛光加工光学零件,加工精度不仅取决于去除函数稳定性和驻留时间精确性,而且取决于机床定位精度和加工位姿精度。由于离轴非球面不具有显性光轴,因此在其他因素满足需求的情况下,加工位姿精度成为限制离轴非球面加工精度的关键因素。加工位姿误差在磁流变抛光中的作用形式为定位误差,包括三部分[27]:第一类误差是定位误差在加工点处沿切平面方向的投影,为切向定位误差;第二类误差是定位误差在加工点处沿法线方向的投影,为法向定位误差;第三类误差为定位误差矢量方向与加工点法线之间的角度偏差,为角度误差。

周林研究得到 CCOS 中切向定位误差引起的加工残差同初始面形误差梯度和切向定位误差成正比[128],该结论同样适用于依赖驻留时间控制的磁流变抛光修形过程。由角度误差引入的加工误差为高阶小量,因此在磁流变抛光修形过程中可以忽略不计。一般来说,法向定位误差是影响加工精度的关键因素。传统机械加工是一种形状创成加工,因此满足"误差复印原理",即加工精度和法向定位精度几乎是一比一的对应关系。文献[205]认为相对于机械加工而言磁流变抛光的加工精度对法向定位误差不敏感。但是,对于磁流变抛光而言,由于去除函数依赖于抛光轮和工件之间几何关系构造的剪切力场实现材料去除,因此其对法向定位精度仍然具有较高要求。例如对于 0.5mm 的压深,10μm 的法向定位误差就会引入约 3% 的体积去除效率,相比其他 CCOS 加工方法(如气囊抛光、离子束修形等)而言对于法向定位误差更敏感。因此磁流变抛光中切向定位精度和法向定位精度对修形精度具有重要影响。为研究不同位姿模型对离轴非球面修形精度的控制能力,在此对两种位姿模型下位姿误差引入的切向定位误差和法向定位误差进行分析。

将离轴非球面看作刚体,其在空间具有 6 个自由度,因此实际加工位姿相对理论加工位姿存在 6 自由度误差[206]。假设离轴非球面上的点 P,其向量形式为 $P(P' = [x \quad y \quad z]')$,位姿误差作用后该点的向量形式为 P',分别用 Δx、Δy、Δz、θ_x、θ_y 和 θ_z 表示 6 个方向的位姿误差,那么根据刚体运动定理有

$$P' = T(\Delta x)T(\Delta y)T(\Delta z)R_x(\theta_x)R_y(\theta_y)R_z(\theta_z)P \quad (10.9)$$

式中:$T(\cdot)$ 和 $R(\cdot)$ 分别表示刚体的平移变换矩阵和转动变换矩阵。

由于 θ_x、θ_y 和 θ_z 较小,因此可采用如下近似:

$$\sin\theta_x \approx \theta_x, \cos\theta_x \approx 1, \sin\theta_x\sin\theta_y \approx 0, \cos\theta_x\cos\theta_y \approx 1, \sin\theta_x\sin\theta_y\sin\theta_z \approx 0 \quad (10.10)$$

将式(10.10)代入式(10.9)并进行整理得到位姿误差作用后的向量为 P':

$$P' = \begin{pmatrix} x + \theta_z y - \theta_y z + \Delta x \\ (-\theta_z + \theta_x\theta_y)x + (1 + \theta_x\theta_y\theta_z)y + \theta_x z + \Delta y \\ (\theta_x\theta_z + \theta_y)x + (-\theta_x + \theta_y\theta_z)y + z + \Delta z \end{pmatrix} = \begin{pmatrix} x + \theta_z y - \theta_y z + \Delta x \\ -\theta_z x + y + \theta_x z + \Delta y \\ \theta_y x - \theta_x y + z + \Delta z \end{pmatrix} \quad (10.11)$$

用 δd 表示位姿误差引起的离轴非球面的位移向量误差,则有

$$\delta d = P' - P = [\theta_z y - \theta_y z + \Delta x \quad \theta_x z - \theta_z x + \Delta y \quad \theta_y x - \theta_x y + \Delta z]' \quad (10.12)$$

分别用 W 和 V 表示位姿误差引起的法向定位误差和切向定位误差,则有

$$W = \delta d \cdot n \quad |V| = \sqrt{|\delta d|^2 - |W|^2} \quad (10.13)$$

式中:$n = \left[1 + \left(-\dfrac{\partial z}{\partial x}\right)^2 + \left(-\dfrac{\partial z}{\partial y}\right)^2\right]^{-\frac{1}{2}} \left\{-\dfrac{\partial z}{\partial x}, -\dfrac{\partial z}{\partial y}, 1\right\}$,$n$ 为点 (x,y,z) 处的单位法向量。

分别用 W_p 和 V_p 表示母镜位姿模型下的法向定位误差和切向定位误差,根据式(10.13)可得

$$W_p = \delta d_p \cdot n_p \quad |V_p| = \sqrt{|\delta d_p|^2 - |W_p|^2} \quad (10.14)$$

式中:$n_p = \left[1 + \left(-\dfrac{\partial z_p}{\partial x_p}\right)^2 + \left(-\dfrac{\partial z_p}{\partial y_p}\right)^2\right]^{-\frac{1}{2}} \left\{-\dfrac{\partial z_p}{\partial x_p}, -\dfrac{\partial z_p}{\partial y_p}, 1\right\}$,$n_p$ 为母镜位姿模型下点 (x_p, y_p, z_p) 单位法矢,$\delta d_p = [\theta_z y_p - \theta_y z_p + \Delta x \quad \theta_x z_p - \theta_z x_p + \Delta y \quad \theta_y x_p - \theta_x y_p + \Delta z]'$。

根据式(10.2)和式(10.13)可得子镜位姿模型下的位移向量误差 δd_c 为

$$\delta d_c = \begin{pmatrix} \theta_z y_c - \theta_y(x_c\sin\theta + z_c\cos\theta + Z_0) + \Delta x \\ \theta_x(x_c\sin\theta + z_c\cos\theta + Z_0) - \theta_z(x_c\cos\theta - z_c\sin\theta + X_0) + \Delta y \\ \theta_y(x_c\cos\theta - z_c\sin\theta + X_0) - \theta_x y_c + \Delta z \end{pmatrix} \quad (10.15)$$

从而得到子镜位姿模型下的法向定位误差 W_c 和切向定位误差 V_c 分别为

$$W_c = \delta d_c \cdot n_c \quad |V_c| = \sqrt{|\delta d_c|^2 - |W_c|^2} \quad (10.16)$$

式中：$\boldsymbol{n}_c = \left[1 + \left(-\dfrac{\partial z_c}{\partial x_c}\right)^2 + \left(-\dfrac{\partial z_c}{\partial y_c}\right)^2\right]^{-\frac{1}{2}} \left\{-\dfrac{\partial z_c}{\partial x_c}, -\dfrac{\partial z_c}{\partial y_c}, 1\right\}$，$\boldsymbol{n}_c$ 为点 (x, y, z) 的单位法向量。

式(10.14)和式(10.16)分别建立了母镜位姿模型和子镜位姿模型下的法向定位误差和切向定位误差的理论计算公式。将各方向的位姿误差分别代入它们，即可得到该位姿模型下引入的法向定位误差分布和切向定位误差分布，相比母镜位姿模型而言，子镜位姿模型在同等条件下具有更优的加工精度，详细分析见下节。

10.1.3 加工位姿模型仿真

基于上述加工位姿模型的特性研究，以第 12 章所加工的离轴非球面为对象进行仿真，以对比两种加工位姿模型的优越性。分别采用式(10.5)和式(10.6)对两种加工位姿模型进行分布域求解，得到它们的分布域特征，见表 10.1。由于母镜位姿模型中加工坐标系的原点为加工基准点，因此该点也包含在分布域内，最终得到 Y 轴、Z 轴和 A 轴的最小值均为 0。对比两种加工位姿模型的分布域特征，发现它们在 X 轴和 B 轴的分布域基本一致，子镜位姿模型的 Y 轴和 A 轴的分布域范围略小于母镜位姿模型，而子镜位姿模型 Z 轴分布域则明显优于母镜位姿模型，即该位姿模型有效降低了离轴非球面矢高。因此，采用子镜位姿模型加工同样离轴非球面，对分布域的要求小于母镜位姿模型，说明同样条件下子镜位姿模型具有更强的离轴非球面加工可达性，这对大矢高大离轴量的离轴非球面加工是极其有利的。

表 10.1 离轴非球面不同位姿模型的分布域特征

轴		母镜位姿模型分布域	子镜位姿模型分布域
X 轴	最小值/mm	−182	−182
	最大值/mm	182	182
Y 轴	最小值/mm	0	−150
	最大值/mm	336.87	150
Z 轴	最小值/mm	0	0
	最大值/mm	36.9305	12.1244
A 轴	最小值/mm	0	−0.0929
	最大值/mm	0.1986	0.0825
B 轴	最小值/mm	−0.109	−0.1087
	最大值/mm	0.109	0.1087

基于式(10.7)和式(10.8)对该离轴非球面在两种位姿模型下的加工难度进行计算,在此需要考虑高次项系数的影响。离轴非球面主镜的最大子午半径为1868.36mm,最小子午半径为1654.33mm,可以得到该主镜利用母镜位姿模型和子镜位姿模型加工的加工难度系数分别为0.6185和0.6076。显然,采用子镜位姿模型加工离轴非球面能够降低加工难度系数,更有利于高精度离轴非球面加工的实现。

采取单因素法对两种位姿模型的定位精度进行仿真。假设六个方向位姿误差 Δx、Δy、Δz、θ_x、θ_y 和 θ_z 分别为 0.5mm、0.5mm、0.5mm、0.1°、0.1°和0.1°,将上述误差分别代入式(10.14)和式(10.16)可以得到两种位姿模型下的法向定位误差和切向定位误差。母镜位姿模型六个方向位姿误差引入的法向定位误差分布形态分别如图10.2(a)～图10.2(f)所示,切向定位误差分布形态如图10.3(a)～图10.3(f)所示。子镜位姿模型六个方向位姿误差引入的法向定位误差分布形态分别如图10.4(a)～图10.4(f)所示,切向定位误差分布形态如图10.5(a)～图10.5(f)所示。两种位姿模型的 X、Y、A 和 B 四个方向位姿误差引入的法向定位误差基本呈线性分布,Z 方向位姿误差引入的法向定位误差则均绕各位姿模型加工坐标系的 Z 轴回转对称分布,C 方向位姿误差在母镜位姿模型中不引入法向定位误差,而在子镜位姿模型引入的法向定位误差呈马鞍形分布。除了 X 方向位姿误差引入的切向定位误差在两种位姿模型中的分布形态类似,其余方向位姿误差引入的切向定位误差分布形态均不同。母镜位姿模型中,Y 方向位姿误差引入的切向定位误差基本呈线性分布,Z、A、B 和 C 四个方向位姿误差引入的切向定位误差绕加工坐标系 Z 轴回转对称分布。子镜位姿模型中,X、Y 两个方向位姿误差引入的切向定位误差形态一致,只是存在相位差别,Z、A、C 三个方向位姿误差引入的切向定位误差绕加工坐标系 Z 轴回转对称分布。B 方向位姿误差引入的切向定位误差则是不规则分布形态。

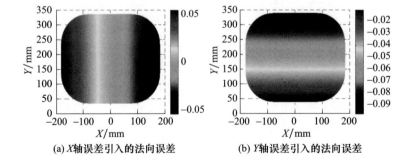

(a) X 轴误差引入的法向误差　　(b) Y 轴误差引入的法向误差

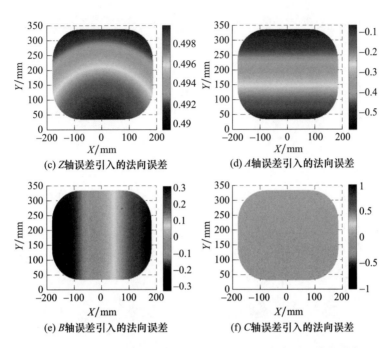

图 10.2 母镜位姿模型下各轴误差引入的法向定位误差分布形态

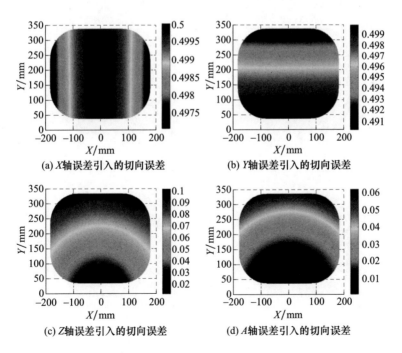

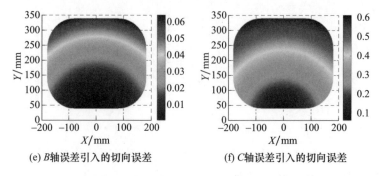

(e) B 轴误差引入的切向误差 (f) C 轴误差引入的切向误差

图 10.3 母镜位姿模型下各轴误差引入的切向定位误差分布形态

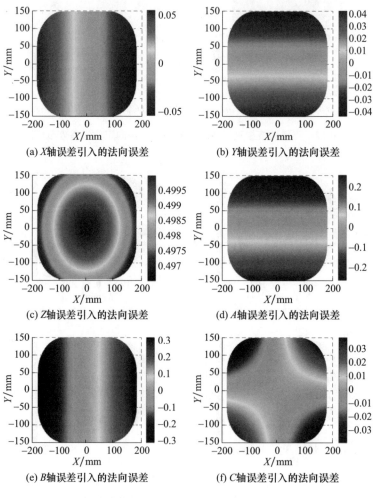

(a) X 轴误差引入的法向误差 (b) Y 轴误差引入的法向误差

(c) Z 轴误差引入的法向误差 (d) A 轴误差引入的法向误差

(e) B 轴误差引入的法向误差 (f) C 轴误差引入的法向误差

图 10.4 子镜位姿模型下各轴误差引入的法向定位误差分布形态

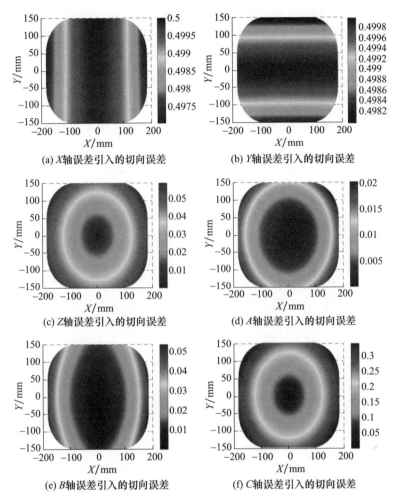

图 10.5　子镜位姿模型下各轴误差引入的切向定位误差分布形态

将两种位姿模型下相同位姿误差引入的法向定位误差和切向定位误差大小列入表 10.2，分析可以得到以下结论：

(1) 两种位姿模型中 X 方向位姿误差引入的定位误差分布区域大小基本一致，切向定位误差是定位误差的主要误差源。

(2) 两种位姿模型中 Y 方向位姿误差引入的两种定位误差分布区域大小基本一致。由于母镜位姿模型相比子镜位姿模型的法向定位误差存在负方向的偏移，因此其法向定位误差值偏大。定位误差中，切向定位误差起主要作用。

(3) 子镜位姿模型 Z、B 两个方向位姿误差引入的两种定位误差分布区域大小均略小于母镜位姿模型，其中定位误差的主要误差源是法向定位误差。

(4) 两种位姿模型中 A 方向位姿误差引入的两种定位误差分布区域大小基本一致。由于母镜位姿模型相比子镜位姿模型的法向定位误差存在负方向的偏移,因此其法向定位误差值偏大。定位误差中,法向定位误差起主要作用。

(5) 母镜位姿模型中,不存在 C 方向位姿误差引入的法向定位误差。子镜位姿模型中, C 方向位姿误差引入的切向定位误差小于母镜位姿模型,且只存在较小的法向定位误差。切向定位误差是 C 方向位姿误差引入的主要定位误差。

表10.2 两种位姿模型的定位误差仿真结果

模型	误差	X/mm	Y/mm	Z/mm	A/(°)	B/(°)	C/(°)
		0.5	0.5	0.5	0.1	0.1	0.1
母镜位姿模型	最大法向定位误差/mm	0.0542	-0.0111	0.4999	-0.0644	0.3177	0
	最小法向定位误差/mm	-0.0542	-0.0986	0.4894	-0.5882	-0.3177	0
	最大切向定位误差/mm	0.5	0.4999	0.1024	0.0625	0.0642	0.6119
	最小切向定位误差/mm	0.4971	0.4902	0.0112	7.1763×10^{-4}	7.1793×10^{-4}	0.0644
子镜位姿模型	最大法向定位误差/mm	0.0542	0.0429	0.5	0.2618	0.3139	0.0389
	最小法向定位误差/mm	-0.0542	-0.0446	0.4965	-0.2618	-0.3139	-0.0389
	最大切向定位误差/mm	0.5	0.5	0.0587	0.0201	0.0546	0.3410
	最小切向定位误差/mm	0.4971	0.498	8.67×10^{-5}	1.55×10^{-18}	1.55×10^{-18}	0

综上所述,切向定位误差是 X、Y 和 C 三个方向位姿误差引入的主要定位误差,法向定位误差则是 Z、A 和 B 三个方向位姿误差引入的主要定位误差,在同样位姿误差情况的条件下,子镜位姿模型相比母镜位姿模型具有更优的定位精度。离轴非球面在母镜位姿模型下不存在显性定位基准(其光轴不在工件几何中心),因此增加了加工位姿的定位难度;而离轴非球面在子镜位姿模型下的加工坐标系位于工件几何中心,能够有效降低加工位姿定位难度。因此,采用子镜位姿模型进行离轴非球面的磁流变抛光加工,能够减小装调过程中的位姿误

差，提高加工过程中去除函数的法向定位精度和切向定位精度，从而有利于离轴非球面高精度修形精度的有效实现。

10.2 离轴非球面修形工艺评估

10.2.1 去除函数特性评估

第 8 章建立了变曲率去除函数模型，根据前面的分析可知，在工艺参数确定的情况下，工件曲率半径的变化对于去除函数的形状和效率均存在影响。因此，离轴非球面加工过程中，为提高加工精度和收敛效率，需要对去除函数的特性进行评估，并采取与之相适应的工艺进行加工。

利用磁流变抛光实现确定性加工的一个重要条件是保证稳定不变地去除函数模型。然而，去除函数稳定性是由多参数共同作用的，这些参数包括工艺参数的稳定性、机床的定位精度和运动精度、工件的几何形状等。在加工设备一定的情况下，等曲率工件的去除函数稳定性由工艺参数的稳定性决定。大量磁流变抛光的修形实验表明，保证各工艺参数变化率在 2% 以内基本能够保证等曲率工件的高精度修形，这些工艺参数包括磁流变液黏度、磁流变液流量、磁场强度、抛光轮转速、抛光轮圆度跳动等[205]。由于变曲率工件的去除函数不仅同工艺参数稳定性有关，而且同工件曲率半径变化有关。因此，离轴非球面加工过程中，需要对工件曲率半径变化引起的去除函数的形状和效率变化进行评估。

去除函数特性评估主要考查离轴非球面曲率半径变化对去除函数形状和效率的影响大小，从而确定不同的修形工艺。去除函数特性评估的流程如图 10.6 所示，首先根据加工条件优化加工工艺参数；其次确定工件几何形状；求解工件最小曲率半径位置并仿真该位置处的去除函数模型；求解工件最大曲率半径位置并仿真该位置处的去除函数模型；最后根据最小曲率半径和最大曲率半径处的去除函数模型得到去除函数形状最大变化率和效率最大变化率，完成去除函数的特性评估。

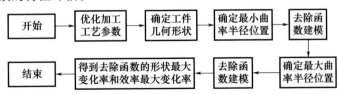

图 10.6　去除函数特性评估流程

10.2.2 补偿修形工艺选择

去除函数特性评估提供了工件曲率半径变化对去除函数的影响大小。要根据去除函数特性选择相应的加工工艺，需要定义变化率评估参数 ε，变化率评估参数 ε 同工艺参数的稳定性和修形控制精度有关。ε 越小，控制难度越大，修形确定性越高；ε 越大，控制难度越低，修形确定性越低。

ε 的取值可以根据工艺参数稳定性和修形控制精度具体确定，通过去除函数特性评估，如果工件曲率半径变化导致去除函数的形状变化率和效率变化率均低于 ε 时，认为工件曲率半径变化对于去除函数特征的影响较小，可以忽略不计，引起去除函数误差的主要误差源是工艺参数的波动；当工件曲率半径变化导致去除函数的形状变化率和效率变化率的任意一项大于 ε 时，认为工件曲率半径的影响较大，且其是造成去除函数误差的主要因素。

当工艺参数波动是影响去除函数稳定性的主要因素时，由于工艺参数变化率一般较小，因此其对去除函数的误差作用较小，去除函数变化可以看作是小范围线性的，一般修形过程中甚至可以忽略不计。当工件曲率半径变化是影响去除函数稳定性的主要因素时，其造成的去除函数误差一般较大，去除函数形状和效率变化是非线性的。不管去除函数变化如何，由于多次数低收敛的迭代加工容易引入中高频误差控制问题和降低加工精度可达性，因此针对去除函数变化进行适当的补偿都是十分必要的。根据去除函数特性评估，可以进一步分析去除函数的变化规律，从而建立去除函数的线性补偿工艺和非线性补偿工艺，提高加工精度和收敛确定性。离轴非球面补偿修形工艺选择流如图 10.7 所示。

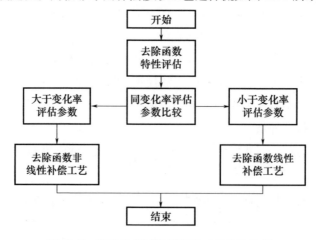

图 10.7　离轴非球面补偿修形工艺选择流程

10.3　去除函数线性补偿修形工艺

对曲率半径变化较小的离轴非球面而言,工艺参数波动是引起去除函数变化的主要原因。由于工艺参数波动引起的去除函数误差可近似为小范围线性的,因此通过建立修形过程中去除函数线性误差的传递模型,分析去除函数线性误差的作用规律,能够形成去除函数线性补偿修形工艺,减小此类误差对修形精度的作用,提高离轴非球面的修形精度和收敛效率。

10.3.1　去除函数线性误差分析

10.3.1.1　去除函数形状误差

第8章分析了计算机控制光学表面的成形过程,理论成形过程是三维空间上的卷积过程,可以进一步简化为二维卷积过程,表达式如下:

$$h(x,y) = r(x,y) \otimes d(x,y) + e(x,y) \tag{10.17}$$

式中:$h(x,y)$为面形误差;$d(x,y)$为驻留时间函数;$e(x,y)$为理论残差;$r(x,y)$为名义去除函数;$\otimes$表示二维卷积。

加工工艺过程中各种误差的作用,会造成实际去除函数同名义去除函数之间存在形状差异。用$r_a(x,y)$表示存在形状误差的实际去除函数,α和β分别表示去除函数形状在x和y方向上的形状因子,则实际去除函数可表述为

$$r_a(x,y) = r(\alpha x, \beta y) \tag{10.18}$$

将式(10.18)代入式(10.17),用$e_a(x,y)$表示去除函数外形误差作用下的实际残差,则可得下列等式:

$$\begin{aligned} h(x,y) &= r_a(x,y) \otimes d(x,y) + e_a(x,y) \\ &= r(\alpha x, \beta y) \otimes d(x,y) + e_a(x,y) \end{aligned} \tag{10.19}$$

联合式(10.17)和式(10.19),可以得到形状误差作用于修形过程的实际残差:

$$\begin{aligned} e_a(x,y) &= h(x,y) - r(\alpha x, \beta y) \otimes d(x,y) \\ &= r(x,y) \otimes d(x,y) + e(x,y) - r(\alpha x, \beta y) \otimes d(x,y) \\ &= e(x,y) + d(x,y) \otimes [r(x,y) - r(\alpha x, \beta y)] \end{aligned} \tag{10.20}$$

式(10.20)表明,去除函数形状误差会在加工残差中引入额外残差,使实际残差大于理论残差,引入的额外残差由驻留时间和形状误差共同决定。

10.3.1.2　去除函数效率误差

材料不均匀性以及工艺参数的不稳定如黏度、抛光粉浓度等参数的变化,会导致实际去除函数同名义去除函数的去除效率存在误差。用$r_b(x,y)$表示存

在效率误差的实际去除函数，定义效率因子 γ 为实际去除函数 $r_b(x,y)$ 同名义去除函数 $r(x,y)$ 去除效率的比值，即

$$\gamma = r_b(x,y)/r(x,y) \tag{10.21}$$

根据式(10.21)，可以得到实际去除函数 $r_b(x,y)$ 为

$$r_b(x,y) = \gamma \cdot r(x,y) \tag{10.22}$$

用 $e_b(x,y)$ 表示去除函数效率误差作用下的实际残差，将式(10.22)代入式(10.17)，可得

$$\begin{aligned} h(x,y) &= r_b(x,y) \otimes d(x,y) + e_b(x,y) \\ &= (\gamma \cdot r(x,y)) \otimes d(x,y) + e_b(x,y) \end{aligned} \tag{10.23}$$

联合式(10.17)和式(10.23)，可以得到效率误差作用于修形过程的实际残差：

$$\begin{aligned} e_b(x,y) &= h(x,y) - (\gamma \cdot r(x,y)) \otimes d(x,y) \\ &= h(x,y) - \gamma \cdot (h(x,y) - e(x,y)) \\ &= (1-\gamma) \cdot h(x,y) + \gamma \cdot e(x,y) \end{aligned} \tag{10.24}$$

式(10.24)表明，去除函数效率误差会在加工残差中引入额外残差，导致实际残差大于理论残差，引入的额外残差同初始面形误差、理论残差以及效率因子紧密相关。

10.3.2 修形过程误差传递模型

去除函数的形状误差一般在毫米量级，而去除效率误差则在微米量级。小量级去除函数形状误差的作用主要表现为中高频残差特征[207]，而去除效率误差对于修形精度的作用则比较突出，因此修形工艺中可以忽略去除函数的形状误差。

假设 $e'(x,y)$ 为形状误差和效率误差综合作用下的实际残差，则

$$e'(x,y) = e_a(x,y) + e_b(x,y) \approx e_b(x,y) \tag{10.25}$$

根据式(10.24)可知，要建立修形过程的误差传递模型，需要分析效率因子对修形过程的作用规律。测量定位误差和随机噪声的存在，直接利用式(10.24)建立误差传递模型降低效率因子的可信度。为降低效率因子 γ 中相关误差的影响，获得残差同效率因子之间的可信关系，需要建立一种鲁棒性较强的方法。

标准差也称均方差，它是方差的算术平方根，反映一个数据集的离散程度。标准差越小，数据越聚集；标准差越大，数据越离散。如果将工件面形误差看作二维随机变量分布，那么面形误差的 RMS 值等同于面形误差数据点集的标准差。

用 H 表示工件初始面形误差的均值,S 表示理论残差 $e(x,y)$ 的均值,S' 表示实际残差的均值,h_{RMS} 表示工件初始面形误差的 RMS 值,e_{RMS} 表示理论残差 $e(x,y)$ 的 RMS 值,e_{RMS}' 表示实际残差 $e'(x,y)$ 的 RMS 值,工件表面离散误差点数为 n^2。根据方差、标准差以及 RMS 值的定义,可得如下关系式:

$$H = \sum_{\substack{1 \leqslant i \leqslant n \\ 1 \leqslant j \leqslant n}} h(x_i,y_j)/n^2, S = \sum_{\substack{1 \leqslant i \leqslant n \\ 1 \leqslant j \leqslant n}} e(x_i,y_j)/n^2, S' = \sum_{\substack{1 \leqslant i \leqslant n \\ 1 \leqslant j \leqslant n}} e'(x_i,y_j)/n^2 \quad (10.26)$$

$$e_{RMS} = \sqrt{\sum_{\substack{1 \leqslant i \leqslant n \\ 1 \leqslant j \leqslant n}} (e(x_i,y_j) - S)^2/n^2}, e_{RMS}' = \sqrt{\sum_{\substack{1 \leqslant i \leqslant n \\ 1 \leqslant j \leqslant n}} (e'(x_i,y_j) - S')^2/n^2}$$

$$h_{RMS} = \sqrt{\sum_{\substack{1 \leqslant i \leqslant n \\ 1 \leqslant j \leqslant n}} (h(x_i,y_j) - H)^2/n^2} \quad (10.27)$$

根据式(10.24)、式(10.25)和式(10.26),S' 可表示为

$$S' = \sum_{\substack{1 \leqslant i \leqslant n \\ 1 \leqslant j \leqslant n}} [(1-\gamma)h(x_i,y_j) + \gamma e(x_i,y_j)]/n^2$$

$$= (1-\gamma)\sum_{\substack{1 \leqslant i \leqslant n \\ 1 \leqslant j \leqslant n}} h(x_i,y_j)/n^2 + \gamma \sum_{\substack{1 \leqslant i \leqslant n \\ 1 \leqslant j \leqslant n}} e(x_i,y_j)/n^2 \quad (10.28)$$

将式(10.26)代入式(10.28),则 S' 可化简为

$$S' = (1-\gamma)H + \gamma S \quad (10.29)$$

对等式(10.27)两边平方并代入式(10.24)、式(10.25)和式(10.29)化简可得

$$e_{RMS}'^2 = (1-\gamma)^2 h_{RMS}^2 + \gamma^2 e_{RMS}^2 + 2\gamma(1-\gamma)\text{Cov}(h,e) \quad (10.30)$$

式中:$\text{Cov}(h,e)$ 为工件初始面形误差和理论残差的协方差。式(10.30)建立了去除函数误差作用于修形过程时的实际残差 $e'(x,y)$ 同初始面形误差 h_{RMS}、理论残差 e_{RMS} 以及效率因子 γ 之间的理论关系式。

对等式(10.30)进行变换,可以得到关于效率因子 γ 的一元二次方程:

$$[h_{RMS}^2 + e_{RMS}^2 - 2 \cdot \text{Cov}(h,e)] \cdot \gamma^2 + [2 \cdot \text{Cov}(h,e) - 2 \cdot h_{RMS}^2] \cdot$$

$$\gamma + h_{RMS}^2 - e_{RMS}'^2 = 0 \quad (10.31)$$

式(10.31)建立了修形过程中去除函数误差的传递模型,通过求解该一元二次方程,可以得到效率因子 γ 的两个解分别为[208]

$$\begin{cases} \gamma_1 = \dfrac{\sqrt{(a^2 \cdot d^2 - a^2 \cdot b^2 + b^2 \cdot d^2 + c^2 - 2 \cdot c \cdot d^2)} - c + a^2}{a^2 + b^2 - 2 \cdot c} \\ \gamma_2 = \dfrac{-\sqrt{(a^2 \cdot d^2 - a^2 \cdot b^2 + b^2 \cdot d^2 + c^2 - 2 \cdot c \cdot d^2)} - c + a^2}{a^2 + b^2 - 2 \cdot c} \end{cases} \quad (10.32)$$

式中:a、b、c 和 d 分别代替初始面形误差的 RMS 值 h_{RMS}、理论残差的 RMS 值 e_{RMS},协方差 $\text{Cov}(h,e)$ 以及实际残差的 RMS 值 $e'(x,y)$。

如果 $\gamma=1$,则 $r_b(x,y)=r(x,y)$,表示实际去除函数与名义去除函数一致,那么实际材料去除量等于理论材料去除量;如果 $\gamma>1$,则 $r_b(x,y)>r(x,y)$,表明实际去除函数的去除效率大于名义去除函数的去除效率,那么实际材料去除量大于理论材料去除量,导致工件发生"过抛光",实际残差与初始面形误差的凹凸特性相反,可得 $\gamma=\gamma_1$;如果 $\gamma<1$,则 $r_b(x,y)<r(x,y)$,实际去除函数的去除效率小于名义去除函数的去除效率,那么实际材料去除量小于理论材料去除量,导致工件发生"欠抛光",实际残差与初始面形误差的凹凸特性相同,可得 $\gamma=\gamma_2$。

10.3.3 修形过程误差作用仿真

基于去除函数误差传递模型,为降低去除函数误差对修形精度的影响,需要对效率因子进行辨识补偿,在此对去除函数的误差作用模型进行仿真研究。

由于忽略曲率半径对去除函数的影响,因此选取仿真对象为口径100mm的圆形平面工件(曲率半径无穷大),初始面形误差如图10.8(a)所示。将实验去除函数作为名义去除函数,其长度为18mm,宽度为5mm,如图10.8(b)所示。求解该去除函数作用下的驻留时间,得到名义去除函数作用下的理论残差分布,如图10.8(c)所示。设定去除函数效率因子 γ 分别为 0.6、0.8、0.9、1.1、1.2、1.4,利用效率因子得到相应实际去除函数并作为输入,可以得到相应实际残差,分别如图10.8(d)~图10.8(i)所示。

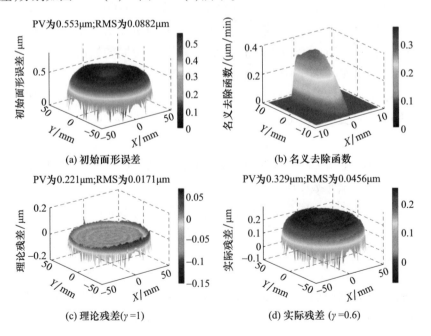

(a) 初始面形误差　　(b) 名义去除函数

(c) 理论残差($\gamma=1$)　　(d) 实际残差($\gamma=0.6$)

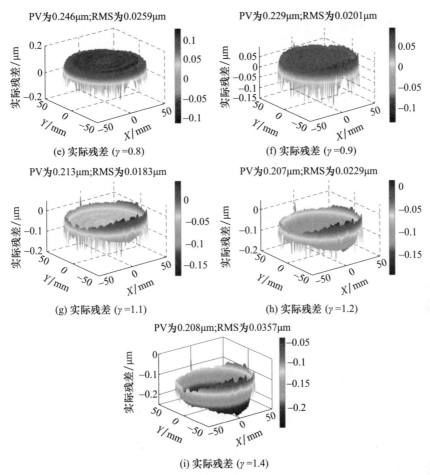

图 10.8　去除函数模型误差作用的仿真结果

分析面形残差分布，认为图 10.8(d)~图 10.8(f) 的面形残差发生"欠抛光"，图 10.8(g)~图 10.8(i) 的面形残差发生"过抛光"，利用式(10.32)辨识效率因子，辨识结果见表 10.3。仿真结果表明，误差传递模型是正确可行的，通过分析加工前后实际残差和理论残差的分布特征，可以有效辨识效率因子，为高收敛性补偿工艺提供基础。

表 10.3　去除函数模型效率因子辨识结果

实际效率系数	0.6	0.8	0.9	1.1	1.2	1.4
辨识效率系数 γ_1	1.29	1.09	0.99	1.1	1.2	1.4
辨识效率系数 γ_2	0.6	0.8	0.9	0.79	0.69	0.49
辨识效率系数 γ	0.6	0.8	0.9	1.1	1.2	1.4

10.3.4 线性补偿修形工艺及实验

去除函数误差会降低修形精度,从而影响修形过程的收敛特性。多次修形过程不仅降低加工效率和加工可达性,而且容易在面形误差中引入中高频误差特征,因此需要基于误差传递的传递特征,建立去除函数线性补偿修形工艺。

去除函数线性补偿修形工艺的关键思想是对加工过程的去除函数特征进行辨识补偿,即在每次加工中增加去除函数辨识环节,通过判断加工前后面形误差和理论残差的分布特征,对去除函数进行实时辨识修正,从而精确控制修形过程。图 10.9 所示为去除函数线性补偿修形工艺流程。

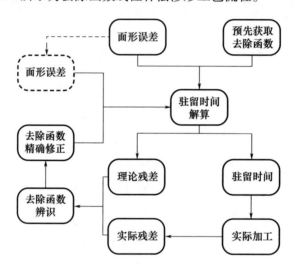

图 10.9 去除函数线性补偿修形工艺流程

一方面,研究过程中没有现成的曲率半径变化较小的离轴非球面可用;另一方面,小曲率半径变化造成的去除函数变化可以忽略不计,工艺参数波动是去除函数误差的主要来源。因此,使用等曲率半径工件能够反映曲率半径变化较小的离轴非球面光学零件的特征,去除函数线性补偿修形工艺的验证也是行之有效的。

实验对象为口径 95mm,K9 材料的圆形平面镜,修形结果采用 Zygo 干涉仪进行测量。工件初始面形误差为 PV 值 0.482λ ($\lambda = 632.8$nm) ,RMS 值 0.089λ,如图 10.10(a) 所示。修形过程分两次进行,第一次修形利用实验去除函数进行驻留时间求解,仿真得到理论残差为 PV 值 0.1086λ,RMS 值 0.0089λ,如图 10.11(a)

所示。加工时间 45min，加工后实际残差为 PV 值 0.214λ，RMS 值 0.020λ，如图 10.10(b) 所示。根据初始面形误差、理论残差和实际残差的分布特征，判断第一次修形属于"欠抛光"，即实际材料去除量低于理论材料去除量，对去除函数进行辨识，得到效率因子 $\gamma = 0.7791$。将 $\gamma = 0.7791$ 代入式(10.22) 得到修正的去除函数，并将该去除函数作为第二次修形的实际去除函数进行驻留时间求解，得到理论残差为 PV 值 0.1305λ，RMS 值 0.011λ，如图 10.11(b) 所示。第二次修形过程约 22min，加工后实际残差为 PV 值 0.148λ，RMS 值 0.014λ，如图 10.10(c) 所示。

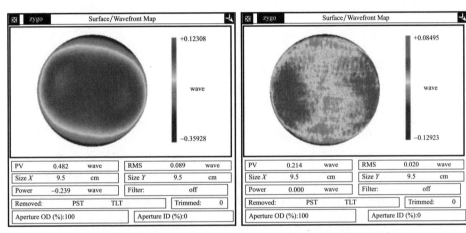

(a) 初始残差分布　　　　　　　　(b) 第一次修形残差分布

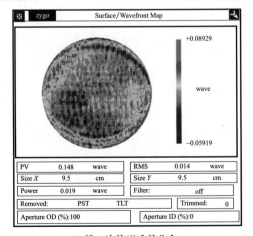

(c) 第二次修形残差分布

图 10.10　测量得到的残差分布

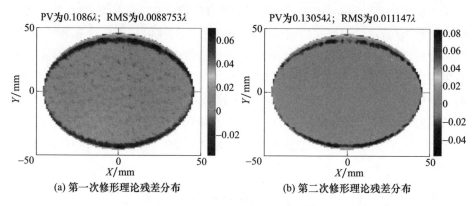

(a) 第一次修形理论残差分布　　　(b) 第二次修形理论残差分布

图 10.11　仿真理论残差分布

由于 PV 值只反映面形误差峰谷值的高差且变动较大,因此采用 RMS 值收敛比来评估修形过程的收敛特性。分析两次修形过程的实际残差和理论残差,第一次修形的面形误差 RMS 值理论收敛比和实际收敛比分别为 10.028 和 4.45,面形误差 RMS 值收敛比实现率(实际收敛比和理论收敛比的比值)为 44.375%,第二次修形的面形误差 RMS 值理论收敛比和实际收敛比分别为 1.7942 和 1.42857,面形误差 RMS 值收敛比实现率为 79.622%。显然,第二次修形的收敛比实现率大于第一次修形,因此第二次修形的确定性优于第一次修形。实验结果表明,去除函数线性补偿修形工艺通过增加去除函数辨识环节,有利于提高修形确定性。

10.4　去除函数非线性补偿修形工艺

对曲率半径变化较大的离轴非球面,工艺参数波动是引起去除函数误差的高阶小量,可以忽略不计。曲率半径变化引起的去除函数特征变化是加工中不可避免的关键问题,因此需要利用变曲率去除函数建模对去除函数的特征变化趋势进行分析,基于去除函数实验和可计算变曲率去除函数的驻留时间模型,能够实现离轴非球面修形过程的去除函数非线性补偿修形,从而提高曲率半径变化较大的离轴非球面的收敛效率和加工精度可达性。

10.4.1　去除函数非线性误差分析

10.4.1.1　加工特征分析

磁流变抛光是一种接触式加工方法,其去除函数是由抛光轮下方抛光区域内的磁流变液同工件表面形状发生一定作用生成的。图 10.12 显示了工件不同位置处抛光轮同加工工件的几何关系,即加工过程中抛光轮最低点法线方向必须始终同工件表面被加工点法线方向保持一致,这样才能为去除函数的稳定构成提供基础。

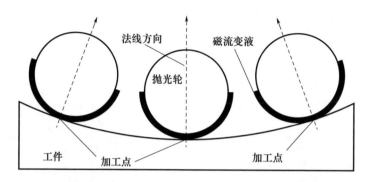

图 10.12　磁流变抛光过程抛光轮和工件几何关系示意图

10.4.1.2　非线性误差来源

通过计算机实时控制加工过程中抛光轮的位置和姿态,能够保证抛光轮和工件之间的这种固定几何关系。在理论修形过程中,不仅要求抛光轮同工件恒定不变的几何关系,而且要求加工过程中的去除函数模型同实验获取去除函数模型的构成状态一致。对平面工件而言,加工过程中去除函数模型的构成状态同采用平面工件获取去除函数模型时一致,因此修形过程理论上不存在误差。同样,加工球面工件时去除函数模型同采用等曲率半径球面样件获取去除函数模型时的构成状态仍然能够保持一致,因此理论上也不存在误差。

然而,非球面上各点曲率半径是连续变化的,因此去除函数模型的构成状态在各个位置处均不相同,采用任何一种样件进行去除函数实验均无法准确反映各位置处的去除函数特征。由于这类去除函数误差并不是由于工艺参数的变化引入的,而是由于加工工件的形状特性决定的,因此是加工过程中不可避免的。由于非球面工件曲率半径变化引起的去除函数特征(形状和效率)变化均是非线性的,因此称之为去除函数的非线性误差。QED 公司[205]定性分析了抛光轮位于下方,加工凸非球面时去除函数模型随工件曲率半径的变化规律,如图 10.13 所示。当曲率半径最小时(非球面中心),去除函数长度最小。随着曲率半径的增大,去除函数长度逐渐增大,当曲率半径达到最大时(非球面边缘),去除函数长度最大。

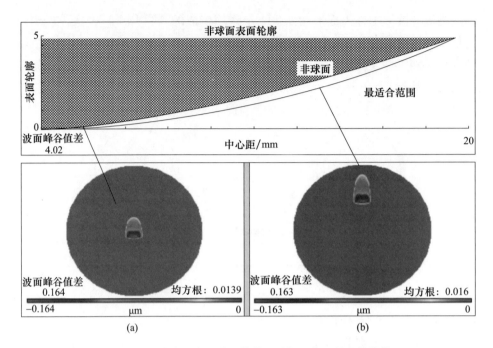

图 10.13 非球面中去除函数模型随加工位置的变化趋势

10.4.2 非线性补偿修形工艺分析

去除函数非线性误差是非球面磁流变抛光修形的固有问题,对于曲率半径变化较大的离轴非球面,此类误差会在加工过程中引入系统误差,从而降低修形精度和修形确定性,当达到一定加工精度时甚至使得收敛困难。因此,为解决曲率半径变化较大的离轴非球面高精度修形问题,需要根据去除函数的变化特征建立行之有效的非线性补偿修形工艺。

对离轴非球面上不同位置处的去除函数进行实验建模显然是不可能的,因此只能使用变曲率去除函数建模对不同位置处的去除函数进行理论建模。非线性补偿修形工艺中的去除函数建模的目的是得到反映去除函数特征的变化曲线,这些变化曲线包括去除函数的长度变化、去除函数宽度变化、去除函数峰值去除效率变化以及去除函数体积去除效率变化。

假设离轴非球面有效口径内的最小曲率半径处距离光轴距离为 ρ_1,最大曲率半径处距离光轴为 ρ_n。以最小曲率半径位置为参考位置,记该处的理论去除函数模型的长度为 $L_T(\rho_1)$,宽度为 $W_T(\rho_1)$,峰值去除效率为 $P_T(\rho_1)$,体积去除效率为 $V_T(\rho_1)$。分别用 $L_T(\rho_n)$、$W_T(\rho_n)$、$P_T(\rho_n)$、$V_T(\rho_n)$ 表示距离光轴 ρ_n 处的理论去除函数模型的长度、宽度、峰值去除效率和体积去除效率。选取$[\rho_1,\rho_n]$之间的n个位置进行去除函数理论建模，从而可以得到任意位置ρ_i处的理论去除函数模型的长度、宽度、峰值去除效率和体积去除效率分别为$L_T(\rho_i)$、$W_T(\rho_i)$、$P_T(\rho_i)$、$V_T(\rho_i)$，其中$1\leqslant i\leqslant n$。根据n个位置的理论去除函数模型，可以分别得到理论去除函数模型的长度变化曲线、宽度变化曲线、峰值去除效率变化曲线和体积去除效率变化曲线为

$$\varsigma_L(\rho_i)=\frac{L_T(\rho_i)}{L_T(\rho_1)},\varsigma_W(\rho_i)=\frac{W_T(\rho_i)}{W_T(\rho_1)},\varsigma_P(\rho_i)=\frac{P_T(\rho_i)}{P_T(\rho_1)},\varsigma_V(\rho_i)=\frac{V_T(\rho_i)}{V_T(\rho_1)} \quad (10.33)$$

采用一块离轴非球面最小曲率半径的工件进行去除函数实验，得到最小曲率半径位置ρ_1处的实验去除函数模型的长度、宽度、峰值去除效率和体积去除效率分别为$L_E(\rho_1)$、$W_E(\rho_1)$、$P_E(\rho_1)$、$V_E(\rho_1)$，根据式(10.33)可以得到距离光轴ρ_i处实际去除函数模型的长度、宽度、峰值去除效率和体积去除效率分别为

$$\begin{cases}L_E(\rho_i)=\varsigma_L(\rho_i)L_E(\rho_1)\\W_E(\rho_i)=\varsigma_W(\rho_i)W_E(\rho_1)\\P_E(\rho_i)=\varsigma_P(\rho_i)P_E(\rho_1)\\V_E(\rho_i)=\varsigma_V(\rho_i)V_E(\rho_1)\end{cases} \quad (10.34)$$

采用离轴非球面最小曲率半径的工件进行去除函数实验，同时对离轴非球面上各位置处进行变曲率去除函数建模，利用式(10.34)即可得到离轴非球面上各位置处的准确去除函数模型，从而为非线性补偿修形提供基础。

在得到离轴非球面不同位置处的去除函数模型后，还需要进行驻留时间解算来实现面形误差的修正。去除函数模型的非线性导致去除函数是随位置连续变化的，因此所采用的驻留时间算法必须能够满足变去除函数的要求。第8章所建立的高动态性驻留时间模型的本质是约束非线性最优化问题，能够对时空变化的去除函数进行驻留时间解算，因此能够用于非线性补偿修形过程中的驻留时间求解。

记位置ρ_i处的去除函数三维模型为$RR(\rho_i)$，根据式(8.39)可得

$$a_{ki}=RR(x_k-x_i,y_k-y_i,z_k-z_i),\rho=\sqrt{x_k^2+y_k^2+z_k^2} \quad (10.35)$$

将式(10.35)结合式(8.51)可以建立去除函数非线性误差条件下的驻留时间模型，对离轴非球面的面形误差进行定义即可实现该条件下的驻留时间求解。

进一步将求解的驻留时间转换为机床可实现的驻留速度和加工路径实现，

最终能够实现去除函数非线性补偿修形工艺加工离轴非球面。综合上面的分析,可以建立去除函数非线性补偿修形工艺的流程,如图 10.14 所示。

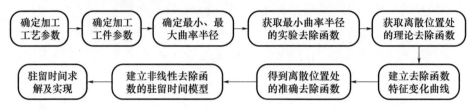

图 10.14　去除函数非线性补偿修形流程

10.4.3　非线性补偿修形实验验证

为验证去除函数非线性补偿修形工艺的有效性,需要采用该工艺对离轴非球面进行工艺实验。加工对象为离轴椭球面镜,详细技术参数见表 10.4。该椭球面镜的最小曲率半径为 275.85mm,最大曲率半径为 284.17mm,考虑到该离轴椭球面镜较小,因此取变化率评估参数 $\varepsilon=2\%$ 对去除函数进行特性评估。磁流变抛光的具体工艺参数如下:抛光轮直径为 200mm,抛光轮转速为 100r/min,电流强度为 4A,流量为 100L/h,压深为 0.1mm,磁流变液黏度为 160mPa·s,驻留时间为 5s,测试得到磁流变液厚度和宽度分别为 0.9mm 和 8mm。

表 10.4　离轴椭球面镜技术参数

直径	240mm×80mm
顶点曲率半径 R	275.85mm
二次曲面常数 K	−0.0931
离轴量	13mm

对最小曲率半径处的去除函数进行建模,得到去除函数模型如图 10.15 所示;对最大曲率半径处的去除函数进行建模,得到去除函数模型如图 10.16 所示。整理去除函数特征于表 10.5。去除函数长度、宽度、峰值去除效率以及体积去除效率的变化率分别为 0.84%、0.01%、2.72% 和 3.62%,峰值去除效率和体积去除效率的变化率均大于变化率评估参数,根据图 10.7 的工艺选择策略,应该使用去除函数非线性补偿修形工艺进行加工。

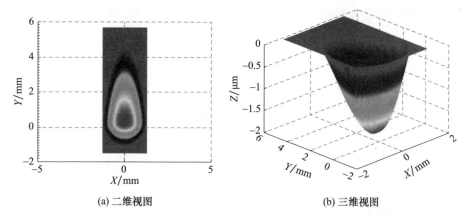

图 10.15 最小曲率半径处的仿真去除函数模型

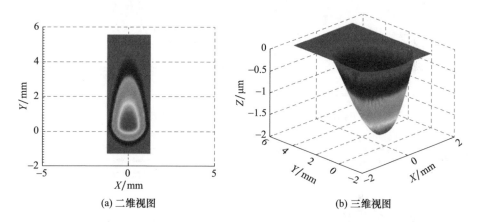

图 10.16 最大曲率半径处的仿真去除函数模型

表 10.5 仿真去除函数模型的特征参数

去除函数特征	长度 /mm	宽度 /mm	峰值去除效率 /(μm/min)	体积去除效率 /(10^6 μm³/min)
最小曲率半径 去除函数模型	7.0473	2.5941	1.8253	9.9641
最大曲率半径 去除函数模型	6.9886	2.5938	1.777	9.6161
特征值变化率	0.84%	0.01%	2.72%	3.62%

为说明去除函数非线性补偿修形工艺的效果，首先不采用补偿工艺对该离轴椭球面镜进行修形实验。采用零位补偿对该椭球面镜进行测量，得到初始面形误差如图 10.17 所示，其中 PV 值为 7.778λ，RMS 值为 0.885λ。利用一块曲

率半径为275.85mm的同样材料样件实验去除函数,得到去除函数长度、宽度、峰值去除效率和体积去除效率分别为7.14mm、2.62mm、1.812μm/min和$9.8923\times10^6\mu m^3/min$。第一次加工不考虑去除函数的非线性变化,即假设去除函数在加工过程中是时空不变的,因此直接将该实验去除函数代入驻留时间模型进行驻留时间求解并进行实际加工。经过约3h的磁流变抛光修形,得到加工后的面形误差分布如图10.18所示,其中PV值为3.997λ,RMS值为0.57λ。

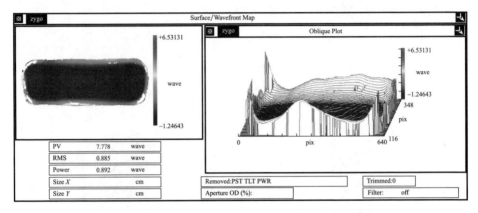

图 10.17 离轴椭球面镜的初始面形误差分布

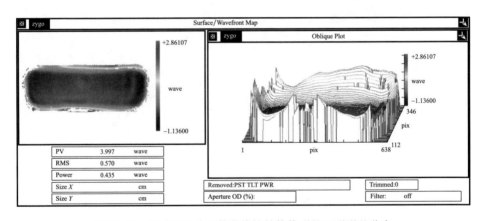

图 10.18 未采用去除函数非线性补偿修形的面形误差分布

第二次加工采用本章所建立的去除函数非线性补偿修形工艺,将实验去除函数模型的相关参数代入式(10.33)和式(10.34),并结合第8章建立的驻留时间模型,可以得到去除函数空间变化条件下的驻留时间分布。经过大约4h的磁流变抛光修形,面形精度迅速提升到PV值3.408λ,RMS值为0.132λ,误差分布如图10.19所示。

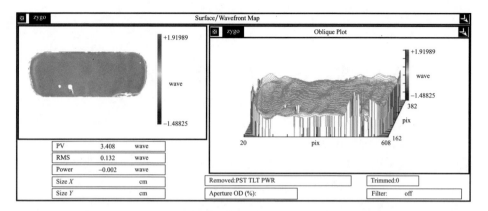

图 10.19　采用去除函数非线性补偿修形后的面形误差分布

分析两次收敛过程,直观的印象是第一次修形过程虽然面形误差 PV 值和 RMS 值均有收敛,但是面形误差的分布特征基本没有太大变化;而第二次修形过程中不仅面形误差 PV 值和 RMS 值提升较大,而且面形误差的分布特征也有明显改善。由于离轴椭球面初始面形误差存在"翘边"现象,因此用 RMS 值收敛比来评估两次修形工程的收敛特性。第一次修形过程的面形误差 RMS 值收敛比为 1.55,第二次修形过程的面形误差 RMS 值收敛比为 4.32,显然第二次修形过程的收敛特性明显优于第一次修形过程。

实验结果表明,在离轴非球面加工过程中,当一定工艺参数条件下曲率半径变化引起去除函数非线性变化较大时,采用去除函数非线性补偿修形工艺进行加工能够明显改善收敛特性,提高加工精度和降低迭代次数。因此,在磁流变抛光加工离轴非球面的过程中,需要根据离轴非球面的形状参数对去除函数特性进行有效评估,从而选择与之相适应的修形工艺,实现离轴非球面的高精高效制造。

第 11 章 特征量参数测量与控制

与一般光学零件不同,离轴非球面在追求表面面形精度的同时,还受到离轴量、顶点曲率半径以及二次曲面常数等特征量参数的约束。离轴量误差会在面形误差中引入慧差或像散,降低面形精度;顶点曲率半径误差会在面形误差中引入球差,影响成像质量;二次曲面常数决定非球面形状,该项误差会导致面形形状偏离,从而影响系统的性能。因此,实现高精度离轴非球面的加工,不仅需要确定性的加工方法及工艺,而且需要严格控制相应的特征量参数。

11.1 离轴量测量与控制

11.1.1 离轴量标定过程

离轴量反映离轴非球面几何中心偏离其所在母镜中心的程度,即离轴非球面几何中心同光轴之间的距离[148],如图 11.1 所示。其中,点 A 表示离轴非球面的几何中心,OZ 为光轴,A 点同光轴 OZ 的距离 a 即为离轴量,b 为 A 点的矢高,F 为离轴非球面的焦点,f 为焦距,2φ 为离轴角。

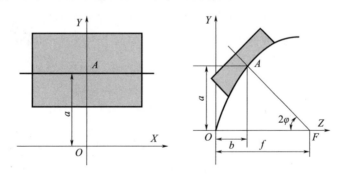

图 11.1 离轴非球面的离轴量示意图

离轴量是离轴非球面特征量参数的一个重要控制量[209]。通常来讲,在离轴非球面铣磨结束后,需要对离轴量进行标定。离轴量标定的实质是确定离轴非球面光轴的位置,从而确保后续的研磨或抛光工艺过程中对离轴量进行有效监控。

某种程度上讲,离轴量的标定是离轴非球面加工和检测的基础。加工过程中,离轴量的标定取决于加工基准的选择;而进入光学测量范围的零位补偿检测中,离轴量的标定则是进行检测的基准。第7章的研究表明离轴非球面存在子镜坐标系和母镜坐标系两种加工位姿模型。母镜坐标系加工位姿模型中,加工坐标系位于离轴非球面顶点,加工基准即为该顶点,由于标定加工基准等同于标定离轴量,因此采用此加工位姿模型需要标定离轴量。子镜坐标系加工位姿模型中,加工坐标系位于离轴非球面的几何中心,加工基准为该几何中心,由于标定加工基准不能确定离轴非球面的光轴位置,因此采用此加工位姿模型不需标定离轴量。尽管如此,由于抛光阶段的测量方法为零位补偿干涉测量,且标定的离轴量参数是进行光路调整和测量的参考基准,因此如果研磨加工过程没有进行离轴量的标定,那么在进入抛光阶段时则必须对离轴量进行标定。

离轴量的标定,其实是人为确定了离轴量的参考基准,并以该参考基准来对加工过程中的实际离轴量进行有效监测,验证其是否满足公差要求。离轴量的标定过程,一般使用接触式轮廓仪(常用三坐标测量仪)对离轴非球面的几何中心进行标定,然后根据离轴非球面几何中心同光轴之间的理论位置关系,物理建立名义的光轴位置参考点。如果理论光轴位于离轴非球面镜面尺寸之内,则可以在离轴非球面背部安装物理名义光轴标识(十字叉记号);如果理论光轴位于离轴非球面镜面尺寸以外,则需要在镜面外物理建立名义光轴标识(叉丝)。确定了名义光轴标识,也就建立了加工或者测量过程的理论参考光轴,从而为监测离轴量提供了基础。

11.1.2 离轴量测量实验

进入抛光阶段的离轴非球面通常采用零位补偿测量,基本原理详见11.3节。如无特别说明,离轴非球面的光学测量均为零位补偿测量。离轴非球面的离轴量测量原理如图11.2所示,数字干涉仪的平面波前经补偿器后形成非球面波前,首先调整数字经纬仪同补偿器的各镜面轴心同轴,保证经纬仪同理论光轴方向一致。然后以离轴量标定的名义光轴标识为参考基准将离轴非球面放入测量光路进行对准,同时进行适当的光路调整(不断改变离轴非球面的位置和姿态)直到得到面形误差分布较为合理为止(不存在明显的球差、像散和慧差)。假设名义光轴标识位置和理论光轴位置的偏差为离轴量偏差,如果离轴量偏差为零,那么名义光轴标识位置同理论光轴位置完全重合,实际离轴量也就等于名义离轴量。如果离轴量偏差不等于零,则名义光轴标识位置同理论光轴位置存在偏离,实际离轴量等于名义离轴量同离轴量偏差之和。因此只要得到离轴量偏差,加上标定的名义离轴量,即可得实际离轴量。实际离轴量的测量精度由名义离轴量的标定精度和离轴量偏差的测量精度共同决定。

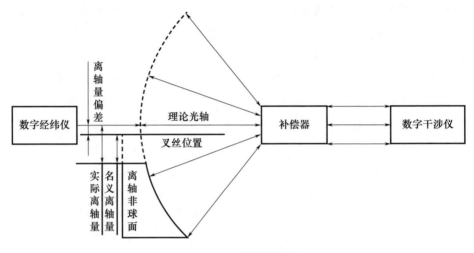

图 11.2　离轴量测量原理

对第 12 章加工的离轴非球面主镜的某次磁流变抛光加工后的离轴量参数进行测量,离轴量在研磨阶段已经进行标定,名义离轴量等于理论离轴量即 186.87mm。基于名义光轴标识进行光路调整,发现测量面形误差中存在较大慧差。对离轴非球面进行位姿调整直到面形误差中的慧差基本不存在时,利用高度尺测量名义光轴标识同理论光轴位置的偏差,得到离轴量偏差约为 -0.2mm。由此得到实际离轴量为 186.67mm,满足离轴量公差要求,表明离轴量得到了有效控制。

11.2　顶点曲率半径及二次曲面常数控制

11.2.1　理论测算模型

顶点曲率半径和二次曲面常数是离轴非球面的重要特征参数,要实现高精度离轴非球面的制造,如何保证顶点曲率半径和二次曲面常数是加工工艺中的重要问题,因此在离轴非球面的加工过程中需要对它们进行有效的检测和控制[175]。

非球面的常见方程形式如下：

$$z = \frac{c(x^2+y^2)}{1+\sqrt{1-(1+K)c^2(x^2+y^2)}} + a_1(x^2+y^2)^2 + a_2(x^2+y^2)^4 + \cdots \quad (11.1)$$

式中：c 为顶点曲率，$c=1/R$；K 为二次曲面常数；a_1、a_2 为高次项系数。

用 $f(R,K)$ 表示约束顶点曲率半径 R 和二次曲面常数 K 的函数，即

$$f(R,K) = \frac{(x^2+y^2)/R}{1+\sqrt{1-(1+K)(x^2+y^2)/R^2}} + a_1(x^2+y^2)^2 + a_2(x^2+y^2)^4 + \cdots$$

$$(11.2)$$

将式(11.2)代入式(11.1)可以构建参数 R、K 的方程如下：

$$z - f(R,K) = 0 \quad (11.3)$$

方程(11.3)是关于参数 R、K 的方程，根据参数条件存在以下三种情况：①顶点曲率半径已知，二次曲面常数未知；②二次曲面常数已知，顶点曲率半径未知；③顶点曲率半径和二次曲面常数均未知。

11.2.1.1　二次曲面常数模型

当顶点曲率半径已知，二次曲面常数未知时，方程(11.3)退化为参数 K 的一元方程，因此通过一组离散数据即可求得二次曲面常数。实际求解中，通常输入多组离散测量数据求解，通过平均所得的解来提高二次曲面常数的标定精度。二次曲面常数的解如下：

$$\begin{cases} z_i - f(R_0, K_i) = 0 \\ K_n = \dfrac{\sum_{i}^{n} K_i}{n} \quad (i=1,2,3,\cdots,n) \end{cases} \quad (11.4)$$

式中：R_0 为已知的顶点曲率半径；K_n 为求解的二次曲面常数；n 为离散数据的样本长度；x_i、y_i、z_i 分别为第 i 组离散数据的 x、y、z 坐标值。

如果非球面中高次项系数均为零，则二次曲面常数 K 的解可简化为

$$\begin{cases} K_i = \dfrac{2z_i R_0 - (x_i^2 + y_i^2)}{z_i^2} - 1 \\ K_n = \dfrac{\sum_{i}^{n} K_i}{n} \quad (i=1,2,3,\cdots,n) \end{cases} \quad (11.5)$$

11.2.1.2　顶点曲率半径模型

当二次曲面常数已知，顶点曲率半径未知时，同理可得顶点曲率半径的解：

$$\begin{cases} z_i - f(R_i, K_0) = 0 \\ R_m = \dfrac{\sum\limits_i^n R_i}{m} \quad (i=1,2,3,\cdots,m) \end{cases} \tag{11.6}$$

式中:K_0 为已知的二次曲面常数;R_m 为求解的顶点曲率半径;m 为离散数据的样本长度;x_i、y_i、z_i 分别表示第 i 组离散数据的 x、y、z 坐标值。

对于非球面中所有高次项系数为零的情况,顶点曲率半径的解可简化为

$$\begin{cases} R_i = \dfrac{(1+K_0)z_i^2 + (x_i^2 + y_i^2)}{2z_i} \\ R_m = \dfrac{\sum\limits_i^n R_i}{m} \quad (i=1,2,3,\cdots,m) \end{cases} \tag{11.7}$$

11.2.1.3 综合控制模型

当顶点曲率半径和二次曲面常数均未知时,方程(11.3)为二元方程组。要解方程(11.3),必须同时提供两组离散测量数据,因此顶点曲率半径和二次曲面常数的解为

$$\begin{cases} z_{ij} - f(R_i, K_i) = 0 \quad (j=1,2; i=1,2,3,\cdots,n) \\ R' = \dfrac{\sum\limits_i^n R_i}{n} \\ K' = \dfrac{\sum\limits_i^n K_i}{n} \end{cases} \tag{11.8}$$

式中:K' 为求解的二次曲面常数;R' 为求解的顶点曲率半径;n 为离散数据的样本长度;j 为样本中的第 j 组数据;x_{ij}、y_{ij}、z_{ij} 分别为第 i 组离散数据样本中第 j 组数据的 x、y、z 坐标值。

如果非球面中的所有高次项系数为零,那么方程(5.3)可写为如下形式:

$$2zR - z^2(1+K) = x^2 + y^2 \tag{11.9}$$

令 $X_1 = 2R$,$X_2 = 1+K$,则方程(11.9)可变换为

$$zX_1 - z^2 X_2 = x^2 + y^2 \tag{11.10}$$

由于方程(11.10)是关于 X_1、X_2 的线性方程组,因此使用多组离散测量数据时,此方程属于二元超定线性方程组。假设离散测量数据的样本长度为 n,那么线性方程组(11.10)可以写为矩阵形式[175]:

$$AX = b \tag{11.11}$$

式中:A 为 $n\times 2$ 阶矩阵;X 为 2 阶列向量;b 为 $n\times 1$ 阶矩阵。它们的定义如下:

$$A = \begin{bmatrix} a_{11} & a_{12} \\ \vdots & \vdots \\ a_{i1} & a_{i2} \\ \vdots & \vdots \\ a_{n1} & a_{n2} \end{bmatrix} = \begin{bmatrix} z_1 & -z_1^2 \\ \vdots & \vdots \\ z_i^2 & -z_i^2 \\ \vdots & \vdots \\ z_n^2 & -z_n^2 \end{bmatrix}, X = \begin{bmatrix} X_1 \\ X_2 \end{bmatrix}, b = \begin{bmatrix} x_1^2 + y_1^2 \\ \vdots \\ x_i^2 + y_i^2 \\ \vdots \\ x_n^2 + y_n^2 \end{bmatrix}$$

一般情况下超定方程组没有精确解,因而绝大多数情况下是要求某种意义下的近似解。最小二乘法是最常用的一种方法,但是经典最小二乘法的求解对测量噪声比较敏感,测量数据的微小扰动容易引起解的巨大变化。为提高求解精度,可以采用奇异值分解方法(SVD)来对方程组(11.11)进行求解。

A 为 $n\times 2$ 阶矩阵,对 A 进行奇异值分解,表达式如下[210]:

$$A = U\Sigma V^{\mathrm{T}} \tag{11.12}$$

式中:U 为 $n\times n$ 正交阵;V 为 2×2 正交阵;Σ 为 $n\times 2$ 对角阵,其元素满足:

$$\begin{cases} \sigma_{ij} = 0 & (i \neq j) \\ \sigma_{ij} = \sigma_i \geq 0 & (i = j) \end{cases} \tag{11.13}$$

对角元 σ_i 称为 A 的奇异值,通常按 $\sigma_i \geq \sigma_{i+1}(i=1,2,\cdots,n-1)$ 排列,U 的列 u_i 和 V 的列 v_i 是相应的左、右奇异分量,U 和 V 满足如下关系:

$$U^{\mathrm{T}}U = I_{n\times n} V^{\mathrm{T}}V = I_{2\times 2} \tag{11.14}$$

对于任意形状和秩数的 A,最小二乘问题 $AX = b$ 的极小范数解为

$$X = \sum_{\sigma_i \neq 0} \frac{u_i^{\mathrm{T}} b}{\sigma_i} v_i \tag{11.15}$$

利用式(11.15)进行求解,根据 x_1 和 x_2 的定义可得顶点曲率半径和二次曲面系数。

模型 1 和模型 2 均是以顶点曲率半径或二次曲面常数中的某一特征量已知为基础对另一特征量进行求解。实际工程中,往往并不能准确得到顶点曲率半径或二次曲面常数,因此模型 1 和模型 2 的应用非常有限。模型 3 考虑了顶点曲率半径和二次曲面常数之间的关联特性,符合实际情况,因此具有更广泛的普遍性。

11.2.2 标定实验

离轴非球面的加工过程中,需要对顶点曲率半径及二次曲面常数进行监测。在研磨阶段,面形误差基于三坐标测量仪所得的表面轮廓数据进行重构,

因此可以利用这些离散数据来进行顶点曲率半径及二次曲面常数的计算求解。而在抛光阶段,面形误差采用光学方法测量,不能获得表面的离散轮廓数据,因此同样需要采用三坐标测量仪对离轴非球面沿其子午母线方向进行离散采样测量,以获得不同离散数据点的矢高值,从而代入模型求解顶点曲率半径及二次曲面常数[211]。

标定实验中,实验对象选取第 5 章加工的 364mm×300mm 矩形离轴非球面。利用三坐标轮廓仪沿子午母线方向进行离散采样,采样周期为 10mm,采样点数为 30 个。该离轴非球面的顶点曲率半径名义值为 1652.248mm,二次曲面常数的名义值为 −2.383。将测量所得离散数据分别代入上述三种理论模型进行标定,并分析实际的标定结果,以检验算法的有效性和实用性。

采用模型 1,顶点曲率半径等于名义值 1652.248mm,将 30 个离散数据点代入方程(11.4)可以求得二次曲面常数。采用模型 2,二次曲面常数等于名义值 −2.383,将 30 个离散数据点代入方程(11.6)进行计算得到顶点曲率半径。为观察各离散数据点的计算值情况,分别将前两种情况下的计算值画成曲线,如图 11.3(a)和图 11.3(b)所示。其中,采用模型 1 所得二次曲面常数计算值为 −2.3853,偏差为 −0.0023;采用模型 2 所得顶点曲率半径计算值为 1653.113mm,偏差为 0.865mm。

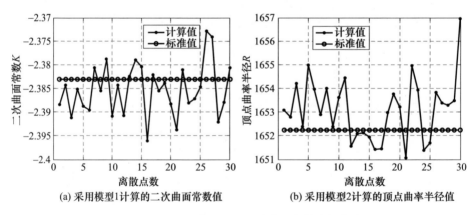

(a) 采用模型1计算的二次曲面常数值　　(b) 采用模型2计算的顶点曲率半径值

图 11.3　顶点曲率半径及二次曲面常数计算曲线

应用模型 3 进行求解,从 30 个离散数据点中抽取相邻位置的两组数据进行组合共构成 30 对数据组。由于该离轴非球面含有高次项,因此不能采用 SVD 进行方程求解。将 30 对组合的数据组代入方程(11.8)可得顶点曲率半径标定值和二次曲面常数标定值分别为 −2.3841 和 1652.6961mm,偏差分别为和 −0.0011 和 0.3481mm。二次曲面常数和顶点曲率半径的计算值曲线如图 11.4 所示。

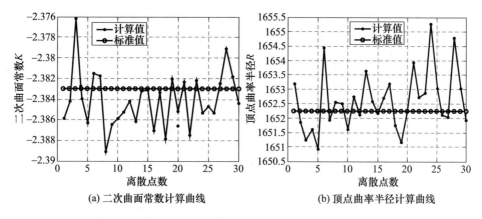

(a) 二次曲面常数计算曲线　　　(b) 顶点曲率半径计算曲线

图 11.4　模型 3 的二次曲面常数及顶点曲率半径计算曲线

对比不同模型的计算值,利用模型 1 求解的二次曲面常数和利用模型 2 求解的顶点曲率半径的偏差值均明显大于利用模型 3 求解的二次曲面常数值和顶点曲率半径值,因此模型 3 的控制精度最高。利用模型 3 求解的二次曲面常数值和顶点曲率半径值均符合指标公差,表明加工的离轴非球面满足实际使用的需求指标。

11.3　面形误差测量与控制

11.3.1　面形误差测量方法

抛光后的离轴非球面进入光学测量后,要实现面形误差的精确修正,必须提供稳定精确的测量方法。要实现纳米精度的测量,最常用的方法是零位补偿检验法。零位补偿法以其光路简单、测量精度高、简单实用等优点已经成为国内加工离轴非球面的普遍测量手段[178]。

11.3.1.1　零位补偿原理

离轴非球面零位补偿检验的基本原理如图 11.5 所示,整个测量系统主要包括干涉仪、补偿器和被检工件三个部分。零位补偿检验的关键在于根据非球面参数合理设计并制造相应的补偿器。补偿器将干涉产生的平面或球面波前补偿为与被检非球面对应的非球面波前,该波前经被检非球面表面反射后,通过补偿器还原为包含非球面表面误差信息的平面或球面波前,与干涉仪的参考光发生干涉,从而得到非球面表面的面形误差分布[212]。

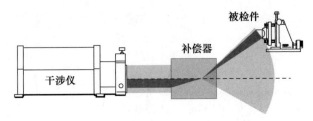

图 11.5　零位补偿检验基本原理示意图

零位补偿检验的基本原理决定了其检验精度:一方面决定于干涉仪的检测精度;另一方面决定于零位补偿器的设计、制造、装配精度以及光路调整精度[206]。目前 Zygo 干涉仪的重复检验精度高达 $\lambda/10000$,完全能够满足使用要求。因此,零位补偿检验的关键在于高精度零位补偿器的设计、制造、装配以及精密的光学调整技术。

11.3.1.2　零位补偿器设计

零位补偿器按照光学性质分为折射式、反射式和衍射式 3 类。折射式补偿器的补偿精度受制于光学材料的折射率均匀性,因此口径有限;反射式补偿器不存在该限制,但光学设计难度较大;衍射式补偿器不受材料、设计等影响,但加工制造难度较大[213]。综合而言,折射式补偿器的设计、制造以及装配工艺都比较成熟,且在国内已经得到广泛应用。折射式补偿器按照结构存在 Couder、Dall、Ross、Shafer 和 Offer 等类型,其中 Offer 折射式补偿器由一个较大口径的补偿镜和一个较小口径场镜组成,场镜将被检面成像到补偿镜上,补偿镜通过引入一定球差来补偿被检镜的非球面偏离量,因此适用于大口径、高陡度非球面的检验。

以第 12 章所加工的离轴非球面为例,选择 Offer 型结构设计补偿器,设计结果如图 11.6(a)所示,出瞳面的像差分布如图 11.6(b)所示。分析结果可知,补偿器的设计精度达 0.0278λ PV 和 0.0085λ RMS,完全满足该离轴非球面的检验精度要求。

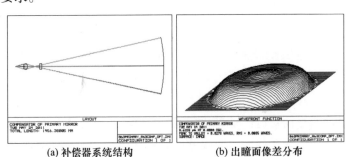

(a) 补偿器系统结构　　　　(b) 出瞳面像差分布

图 11.6　Zemax 软件中的补偿器设计结果

11.3.2 非线性畸变误差控制

11.3.2.1 非线性畸变效应

零位补偿检验中,非球面曲率半径变化使得工件所在坐标系同测量坐标系不是线性关系,从而引入非线性畸变效应[214-215]导致误差位置信息存在坐标偏差。

基于上述 Zemax 设计的光路,可以采用光线追迹法[214]来分析非线性畸变效应。在补偿器入射端将入射平行光线在测量坐标系下沿半径方向 10 等分,然后追踪这 10 条光线在镜面坐标系中的位置,得到两个坐标系的对应关系曲线,如图 11.7 所示。横坐标对应于测量坐标系下光线距离光轴的距离,纵坐标对应镜面坐标系下光线距离光轴的距离,显然它们之间的关系是非线性的。

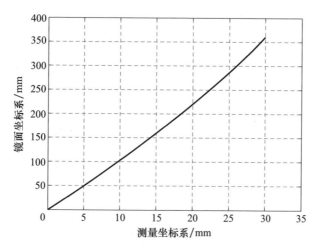

图 11.7 零位补偿检验中的非线性畸变效应

要利用零位补偿的检验结果进行修形,需要对误差信息进行准确定位,因此需要对非线性畸变效应进行补偿,从而还原误差的真实位置信息,实现误差重构。

11.3.2.2 非线性畸变误差重构

非线性畸变效应在非球面镜面坐标系中是关于光轴中心对称的,畸变大小同该点距离光轴的距离相关。一般来说,距离光轴距离越远,非线性畸变效应越大。由于 CCD 平面坐标系同测量坐标系存在严格线性关系,因此 CCD 坐标系中光轴点的像素对应于测量坐标系中的光轴。记 CCD 坐标系中光轴像素位置为 (x_{mo}, y_{mo}),面形误差中任意数据点像素位置为 (x_{mi}, y_{mi}),则 CCD 坐标系上任意数据点到光轴点的距离为

$$r_{mi} = \sqrt{(x_{mi} - x_{mo})^2 + (y_{mi} - y_{mo})^2} \tag{11.16}$$

记镜面坐标系中光轴的位置为(X_{fo}, Y_{fo})，面形误差中任意数据点在镜面坐标系中的位置为(X_{fi}, Y_{fi})，则镜面坐标系中该点距离光轴点的位置为

$$R_{fi} = \sqrt{(X_{fi} - X_{fo})^2 + (Y_{fi} - Y_{fo})^2} \tag{11.17}$$

R与r之间的理论关系可以通过 Zemax 软件中的光线追迹获得，要对非线性误差进行补偿，需要对非线性关系进行处理，以获得镜面坐标系下相应位置的非线性畸变率。用$\lambda(R_{fi})$表示镜面坐标系下的距离光轴点R_{fi}的非线性畸变率，则有

$$\lambda(R_{fi}) = \frac{R_{fi}/r_{mi}}{R_{f1}/r_{m1}} \tag{11.18}$$

利用式(11.18)对非线性畸变率进行求解，然后利用最小二乘法进行多项式拟合，可以建立任意位置的非线性畸变率计算公式。定义函数$v(R) = \sum_{i=1}^{n} a_i R^i$，则有

$$\sum_{i=1}^{m} [v(R_{fi}) - \lambda(R_{fi})]^2 = \sum_{i=1}^{m} \left[\sum_{j=1}^{n} a_j R_{fi}^j - \lambda(R_{fi}) \right]^2 = \min \quad (n < m) \tag{11.19}$$

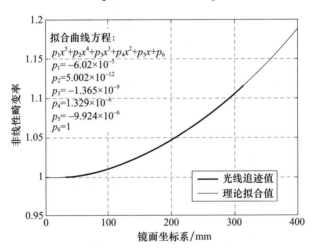

图 11.8 非线性畸变率的拟合图

采用式(11.19)对第 12 章加工的离轴非球面进行非线性畸变率曲线拟合，结果如图 11.8 所示。图中粗线表示利用光线追迹法转换所得的非线性畸变率，细线为理论拟合值。定义非线性补偿前的面形误差为$e(R)$，重构后的面形误差为$e(R')$，基于所得的非线性畸变率，可得重构前后的面形误差满足如下关系：

$$e(R') = e(R^* \upsilon(R)) \tag{11.20}$$

式(11.20)建立了非线性误差补偿重构的计算公式。利用该式对第12章所加工的离轴非球面进行非线性误差补偿重构,图11.9(a)和图11.9(b)分别显示了某次加工过程中误差重构前后的面形误差分布。显然,非线性畸变效应导致零位补偿干涉测量所得的面形误差呈现上端小下端大的楔形体育场形状,而经过非线性误差补偿重构所得的面形误差则是同工件形状一致的标准体育场形状。总之,通过非球面测量坐标的非线性补偿,可以对实际干涉测量结果按照镜面坐标系进行面形误差重构,重构后的面形误差包含准确的位置信息,在坐标精度上满足误差定位要求,因此可以用于高精度离轴非球面的磁流变抛光加工。

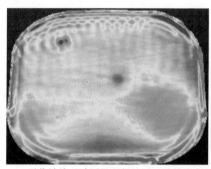 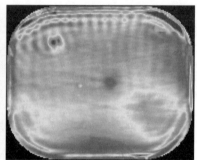

(a) 零位补偿干涉测量所得的面形误差分布　(b) 非线性误差补偿重构后的面形误差分布

图11.9　非线性误差补偿前后的面形误差分布

11.3.3　特征量参数公差域约束的像差分离

采用零位补偿干涉法检测离轴非球面光学零件,得到的干涉图经过数据处理后可以表示为关于 x、y 的二元误差函数 $W(x,y)$,其中 (x,y) 表示镜面上某点的坐标位置。在忽略重力及装夹变形的情况下,误差函数 $W(x,y)$ 不仅包括离轴非球面自身的加工残差 $W_m(x,y)$,而且包括由调整量误差引入的波像差 $W_a(x,y)$ [206,216-218]。因此,实际测量所得的二元误差函数可以表示为

$$W(x,y) = W_m(x,y) + W_a(x,y) \tag{11.21}$$

要准确获取加工残差 $W_m(x,y)$ 的真实信息,需要从测量结果 $W(x,y)$ 中合理分离波像差 $W_a(x,y)$,这样才能实现离轴非球面的有效加工。

11.3.3.1　特征量参数公差域约束的像差分离模型

对于离轴非球面的像差分离,大量学者已经做了深入的研究[219-221]。典型

像差模型将离轴非球面看作刚体,根据离轴非球面的安装和调整特性,认为其具有 7 个自由度,分别是沿坐标轴 X、Y、Z 的平动 D_x、D_y、D_z,绕坐标轴 X、Y、Z 的转动 θ_x、θ_y、θ_z,以及绕离轴非球面自身几何中心的转动 φ,如图 11.10 所示。离轴非球面母镜是关于光轴回转对称的,所以绕 Z 轴的转动 θ_z 不会引入调整误差。另外,绕离轴非球面自身几何中心的转动 φ 可以在装调阶段通过其他方法(如水平仪)予以限制,因此可以近似忽略转动 φ 引入的调整误差。这样,只存在 D_x、D_y、D_z、θ_x 和 θ_y 这 5 个调整量误差,通过准确调整这 5 个量可以实现像差分离。

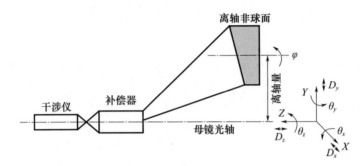

图 11.10　离轴非球面调整量误差示意图

假设离轴非球面上任意点 P 的向量为
$$\boldsymbol{P}(x,y,z) = [x,y,z,1]^{\mathrm{T}} \tag{11.22}$$
经过 5 个调整量误差的作用,离轴非球面上该点的新向量为 $\boldsymbol{P}'$ 为
$$\boldsymbol{P}'(x',y',z') = [x',y',z',1]^{\mathrm{T}} \tag{11.23}$$
根据刚体运动定理,存在下列关系:
$$\boldsymbol{P}'(x',y',z') = \boldsymbol{T}(D_x,D_y,D_z)\boldsymbol{R}(\theta_x)\boldsymbol{R}(\theta_y)\boldsymbol{P}(x,y,z) \tag{11.24}$$
式中:$\boldsymbol{T}(D_x,D_y,D_z)$、$\boldsymbol{R}(\theta_x)$ 和 $\boldsymbol{R}(\theta_y)$ 分别为刚体沿坐标轴 X、Y、Z 的平移运动矩阵、绕坐标轴 X 和绕坐标轴 Y 的回转运动矩阵。

考虑 θ_x、θ_y 较小,因此近似计算可以采用下列等式:
$$\sin\theta_x \approx \theta_x, \cos\theta_x \approx 1, \sin\theta_y \approx \theta_y, \cos\theta_y \approx 1 \tag{11.25}$$
将式(11.25)代入式(11.24)得到刚体运动后 P 点的位移向量为
$$\delta\boldsymbol{d} = \boldsymbol{P}'(x',y',z') - \boldsymbol{P}(x,y,z) = \begin{bmatrix} D_x - \theta_y z \\ D_y + \theta_x z \\ D_z + \theta_y x - \theta_x y \\ 1 \end{bmatrix} \tag{11.26}$$

由于离轴非球面零位补偿检验时光线沿法线方向入射,因此像差应为镜面上各点位移向量在其法线方向上的投影,即

$$W_a(x,y) = -2(\delta d \cdot n) \tag{11.27}$$

式中:n 为离轴非球面的单位法向量。

关于离轴非球面在离轴非球面镜面几何坐标系下的像差表达式,已有大量研究,在此不再赘述。参考相关研究内容,在离轴非球面的几何中心建立镜面几何坐标系 $O_s X_s Y_s Z_s$,根据图 11.10,由于离轴非球面只存在 Y 方向的离轴量,将此离轴量设为 b,那么离轴非球面零位补偿检验中的调整量误差引起的像差为[206,217,222]

$$
\begin{aligned}
W_a(x,y) = & (2bcD_y - 2D_z - 2b\theta_x) + 2x_s(cD_x + \theta_y) + 2y_s(cD_y - \theta_x) + & \text{(平移/倾斜)} \\
& p_s^2 c^2 D_z + bp_s^2 c^3 k D_y + b^2 p_s^2 c^4 \frac{4k+1}{8} D_z + & \text{(离焦)} \\
& 2bx_s y_s c^3 k D_x + 2by_s^2 c^3 k D_y + b^2 y_s^2 c^4 \frac{4k+1}{2} D_z + & \text{(像散)} \\
& x_s p_s^2 c^3 k D_x + y_s p_s^2 c^3 k D_y + by_s p_s^2 c^4 \frac{4k+1}{2} D_z + & \text{(慧差)} \\
& p_s^4 c^4 \frac{4k+1}{8} D_z & \text{(球差)}
\end{aligned}
\tag{11.28}
$$

由式(11.28)可知,离轴非球面检验中由调整量引入的像差包括平移、倾斜、离焦、慧差、像散和球差。在离轴非球面参数确定的情况下,式(11.28)常被用来计算零位补偿干涉检验中调整量引入的像差 $W_a(x,y)$,但是是在已知调整量大小和方向的前提下。而在实际工程应用中,通常是已知镜面加工残差和调整量引入像差的综合结果来求解并分离调整量引入的像差,以获得实际的加工面形残差。

对调整量引入的像差进行误差分离,该误差 $W_a(x,y)$ 同实际测量误差 $W(x,y)$ 应满足最小二乘条件,数学表述如下:

$$\min F(x,y) = \min[W(x,y) - W_a(x,y)]^2 \tag{11.29}$$

根据式(11.28),$W_a(x,y)$ 为调整量 D_x、D_y、D_z、θ_x 和 θ_y 的线性函数:

$$W_a(D_x, D_y, D_z, \theta_x, \theta_y) = W_a(x,y) = a_1 D_x + a_2 D_y + a_3 D_z + a_4 \theta_x + a_5 \theta_y \tag{11.30}$$

将式(11.30)代入方程(11.29)可化简得

$$\min F(D_x, D_y, D_z, \theta_x, \theta_y) = \min[W(x,y) - W_a(D_x, D_y, D_z, \theta_x, \theta_y)]^2 \tag{11.31}$$

一般常用线性方程组对方程(11.31)进行求解,从而得到调整量引入的像

差,从实际检测结果中将这部分误差去除,即得到实际加工的残差分布,实现加工误差与调整量引入像差的分离。在实际计算过程中难以获得精确解,导致计算的调整量引入像差较大,甚至不符合实际情况[210]。因此,常常需要根据近似解调整光路,然后再进行测量、求解、光路调整多次迭代,实现调整量引入像差的分离。

利用求解的调整量辅助光路调整能够实现调整量引入像差的有效分离,但是没有考虑求解得到的调整量在光路调整过程中对离轴非球面特征量参数的影响,因此在实现误差分离的同时可能使特征量参数不满足公差要求,从而不能获得各项技术指标合格的离轴非球面。可以这样理解,离轴非球面的加工残差是受特征量参数公差域约束的,即只有在其特征量参数公差域内分离调整量引入的像差,才能得到既满足面形精度要求又满足特征量参数要求的离轴非球面。因此,在进行调整量引入像差的分离过程中,必须考虑特征量参数公差域的约束,即在调整量的求解方程中,需要增加约束特征量参数的条件。

根据图 11.10,可知离轴量为离轴非球面几何中心在 Y 方向上同母镜光轴的距离。假设离轴非球面几何中心为 $A(x_a, y_a, z_a)$,其中 x_a、y_a、z_a 分别表示该点的 X、Y、Z 坐标值,代入等式(11.26)可得调整量引起的几何中心位移向量 δA,那么相应的离轴量变化值应等于几何中心位移向量 δA 在 Y 方向的分量,用 δb 表示调整量引起的离轴量变化值,则有

$$\delta b = D_y + \theta_x z_a \qquad (11.32)$$

零位补偿干涉测量过程中无法对顶点曲率半径和二次曲面常数进行直接监测,因此不能直接建立调整量同它们的影响关系。为了在零位补偿测量中合理约束这两项参数,通常的做法是利用光学设计软件进行数值计算,将顶点曲率半径的公差和二次曲面常数的公差共同转换为光轴方向上离轴非球面母镜顶点同补偿器之间的距离公差。利用等式(11.26)进行计算可得调整量引起的离轴非球面母镜顶点的位移向量 δB,用 δd 表示调整量引起的离轴非球面母镜顶点同补偿器之间的距离变化值,则其等于位移向量 δB 在 Z 方向上的分量,即

$$\delta d = D_z \qquad (11.33)$$

分别用 σ_b、σ_d 表示离轴量公差允值和离轴非球面母镜顶点同补偿器的距离公差允值,因此调整量引入像差的分离演变为特征量参数公差域约束的极值问题:

$$\begin{cases} \min F(D_x, D_y, D_z, \theta_x, \theta_y) \\ \delta b \leqslant \sigma_b \\ \delta d \leqslant \sigma_d \end{cases} \qquad (11.34)$$

将式(11.31)、式(11.32)和式(11.33)代入式(11.34)得到特征量参数公差域约束的像差分离模型,其数学本质是不等式约束条件下的最小二乘问题:

$$\begin{cases} \min_{X} \| AX - B \|_2^2 \\ CX \leqslant D \end{cases} \quad (11.35)$$

其中 A、X、B、C 和 D 的定义如下:

$$A = \begin{bmatrix} \sum a_{1i}a_{1i} & \sum a_{1i}a_{2i} & \sum a_{1i}a_{3i} & \sum a_{1i}a_{4i} & \sum a_{1i}a_{5i} \\ \sum a_{2i}a_{1i} & \sum a_{2i}a_{2i} & \sum a_{2i}a_{3i} & \sum a_{2i}a_{4i} & \sum a_{2i}a_{5i} \\ \sum a_{3i}a_{1i} & \sum a_{3i}a_{2i} & \sum a_{3i}a_{3i} & \sum a_{3i}a_{4i} & \sum a_{3i}a_{5i} \\ \sum a_{4i}a_{1i} & \sum a_{4i}a_{2i} & \sum a_{4i}a_{3i} & \sum a_{4i}a_{4i} & \sum a_{4i}a_{5i} \\ \sum a_{5i}a_{1i} & \sum a_{5i}a_{2i} & \sum a_{5i}a_{3i} & \sum a_{5i}a_{4i} & \sum a_{5i}a_{5i} \end{bmatrix}, B = \begin{bmatrix} \sum \sigma_i a_{1i} \\ \sum \sigma_i a_{2i} \\ \sum \sigma_i a_{3i} \\ \sum \sigma_i a_{4i} \\ \sum \sigma_i a_{5i} \end{bmatrix},$$

$$C = \begin{bmatrix} 1 & 0 & 0 & 0 & 0 \\ 0 & 1 & 0 & z_a & 0 \\ 0 & 0 & 1 & 0 & 0 \\ 0 & 0 & 0 & 1 & 0 \\ 0 & 0 & 0 & 0 & 1 \end{bmatrix}, D = \begin{bmatrix} D_x \\ \sigma_b \\ \sigma_d \\ \theta_x \\ \theta_y \end{bmatrix}, X = \begin{bmatrix} D_x \\ D_y \\ D_z \\ \theta_x \\ \theta_y \end{bmatrix} \quad (11.36)$$

式中:a_{1i}、a_{2i}、a_{3i}、a_{4i}、a_{5i} 表示第 i 个观测值 σ_i 对应 $W_a(D_x,D_y,D_z,\theta_x,\theta_y)$ 的系数。

方程(11.35)属于约束非线性最优化问题的一类,因此可以采用约束非线性问题的解法来进行求解[192]。由于该方程同第8章建立的驻留时间约束非线性优化模型具有相同的数学本质,因此同样可以采用求解驻留时间约束非线性优化模型的内点算法进行方程求解,算法详细步骤在此不再赘述,具体可见第8章。

将求得的解 X 联合离轴非球面参数代入式(11.28)可以得到调整量引入的像差,由于方程对特征量参数的公差域进行了约束,因此理论上从测量结果中分离出调整量引入的像差即可得到满足特征量参数约束条件的加工残差。实际检测过程中,基于特征量参数公差域约束的调整量辅助光路调整,能够得到不明显包含慧差、像散和球差的实际测量误差,那么该结果即为加工残差。如果在特征量参数公差域内无论怎样进行光路调整,实际测量误差中都包含有一定的慧差、像散或者球差,那么认为特征量参数约束条件下加工残差当中客观存在这些误差。这时,可将特征量参数公差域内加工残差总量较小的测量结果作为下一次加工的输入,保证加工的离轴非球面能够在特征量参数公差域内有效实现误差收敛,从而满足离轴非球面的特征量参数和面形精度的双重要求。

11.3.3.2 特征量参数公差域约束的像差分离实验

传统的误差分离方法单一追求调整量引入像差的绝对分离,而不考虑离轴非球面特征量参数的约束条件。利用传统误差分离方法分离调整量引入像差,加工的离轴非球面可能出现特征量参数和面形精度不能同时满足指标要求的情况。使用特征量参数公差域约束的像差模型进行调整量引入的像差分离,分离过程中同时约束了离轴非球面的特征量参数,基于此误差分离方法进行加工,得到的离轴非球面必然能够保证特征量参数和面形精度均满足指标要求,在此以第 12 章所加工的离轴非球面主镜为例进行实验分析。

将加工过程中某次加工后的离轴非球面放入零位补偿测量光路,按照标定的离轴量和补偿器同离轴非球面顶点之间的理论距离进行光学调整,得到标准参考位置下的测量结果,如图 11.11 所示。根据干涉条纹和面形误差分布,判断加工残差中包含比较严重的慧差和像散。利用特征量参数公差域约束的像差分离模型求解,得到 $D_x = 0.013\,\text{mm}, D_y = 0.291\,\text{mm}, D_z = -0.365\,\text{mm}, \theta_x = 2.381 \times 10^{-4}\,\text{rad}, \theta_y = -5.247 \times 10^{-6}\,\text{rad}$。对计算所得的调整量参数进行验证,发现它们完全满足特征量参数公差域约束条件,按照调整量进行光学调整,得到调整后的测量结果,如图 11.12 所示。观察干涉条纹和面形误差分布,虽然调整后的测量结果明显优于调整前,但是面形误差中仍然包含一定程度的慧差和像散,这是由于特征量参数受公差约束导致求解的调整量无法完全分离调整量引入像差造成的。

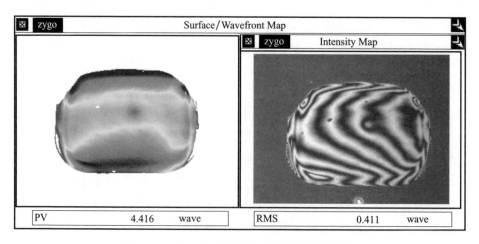

图 11.11 标准参考位置的面形误差测量结果

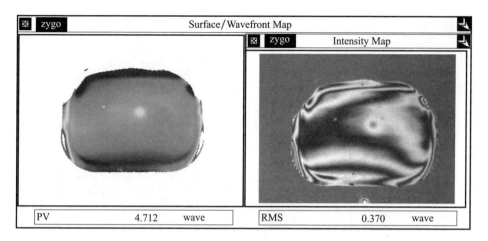

图 11.12　基于理论调整量进行调整后的面形误差测量结果

理论调整量引起的特征量参数变化基本达到公差约束的极限，因此加工过程中要实现特征量参数的有效控制，只能将调整后仍包含一定慧差和像散的测量结果当作误差分离后的结果进行加工。为了减小加工量，可以基于理论调整量进行小范围微调以搜索最优结果，两次小范围微调的测量结果如图 11.13 和图 11.14 所示。图 11.13 的测量结果具有相对最小的 RMS 值，因此将其作为下次加工的初始面形。

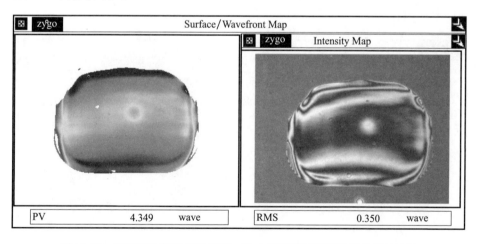

图 11.13　基于理论调整量进行第一次小范围微调的面形误差测量结果

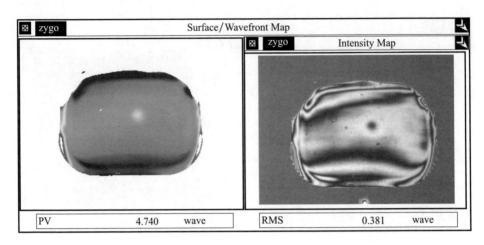

图 11.14　基于理论调整量进行第二次小范围微调的面形误差测量结果

采用磁流变抛光对该离轴非球面进行加工,同时辅以 CCOS 光顺,经过共约 6h 的加工,结束后按照标准参考位置进行零位补偿测量,测量结果如图 11.15 所示。加工残差的 RMS 值由 0.35λ 收敛为 0.157λ,干涉条纹和面形误差分布表明残差中已经不包含明显的慧差和像散。因此,该实验验证了特征量参数公差域约束的像差分离模型的正确性和有效性,将其应用于实际加工,不仅能够实现调整量引入像差的快速分离,而且能够保证离轴非球面特征量参数的严格控制。

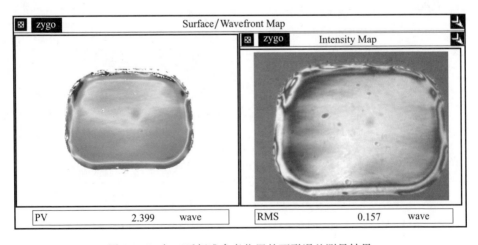

图 11.15　加工后标准参考位置的面形误差测量结果

第 12 章 加工工艺路线优化及加工实例

本章首先根据第 7 章~第 10 章的研究成果,在分析离轴非球面典型工艺路线的基础上,制订磁流变抛光加工离轴非球面的优化工艺路线。然后应用磁流变抛光技术对某离轴三反系统中的离轴非球面主镜进行加工实验,综合验证本书提出的理论、工艺、控制方法和工艺路线等,体现磁流变抛光加工离轴非球面的技术优势和实际工程适应性。

12.1 离轴非球面加工工艺路线优化

12.1.1 典型工艺路线分析

离轴非球面的加工流程,遵循"磨削→研磨→抛光"的典型工艺路线[180]。首先对离轴非球面进行磨削成形,该过程不仅控制磨削精度,而且控制磨削损伤深度;然后对离轴非球面进行计算机控制研磨,该工艺过程的目的包括去除磨削损伤层,控制研磨损伤深度并且修正形状误差以保证抛光后面形误差进入光学测量。根据抛光工艺的不同,离轴非球面的典型工艺路线有两类:基于手修的加工工艺路线和基于 CCOS 的加工工艺路线,分别如图 12.1 和图 12.2 所示。抛光过程主要分为预抛光和修形抛光两部分,预抛光的目的是去除研磨损伤层,达到光学量级的表面粗糙度以使离轴非球面进入光学测量;修形抛光的目的是修正面形误差达到使用要求。

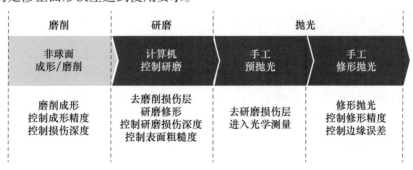

图 12.1 基于手修的加工工艺路线

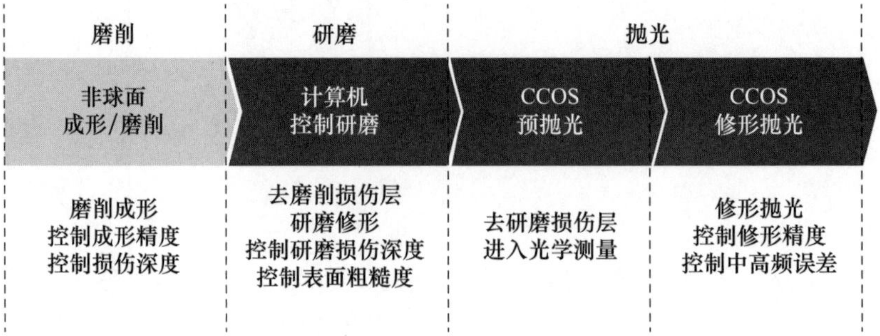

磨削	研磨	抛光	
非球面成形/磨削	计算机控制研磨	CCOS预抛光	CCOS修形抛光
磨削成形 控制成形精度 控制损伤深度	去磨削损伤层 研磨修形 控制研磨损伤深度 控制表面粗糙度	去研磨损伤层 进入光学测量	修形抛光 控制修形精度 控制中高频误差

图 12.2 基于 CCOS 的加工工艺路线

基于手修的加工工艺路线,非常依赖于工人的经验,修形确定性弱。即使是最有经验的工人,依然存在效率低下、反复迭代等难题,加工的面形误差更是包含严重的中高频误差。对于小口径或者常规材料的离轴非球面,手工修抛尚可勉强应付。一旦面对大口径或者碳化硅材料的离轴非球面,手工修抛的效率和不确定性根本无法满足实际加工需求,因此该工艺路线基本面临淘汰。相比手工修抛,CCOS 利用计算机控制离轴非球面面形误差修正,加工效率、可控精度以及收敛确定性均大大提高,因此基于 CCOS 的加工工艺路线是目前加工离轴非球面的主流工艺路线[206]。然而,现代光学系统对离轴非球面的要求不仅呈现出大口径、大相对口径、大矢高以及大批量特征,而且对相应特征量参数、面形精度以及中高频误差的控制越来越高。因此,CCOS 的固有缺陷如加工效率仍然不足,小磨头磨损不确定,小磨头同工件的不匹配,抛光液成分随性变化以及"边缘效应"明显等使基于 CCOS 的加工工艺路线表现出周期长、效率低、迭代次数多、边缘不可控、精度不确定以及结果难预测等缺点,逐渐难以满足现代加工需求。探索新的加工方法,建立新的工艺路线,提高离轴非球面的加工能力已经势在必行。

12.1.2 优化工艺路线分析

磁流变抛光在光学加工中首次引入确定性光学制造的概念,改变了人们对于光学加工的理解和认识。磁流变抛光的技术优势在前面章节已有详细阐述,在此不再赘述。根据磁流变抛光的特点,基于磁流变抛光建立离轴非球面加工工艺路线,有望提高加工效率和加工精度,实现离轴非球面加工能力的提升。考虑磁流变抛光在工艺路线中的角色定位,可以建立基于磁流变抛光的两种优化工艺路线。

12.1.2.1 基于 MRF 的第一种优化工艺路线

充分发挥磁流变抛光的高精度高确定性修形特征,对传统加工工艺路线进行改进,可以建立基于磁流变抛光的第一种优化工艺路线[180],如图 12.3 所示。该加工工艺路线在修形阶段使用磁流变抛光取代 CCOS,能够改善 CCOS 修形中的诸多问题。传统工艺路线在高精度修形阶段,经常需要通过手修达到最终加工要求,利用磁流变抛光来进行离轴非球面的最终修形,不仅能够提高加工精度,而且还能极大地缩短加工时间,提高加工效率。

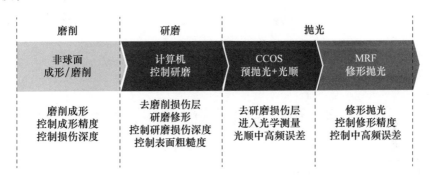

图 12.3 基于 MRF 的第一种加工工艺路线

上述优化工艺路线表现出加工精度高、修形确定性强、加工结果可预测以及边缘效应可控等特点,相比传统工艺路线具有明显的优势。然而,高精度修形只是加工工艺流程的环节之一,虽然磁流变抛光能够改善修形过程的加工效率,但是抛光过程中的预抛光环节由于需要去除研磨损伤层和提高表面粗糙度,通常在整个加工流程中占据大量加工时间。CCOS 工艺方法的去除效率有限,使该工艺路线一定程度上暴露出加工效率低、加工周期长等缺点。

12.1.2.2 基于 MRF 的第二种优化工艺路线

为进一步挖掘磁流变抛光的优势,缩短整个工艺路线的加工时间,考虑采用磁流变抛光进行离轴非球面的预抛光,从而可以建立基于磁流变抛光的第二种优化工艺路线[180],如图 12.4 所示。该工艺路线首先使用磁流变抛光进行研磨损伤层去除和表面粗糙度提升,同时控制边缘效应使其进入光学测量;然后根据中高频误差的分布情况确定是否利用 CCOS 进行光顺,光顺过程应对边缘效应进行适当控制;最后利用磁流变抛光进行高精度修形,修形过程需要综合控制面形误差、中高频误差、表面粗糙度以及边缘效应等。相比 CCOS 而言,磁流变抛光具有相对更高的去除效率和更好的边缘效应控制能力,因此该加工工艺路线相比第一种优化工艺路线不仅具有更高的加工效率,而且具有更高的全口径修形精度。

磨削	研磨		抛光	
非球面成形/磨削	计算机控制研磨	MRF预抛光	CCOS光顺抛光	MRF修形抛光
磨削成形 控制成形精度 控制损伤深度	去磨削损伤层 研磨修形 控制研磨损伤深度 控制表面粗糙度	去研磨损伤层 进入光学测量 控制边缘效应	光顺中高频误差 控制边缘效应	控制修形精度 控制中高频误差 控制边缘效应 控制表面粗糙度

图 12.4　基于 MRF 的第二种加工工艺路线

12.2　离轴非球面光学零件加工实例

12.2.1　加工背景简介

在研究磁流变抛光加工离轴非球面的过程中,我们加工了各类离轴非球面工件。其中比较有代表性的是某二次双曲面镜,该镜为高次离轴非球面,口径较大且形状非圆对称,在此利用前面的研究结果对其进行加工验证。

该离轴非球面主镜的技术参数见表 12.1,其方程为

$$x = \frac{Cy^2}{1 + \sqrt{1-(1+K)C^2y^2}} + \alpha_4 y^4 \qquad (12.1)$$

表 12.1　离轴非球面镜的技术参数

材料	微晶玻璃
直径	364mm × 300mm
顶点曲率半径 R	1652.248mm
二次曲面常数 K	-2.383
离轴量	186.87mm
高次项系数 α_4	1.927×10^{-11}

该离轴非球面主镜外形为体育场形,如图 12.5 所示,背部做轻量化减重,轻量化率约为 50%,技术指标要求见表 12.2。

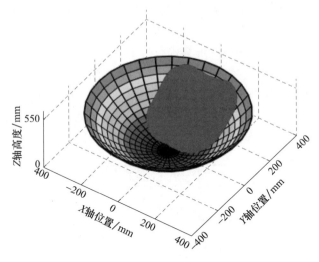

图 12.5 离轴非球面主镜示意图

表 12.2 离轴非球面镜主镜的技术指标要求

顶点曲率半径公差/mm	K 值公差	离轴量公差/mm	离轴角公差/(′)	边缘要求/mm	面形误差 RMS 值
±0.8	±0.002	±0.3	±1	≤5	<1/25λ

12.2.2 工艺路线分析

　　离轴非球面加工工艺流程主要分为 3 个阶段[223-225]：铣磨成形→数控研磨→高精度抛光。在此不详细讨论磨削和研磨过程，主要分析离轴非球面的抛光过程，加工工艺路线选择基于磁流变抛光的第二种优化工艺路线进行加工。离轴非球面抛光过程的详细流程如图 12.6 所示，在完成铣磨成形和研磨加工后，进入离轴非球面的抛光阶段。首先利用磁流变抛光进行大去除量的损伤层去除，同时对离轴非球面表面进行预抛光，以得到光学量级的表面粗糙度，保证面形误差能够进入光学测量范围。在预抛光结束后，需要对工件特性进行分析，从而选择加工位姿模型，另外还需要分析工件曲率半径变化对去除函数特性的影响并选择对应的补偿修形工艺。当经过预抛光后的面形误差进入光学测量范围时，则采用零位补偿对离轴非球面进行干涉测量，从而进入磁流变修形抛光阶段。该阶段需要同时对面形误差和特征量参数进行控制，一方面，需要对修形抛光后的面形残差的可修正性进行评估，保证面形误差达到加工要求；另一方面,还要对特征量参数进行监控,以确保加工的离轴非球面满足其他指标约束要求。残差可修正性评估过程中,如果残差属于磁流变抛光去除函数的修形能力范围,则可以采用磁流变继续进行修形;反之,则需采用 CCOS 优化工艺进行相应的误差光顺以使残差能够被磁流变抛光所修正。在特征量参数的控制过程中,需要对离轴量、顶点曲率半径和二次曲面常数进行标定,如果它们不满足离轴非球面的公差要求,那么应该以公差约束条件内的面形残差分布为参考进行进一步的误差修正。

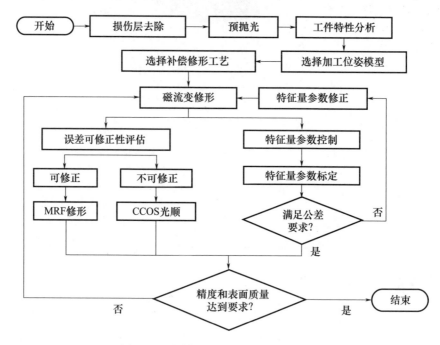

图 12.6 离轴非球面抛光过程详细流程

12.2.3 加工过程分析

1. 损伤层去除过程

离轴非球面的研磨过程,研磨磨料为粒度 W7 的金刚砂,研磨工艺参数如下:直径为 40mm 的铸铁研磨盘,研磨压力为 0.05MPa,研磨盘公转速度为 50r/min,自转与公转的转速比为 -1,偏心距为 8mm。由于研磨后的表面粗糙度没有达到光学量级,无法采用零位补偿测量,因此只能利用轮廓测量法来获取面形误差结果[226]。利用海克斯康的三坐标测量机 Global performance 7017 进行轮廓测量,如图 12.7 所示。

图 12.7　三坐标测量三维表面轮廓照片

利用三坐标测量所得数据进行面形误差重构,得到研磨后离轴非球面的面形误差 PV 值为 13.218λ,RMS 值为 1.501λ,面形误差分布如图 12.8(a)所示。文献[100,226]建立了损伤层深度的预测方法,基于该方法和实际工艺参数预测研磨损伤层厚度为 $5\mu m$。采用磁流变抛光进行 $5\mu m$ 的损伤层均匀去除,同时实现表面预抛光。由于损伤层去除过程对定位精度和加工精度要求均不高,且离轴非球面在前面工艺流程中一直固定在夹具中,因此该加工过程采用母镜坐标系加工位姿模型。为验证轮廓测量的正确性,同时为下一步修形抛光提供加工数据,采用零位补偿检验对预抛光后的离轴非球面进行测量,面形误差 PV 值为 13.890λ,RMS 值为 1.033λ,分布如图 12.8(b)所示。轮廓测量和零位补偿测量所得的面形误差高低点分布基本一致,由于零位补偿测量中发生部分数据丢失,因此其同轮廓测量结果的 RMS 值存在一定差异。总的来说,两种方法的测量结果是可以相互验证的,测量结果也是真实可信的,能够用于下一步的修形抛光过程。

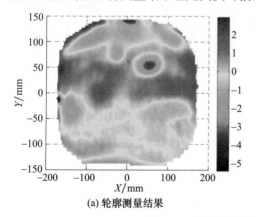

(a) 轮廓测量结果

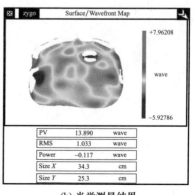

(b) 光学测量结果

图 12.8　离轴非球面面形误差分布

2. 误差光顺过程

预抛光后的离轴非球面表面已经达到光学量级的表面粗糙度，虽然能够采用零位补偿检验进行干涉测量，但是由于局部区域和边缘区域误差梯度较大，存在干涉条纹密集无法解析的问题，因此不能直接获得全口径的干涉测量结果。

离轴非球面的高精度磁流变抛光修形的实现依赖于全口径的精确面形误差数据。另外，为保证误差收敛效率，面形误差应尽量平滑光顺，即中高频"碎带"误差成分较小。结合损伤层去除后的面形误差，需要采用 CCOS 光顺工艺进行中高频误差光顺。光顺工艺参数如下：抛光盘基底为不锈钢，抛光模为沥青，不锈钢厚度为 4mm，沥青厚度为 5mm，抛光盘直径为 25mm，偏心距为 5mm，外加压力为 0.15MPa，双转子公转速度为 150r/min，自转速度为 155r/min，光顺过程如图 12.9(a) 所示。整个光顺过程采用零位补偿方法进行测量，测量光路如图 12.9(b) 所示。为观察光顺效果，选取光顺过程的几个中间演变结果，如图 12.10 所示。干涉图中上方数据略窄于下方数据，使干涉图数据分布呈现梯形形状，这是由零位测量的非线性畸变引起的。经过十几个周期的光顺加工并穿插适当的磁流变抛光修形，面形误差得到有效收敛（RMS 由 0.9λ 降低到 0.158λ），误差也更加平滑连续。另外，面形误差数据范围明显增大，光顺后的测量结果基本等于全口径面型误差分布。实验结果验证了光顺过程的有效性，并为下一步高精度磁流变抛光修形提供了可靠基础。

(a) CCOS光顺中高频误差照片　　(b) 零位补偿干涉测量照片

图 12.9　中高频光顺过程的现场照片

3. 高精度修形过程

利用 CCOS 对离轴非球面进行光顺后，为减小加工行程和定位误差，采用子镜坐标系加工位姿模型进行磁流变抛光的高精度修形，加工过程如图 12.11 所示。经过两次磁流变抛光加工共计约 6h，面形误差得到明显改善，全口径面

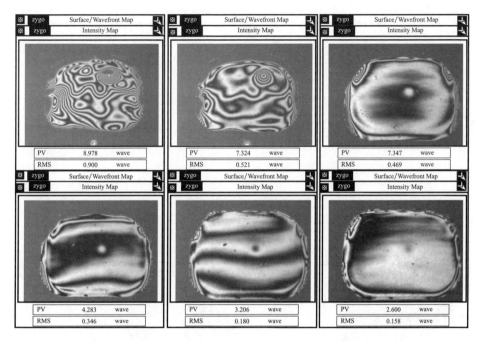

图 12.10 光顺过程的部分干涉图及检验结果

形误差值达 0.058λ RMS,误差分布如图 12.12 所示。两次磁流变抛光后,发现离轴非球面紧靠四周边缘区域的中高频误差较为严重,继续进行磁流变抛光修形可能降低收敛速度,因此在此对该面形误差进行 CCOS 光顺,工艺参数同上一小节的中高频误差光顺过程一致。经过大约 2h 的光顺加工,面形误差明显平滑,但误差稍微发散,面形精度降为 0.084λ RMS,误差分布如图 12.13 所示。

继续使用磁流变抛光对光顺后的面形误差进行修形,经过两次修形共计约 3h,全口径面形误差收敛为 0.036λ RMS,面形误差分布如图 12.14 所示,该精度已经达到加工指标要求。去除离轴非球面主镜的边缘装夹区域,得到有效口径的面形精度为 0.022λ RMS,基本达到 $1/50\lambda$ RMS,面形误差分布如图 12.15 所示。

图 12.11 高精度修形过程的现场照片

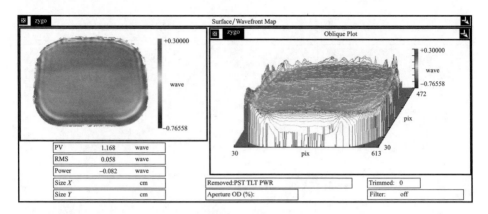

图 12.12　MRF 修形后的面形误差测量结果

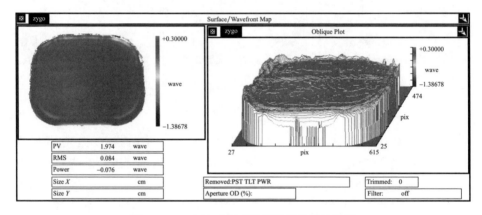

图 12.13　CCOS 光顺后的面形误差测量结果

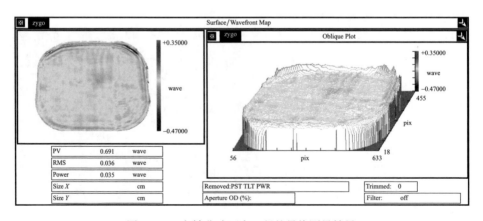

图 12.14　离轴非球面全口径的最终测量结果

第12章 加工工艺路线优化及加工实例

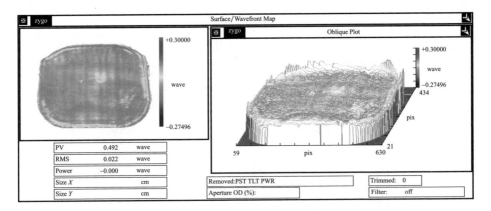

图 12.15 离轴非球面有效口径的最终测量结果

参 考 文 献

[1] 杨力. 先进光学制造技术[M]. 北京:科学出版社,2001.
[2] 王振忠,施晨淳,张鹏飞,等. 先进光学制造技术最新进展[J]. 机械工程学报,2021,57(08):23-56.
[3] 刘振宇,李龙响,曾雪峰,等. 大口径非球面反射镜误差分离组合加工技术[J]. 光学精密工程,2017,25(04):281-287.
[4] 陈宝华,吴泉英,唐运海,等. 大离轴量非球面反射镜的加工方法[J]. 光学精密工程,2021,29(05):1095-1100.
[5] 许艳军,赵宇宸,沙巍,等. 大尺寸SIC空间反射镜离子束加工热效应分析与抑制[J]. 红外与激光工程,2014,43(08):2556-2561.
[6] LABIANO A,ARGYRIOU I,ALVAREZ MARQUEZ J,et al. Wavelength calibration and resolving power of the JWST MIRI Medium Resolution Spectrometer[J]. Astronomy & Astrophysics,2021,656:57.
[7] ATKINSON C,TEXTER S,et al. Status of the JWST optical telescope element[C]. Proc. of SPIE,2006,6265:1-10.
[8] MCCOMAS B,RIFELLI R,et al. Optical verification of the James Webb Space Telescope[C]. Proc. of SPIE,2006,6271:1-12.
[9] 张建明. 大力发展精密工程技术,加速国防科技工业现代化(二)[J]. 航空精密制造技术,2004,40(5):1-5.
[10] ENDELMAN L L,ENTERPRISES E,JOSE S. Hubble space telescope:now and then[C]. Proc. of SPIE,1997,2869:44-57.
[11] 朱健强,陈绍和,郑玉霞,等. 神光Ⅱ激光装置研制[J]. 中国激光,2019,46(01):15-22.
[12] LAWSON J K,AUERBACH J M,et al. NIF optical specification the important of the RMS gradient[R]. LLNL report UCRL-JC-130032,1998:7-12.
[13] AIKENS D M. The origin and evolution of the optics for the National Ignition Facility[C]. Proc. of SPIE,1995,2536:2-12.
[14] LAWSON J K,WORFE C R,MANES K R,et al. Specification of optical components using the power spectral density function[C]. Proc. of SPIE,1995,2536:38-50.
[15] 杨福兴,苏毅,万敏,等. 高能激光系统[M]. 北京:国防工业出版社,2004.
[16] 王占山. 极紫外光刻给光学技术带来的挑战[C]. 2006年全国光电技术学术交流会,成都,2006.
[17] TAYLOR J S,SOMMARGREN G E,SWEENEY D W,et al. Fabrication and testing of optics for EUV projection lithography[C]. Proc. of SPIE,1998,3331:580-590.
[18] MURPHY R,PAUL E,et al. Fabrication of EUV components with MRF[C]. Proc. of SPIE,2004,5193:29-38.
[19] PENG S,et al. New developments in second generation 193nm immersion fluids for lithography with 1.5 numerical aperture[C]. 2nd International Symposium on Immersion Lithography,Bruges,2005.
[20] 周旭升,李圣怡,戴一帆,等. 光学表面中频误差的控制方法[J]. 光学精密工程,2007,15(11):1668-1673.
[21] DAVID W,GUO Y Y,CAROLINE G,et al. Process Automation in Computer Controlled Polishing[J]. Advanced Materials Research,2016,4231:684-689.
[22] 张学军. 数控非球面加工过程的优化研究[D]. 长春:中国科学院长春光学精密机械研究所,1997.
[23] 范斌,万勇建,陈伟,等. 能动磨盘加工与数控加工特性分析[J]. 中国激光,2006,33(1):128-132.
[24] 汪达兴,李颖,杨世海,等. 主动抛光盘磨制非球面镜面控制技术的研究[J]. 光学技术,2005,31(3):132-136.

[25] 李华,任坤,殷振,等. 超声振动辅助磨料流抛光技术研究综述[J]. 机械工程学报,2021,57(09): 233-253.

[26] 陈逢军,苗想亮,唐宇,等. 磨料液体射流抛光技术研究进展[J]. 中国机械工程,2015,26(22): 3116-3123.

[27] XIAO H,DAI Y,DUAN J. Material removal and surface evolution of single crystal silicon during ion beam polishing[J]. Applied Surface Science,2021,544:148954.

[28] 李晓静,王大森,王刚,等. 光学元件表面离子束抛光过程边缘效应抑制[J]. 表面技术,2020,49(01):349-355.

[29] 王朋,张昊,贾亚鹏,等. 单点金刚石车削刀痕的螺旋正弦轨迹气囊抛光去除[J]. 红外与激光工程,2020,49(07):189-194.

[30] PAN R,ZHAO W Y,WANG Z Z. Research on an evaluation model for the working stiffness of a robot-assisted bonnet polishing system[J]. Journal of Manufacturing Processes,2021,65:134-143.

[31] GUO Y,YIN S,OHMORI H. A novel high efficiency magnetorheological polishing process excited by Halbach array magnetic field[J]. Precision Engineering,2022,74:175-185.

[32] MANAS D,JAIN V K,GHOSHDASTIDAR P S. Estimation of magnetic and rheological properties of MR polishing fluid and their effects on magnetic field assisted finishing process[J]. Int. J. of Precision Technology,2014,4:247-267.

[33] UMEHARA N. Magnetic fluid grinding a new technique for finishing advanced ceramics[C]. Annals of the CIRP,1994,43:185-188.

[34] KUROBE T,IMANAKA O. Magnetic field-assisted fine finishing[J]. Prec. Eng.,1984,6:119-124.

[35] SUZUKI H,KODERA S,et al. Magnetic field-assisted polishing:application to a curved surface[J]. Prec. Eng.,1989,4:197-202.

[36] SUZUKI H,KODERA S,et al. Study on Magnetic field-assisted polishing effect of magnetic field distribution on removal distribution[J]. Prec. Eng.,1993,59:83-88.

[37] ZHANG Y,ZOU Y. Study on Corrective Abrasive Finishing for Workpiece Surface by Using Magnetic Abrasive Finishing Processes[J]. Machines,2022,10(2):98.

[38] KUMAR A,KUMAR H. Experimental investigation into internal roundness of Inconel-718 thick cylinder using chemical assisted magnetic abrasive finishing process[J]. Materials Today:Proceedings,2022,48(P5):1468-1475.

[39] SHINMURA T,TAKAZAWA K,et al. Study on magnetic abrasive process effects of machining fluid on finishing characteristics[J]. Prec. Eng.,1986,20(1):52-54.

[40] HENG L,KIM J S,TU J F. Fabrication of precision meso-scale diameter ZrO_2 ceramic bars using new magnetic pole designs in ultra-precision magnetic abrasive finishing[J]. Ceramics International,2020,46(11):17335-17346.

[41] KORDONSKY W I. Adaptice structure based on magnetorheological fluids[C]. Proc. Adaptive Struct,1992:13-17.

[42] PROKHOROV I V,KORDONSKY W I,et al. New high-precision magnetorheological instruments-based method of polishing optics[C]. OSA OF&T Workshop Digest 24,1992:134-136.

[43] SHOREY A B,KORDONSKI W I,TRICARD M. Magnetorheological Finishing of large and lightweight optics[C]. Proc. of SPIE,2004,5533:99-107.

[44] 张峰. 磁流变抛光技术研究[D]. 长春:中国科学院长春光学精密机械研究所,2000.

[45] KORDONSKY W I,PROKHOROV I V,et al. Basic properties of magetorheological fluid for optical finishing and glass polishing experiment using MR fluids[C]. OSA OF&T Workshop Digest 13,1994:104-109.

[46] GOLINI D,POLLICOVE H,et al. Computer control makes asphere production run of the mill[J]. Lasser Focus World,1995:83-86.

[47] JACOBS S D, GOLINI D, et al. Magnetorheological finishing a deterministic process for optics manufacturing[C]. Proc. of SPIE,1995,2576:372 - 382.

[48] KORDONSKY W I,JACOBS S D. Magnetorheological finishing[J]. Int. J. Mod. Phys. ,1996,10:2837 - 2848.

[49] LAMBROPOULOS J, YANG F, JACOBS S D. Toward a mechanical mechanism for material removal in magnetorheological finishing[C]. OSA OF&T Workshop Digest 7,1996:150 - 153.

[50] KORDONSKI W I, JACOBS S D, GOLINI D, et al. Vertical wheel magnetorheological finishing machine for flats,convex and concave surface[C]. OSA OF&T Workshop Digest 7,1996:146 - 149.

[51] GOLINI D,JACOBS S D, KORDONSKI W I, et al. Precision optics fabrication using magnetorheological finishing[C]. Proc. of SPIE,1997,67:251 - 274.

[52] JACOBS S D, YANG F Q, FESS E M, et al. Magnetorheological finishing of IR materials[C]. Proc. of SPIE,1997,3134:258 - 269.

[53] SHOREY A B, et al. Materials removal during magnetorheological finishing[C]. Proc. of SPIE,1999, 3782:101 - 111.

[54] ARRASMITH,STEVEN R,KOZHINOVA,et al. Details of the polishing spot in magnetorheological finshing[C]. Proc. of SPIE,1999,3782:92 - 100.

[55] TRICARD M,MURPHY P E. Subaperture stitching for large aspheric surfaces[R]. Talk for NASA Tech Day,2005.

[56] KORDONSKI W I,GORODKIN S,et al. Static yield stress in magnetorheological fluid[C]. 7th international conference on electro - rheological fluids and magneto - rheological suspensions,1999:611 - 620.

[57] GOLINI D,DONALD, KORDONSKI W I,et al. Magnetorheological finishing in commercial precision optics manufacturing[C]. Proc. of SPIE,1999,3782:80 - 91.

[58] SHOREY A B,KORDONSKI W I,TRICARD M. Dterministic precision finishing of domes and conformal optics[C]. Proc. of SPIE,1999,5786:310 - 318.

[59] TRICARD M, DUMAS P, FORBES G, et al. Recent advances in sub - aperture approaches to finishing and metrology[C]. Proc. of SPIE,2006,6149:95 - 105.

[60] SUPRANOWITZ C, HALL C, DUMAS P, et al. Improving surface figure and microroughness of IR materials and diamond turned surfaces with Magnetorheological Finishing[C]. Proc. of SPIE,2007,6545:1 - 11.

[61] MESSNERA W,HALLA C,DUMASA P,et al. Manufacturing meter - scale aspheric optics[C]. Proc. of SPIE,2007,6671:1 - 8.

[62] DUMAS P, HALL C, HALLOCK B, et al. Complete sub - aperture pre - polishing and finishing solution to improve speed and determinism in asphere manufacture[C]. Proc. of SPIE,2007,6671:1 - 11.

[63] SAKAYA K, KUROBE T, SUZUKI S, et al. GLP(Grinding - Like polishing) using magnetic fluid - surface polishing characteristics of Silicon wafer[J]. Pre. Eng. ,1996,30(2):142 - 143.

[64] SCHINHAERL M, GEISS A, RASCHER R, et al. Coherences between influence function size, polishing quality and process time in the magnetorheological finishing[C]. Proc. of SPIE,2006,6288:1 - 10.

[65] SCHINHAERL M,RASCHER R,STAMP R,et al. Filter algorithm for influence functions in the computer controlled polishing of high - quality optical lenses[J]. Int. J. Mach. Tools,2007,47:107 - 117.

[66] SCHINHAERL M,RASCHER R,STAMP R,et al. Utilisation of time - variant influence functions inthe computer controlled polishing[J],Prec. Eng. ,2008,32:47 - 54.

[67] SCHINHAERL M,PITSCHKE,et al. Comparison of different magnetorheological polishing fluids[C], Proc. of SPIE,2005,5965:659 - 670.

[68] SCHINHAERL M,RASCHER R,et al. Mathematical modelling of influence functions in computer - controlled polishing Part I - II[J]. Appl. Math. Model,2007,10:1016 - 1029.

[69] JHA S,JAIN V K. Modeling and simulation of surface roughness in magnetorheological abrasive flow finishing (MRAFF) process[J]. Int. J. Wear,2006,261:856 - 866.

[70] 张峰,潘守甫,张学军,等. 磁流变抛光材料去除的研究[J]. 光学技术,2001,27(6):522-524.
[71] 孙希威,张飞虎,董申. 磁流变抛光去除模型及驻留时间算法研究[J]. 新技术新工艺,2006(2):73-75.
[72] 程灏波,冯之敬,王英伟. 磁流变抛光超光滑光学表面[J]. 哈尔滨工业大学学报,2005,37(4):433-436.
[73] 康桂文,张飞虎,董申. 磁流变技术研究及其在光学加工中的应用[J]. 光学技术,2004,30(3):354-356.
[74] 康桂文,张飞虎,仇中军,等. 精密磁流变抛光机床的研制[J]. 制造技术与机床,2005(7):47-49.
[75] 程颢波. 基于空间频率评价磁流变抛光非球面中频误差[J]. 哈尔滨工业大学学报,2006,38(6):917-919.
[76] 张云. 光学非球面数控磁流变抛光技术的研究[D]. 北京:清华大学,2003.
[77] 彭小强. 确定性磁流变抛光的关键技术研究[D]. 长沙:国防科学技术大学,2004.
[78] 彭小强,戴一帆,李圣怡. 磁流变抛光的材料去除数学模型[J]. 机械工程学报,2004,40(4):67-70.
[79] PENG X Q,DAI Y F,LI S Y,et al. Experimental research on processing parameters of MRF[C]. Euspen 6th anniversary international conference,2006:79-82.
[80] SHI F,DAI Y F,et al. Mechanism of material removal in magnetorheological finishing (MRF) process [C]. Euspen 10th anniversary international conference,Zurich,2008:249-252.
[81] 仇中军. 光学玻璃磁流变抛光技术的研究[D]. 哈尔滨:哈尔滨工业大学,2003.
[82] 张峰. 几种参数对磁流变抛光的影响[J]. 光学技术,2000,26(3):220-221.
[83] CHENG H B,FENG Z J,WU Y B. Fabrication of off-axis aspherical mirrors with loose abrasive point-contact machining[J]. Key Engineering Materials,2004:153-158.
[84] 冯之敬,王英伟. 油基磁流变液的开发及抛光性能研究[J]. 光电工程,2004,31(10):28-31.
[85] 汪建晓,孟光. 磁流变液研究进展[J]. 航空学报,2002,23:6-12.
[86] 金昀. 磁流变液剪切屈服应力的实验测试和理论计算[D]. 合肥:中国科学技术大学,2000.
[87] 尤伟伟,彭小强,戴一帆. 磁流变抛光液的研究[J]. 光学精密工程,2004,12(3):330-334.
[88] 尤伟伟. 磁流变抛光的关键技术研究[D]. 长沙:国防科技大学,2004.
[89] 杨任清,张万里,龚捷,等. 磁流变液的流变学性质研究[J]. 功能材料,1998,29(5):550-558.
[90] PENG X Q,SHI F,DAI Y F,et al. Dwell time algorithm for polishing of small axis-symmetrical asherical parts in MRF[C]. 6th International Conference on Frontiers of Design and Manufacturing,Xian,2004:1-4.
[91] PENG X Q,SHI F,DAI YIFAN. Magnetorheological fluids modeling without the no-slip boundary condition[J]. International journal of manufacturing technology and management,2008,31(1):27-35.
[92] SHOREY A B. Mechanisms of the material removal in magnetorheological finishing (MRF) of glass[D]. NewYork:Dissertation of University of Rochester,2000.
[93] SHOREY A B. Understanding the mechanism of glass removal in magnetorheological finishing (MRF) [J]. LLE Review,2001,83:1-15.
[94] GOLINID. Surface interactions between nanodiamonds and glass in magnetorheological finishing (MRF) [D]. NewYork:Dissertation of University of Rochester,2007.
[95] SHOREY A B,KORDONSKI W I,et al. Design and testing of a new magnetorheometer[J]. Review of scientific instruments,1999,70:4200-4206.
[96] GORODKIN S R,KORDONSKI W I,et al. A method and device for measurement of a sedimentation constant of magnetorheological fluids[J]. Review of scientific instruments,2000,7:2476-2480.
[97] KIM J H,SEIREG A A. Thermohydrodynamic lubrication analysis incorporating Bingham rheological model[J]. Int. J. Tribology,2000,122:137-146.
[98] JANG J Y,KHONSARI M M. Performance analysis of grease-lubricated journal bearings including thermal effects[J]. Int. J. Tribology,1997,119:859-868.

[99] MENAPACE J A,PENETRANTE B,GOLINI D,et al. Combined advanced finishing and UV – laser conditioning for producing UV damage resistant fused silica optics[C]. Proc. of SPIE,2002,4679:56 – 68.

[100] 王嘉琪,肖强. 磁流变抛光技术的研究进展[J]. 表面技术,2019,48(10):317 – 328.

[101] 肖强,陈刚. 集群磁流变抛光参数对亚表面损伤深度的影响[J]. 光子学报,2018,47(01):75 – 81.

[102] ARRASMITH S R,JACOBS S D,LAMBROPOULOS J C,et al. Use of magnetorheological finishing (MRF) to relieve residual stress and subsurface damage on lapped semiconductor silicon wafers[C]. Proc. of SPIE,2001,4451:286 – 294.

[103] HALLOCK B,DUMAS P,SHOREY A B,et al. Recent advances in deterministic,low – cost finishing of sapphire windows[C]. Proc. of SPIE,2005,5786:154 – 164.

[104] POLLICOVE H M,FESS E M,SCHOEN J M. Deterministic manufacturing processes for precision optical surfaces[C]. Proc. of SPIE,2003,5078:90 – 96.

[105] 辛企明,孙雨南,谢敬辉. 现代光学制造技术[M]. 北京:国防工业出版社,1997.

[106] 袁巨龙,王志伟,文东辉,等. 超精密加工现状综述[J]. 机械工程学报,2007,43(1):35 – 48.

[107] REICHER D W,KRANENBERG C F,STOWELL R S,et al. Fabrication of optical surfaces with low subsurface damage using a float polishing process[C]. Proc. of SPIE,1991,1624:161 – 171.

[108] YOSHIYAMA J,GÉNIN F Y,SALLEO A,et al. A study of the effects of polishing,etching,cleaving,and water leaching on the UV laser damage of fused silica[C]. Proc. of SPIE,1998,3244:331 – 340.

[109] 杨航,任福靖,张云飞,等. 磁流变抛光入口区域剪切力场形成机制数值分析[J]. 光学技术,2022,48(02):153 – 158.

[110] 袁胜豪,张云飞,余家欣,等. 磁流变抛光中表面彗尾状缺陷的生成与演变行为[J]. 光学精密工程,2021,29(04):740 – 748.

[111] 尹韶辉,龚胜,何博文,等. 小口径非球面斜轴磨削及磁流变抛光组合加工工艺及装备技术研究[J]. 机械工程学报,2018,54(21):205 – 211.

[112] 石峰,万稳,戴一帆,等. 磁流变抛光对熔石英激光损伤特性的影响[J]. 光学精密工程,2016,24(12):2931 – 2937.

[113] 万稳,戴一帆,石峰,等. 提升熔石英抗激光损伤性能的磁流变与HF刻蚀结合方法[J]. 国防科技大学学报,2015,37(06):8 – 11.

[114] ZHOU L,DAI Y F,XIE X H,et al. Analysis of correcting ability of ion beam figuring[J]. Key Engineering Materials,2008,364:470 – 475.

[115] 戴一帆,周林,解旭辉,等. 应用离子束进行光学镜面确定性修形的实现[J]. 光学学报,2008,28(6):1131 – 1135.

[116] ZHOU L,XIE X H,DAI Y F,et al. Ion beam figuring system in NUDT[C]. Proc. of SPIE,2007,6722:1 – 6.

[117] ZHOU L,DAI Y F,XIE X H,et al. Frequency – domain analysis of computer – controlled optical surfacing processes[J]. Science in China Series E:Technological Sciences,2009,52:1 – 8.

[118] ZHOU L,DAI Y F,XIE X H,et al. Predictable process to correct optical surface error by ion beam figuring[C]. Euspen 10th Anniversary International Conference,Zurich,2008:72.

[119] 焦长君,李圣怡,解旭辉,等. 光学镜面离子束加工去除函数工艺可控性分析[J]. 光学技术,2008,34(5):651 – 654.

[120] 焦长君,解旭辉,李圣怡,等. 光学镜面离子束加工的材料去除效率[J]. 光学精密工程,2008,16(8):1343 – 1348.

[121] 焦长君,李圣怡,王登峰,等. 离子束加工光学镜面材料去除特性[J]. 光学精密工程,2007,15(10):1520 – 1526.

[122] JIAO C J,XIE X H,LI S Y,et al. Design of ion beam figuring machine for optics mirrors[J]. Key Engineering Materials,2008:756 – 761.

[123] 焦长君,李圣怡,解旭辉,等. 光学镜面离子束加工系统设计与分析[J]. 中国机械工程,2008 (10):1213-1218.
[124] 吴乃龙,袁素云. 最大熵方法[M]. 长沙:湖南科学技术出版社,1991.
[125] ZHOU X S,LI S Y. Application of maximum entropy principle in plane lapping[C]. Proc. of SPIE, 2006,6034:148-155.
[126] 陈建军,曹一波,段宝岩. 结构信息熵与极大熵原理[J]. 应用力学学报,1998,15(4):116-121.
[127] 曹力,史忠科. 基于最大熵原理的多阈值自动选取新方法[J]. 中国图象图形学报,2002,7(5): 461-465.
[128] 周林. 光学镜面离子束修形理论与工艺研究[D]. 长沙:国防科学技术大学,2008.
[129] 潘君骅. 光学非球面的设计、加工与检验[M]. 北京:科学出版社,1994.
[130] 彭小强,李圣怡,戴一帆. 磁流变抛光中的磁场与缎带成型分析[J]. 高技术通讯,2004,4:58-60.
[131] TICHY J A. Hydrodynamic lubrication theory for the Bingham plastic flow model[J]. Int. J. Rheol., 1991,35(4):447-496.
[132] CARR J W,FEARON E,SUMMERS L J,et al. Subsurface damage assessment with atomic force microscopy[R]. Lawrence Livermore National Laboratory (LLNL) Report,1999:1-4.
[133] JANSSON P A. De-convolution: with applications in spectroscopy[M]. New York:Academic Press,1984.
[134] JONES R A. Optimization of computer controlled polishing[J]. Applied Optics,1977,16(1):218-224.
[135] WILSON S R,MCNEIL J R. Neutral ion beam figuring of large optical surface[J]. Proc. of SPIE,1987, 818:320-324.
[136] DRUEDING T W,BIFANO T G,FAWCETT S C. Contouring algorithm for ion figuring[J]. Precision Engineering,1995,17:10-21.
[137] ESSAI A,et al. Weighted FOM and GMRES for solving non-symmetric linear systems[J]. J. Numer. Algorithm,1998,18:277-299.
[138] ZHANG Y. Solving large-scale linear programs by interior-point methods under the MATLAB Environment[R]. Technical report TR96-01,1999.
[139] PAIGE C C,SAUNDERS M A. Solution of sparse indefinite systems of linear equations[C]. Siam. J. Numer. Anal.,1975,12:617-629.
[140] FREUND R W,NACHTIGAL M. A quasi-minimal residual method for non-hermitian linear systems [J]. Numer. Math.,1991,60:315-339.
[141] VORST H A. A fast and smoothly converging variant of BI-CG for the solution of nonsymmetric linear systems[J]. J. Sci. Stat. Comput.,1992,13:631-644.
[142] SONNEVELD P. A fast lanczos-type solver for nonsymmetric linear systems[J],J. Sci. Stat. Comput., 1989,10:36-52.
[143] CARNAL C L. EGERT C M,et al. Advanced matrix-based algorithm for ion beam milling of optical components[C]. Proc. of SPIE,1992,1752:54-62.
[144] DENG W J. Dwell time algorithm based on matrix algebra and regularization method[J]. Opt. Precision Eng.,2007,15:1-15.
[145] SAAD Y,SCHULTZ M H. A generalized minimal residual algorithm for solving non-symmetric linear systems[J]. J. Sci. Stat. Comput.,1986,7:856-869.
[146] 陈善勇. 非球面子孔径拼接干涉测量的几何方法研究[D]. 长沙:国防科学技术大学,2006.
[147] 杨力. 现代光学制造工程[M]. 北京:科学出版社,2009.
[148] 陈宝华,吴泉英,唐运海,等. 大离轴量非球面反射镜的加工方法[J]. 光学精密工程,2021,29 (05):1101-1102.
[149] 解旭辉. 大口径离轴非球面磁流变和离子束复合短流程加工关键工艺与技术[Z]. 2011.

[150] WANG K,PREUMONT A. Field stabilization control of the European Extremely Large Telescope under wind disturbance.[J]. Applied optics,2019,58(4):1174-1184.

[151] CAVAZZANI S,ORTOLANI S,ZITELLI V. Satellite-based forecasts for seeing and photometric quality at the European Extremely Large Telescope site[J]. Monthly Notices of the Royal Astronomical Society,2017,471(3):2616-2625.

[152] VICK CHARLES P. KH-12 Improved Crystal[Z]. 2007, http://www.globalsecurity.org/space/systems/kh-12.htm.

[153] SEOK-HWAN O. Immersion Lithography:Now and the Future[C]. The 3rd International Symposium on Immersion Lithography. Japan,2006.

[154] PETER KUERZ, THURE BOEHM, et al. Optics for EUV lithography[Z]. EUV Symposium, Lake Tahoe,2008.

[155] DONIS G. FLAGELLO, BILL ARNOLD. Optical lithography for nanotechnology[C]. Proc. of SPIE,2006,6327:63270D.

[156] EUVL-getting ready for volume introduction[Z]. SEMICON West,Hans Meiling,2010.

[157] 辛企明. 光学塑料非球面制造技术[M]. 北京:国防工业出版社,2005.

[158] 叶枫菲,余德平,万勇建,等. 基于变压力的CCOS光学研抛技术[J]. 光电工程,2018,45(04):50-57.

[159] Jones R A. Automated optical surfacing[C]. Proc. of SPIE,1990,1293:704-710.

[160] 冯永涛. 大型非球面镜抛光过程智能控制策略研究[D]. 重庆:重庆大学,2010.

[161] MARTIN H M,BURGE J H,et al. Manufacture of a 1.7m prototype of the GMT primary mirror segments[C]. Proc. of SPIE,2006,6273:62730G.

[162] MARTIN H M,BURGE J H,et al. Manufacture of a combined primary and tertiary mirror for the Large Synoptic Survey Telescope[C]. Proc. of SPIE,2008,7018:70180G.

[163] ZHONG B,DENG W,CHEN X,et al. Frequency division combined machining method to improve polishing efficiency of continuous phase plate by bonnet polishing[J]. Optics express,2021,29(2):1597-1612.

[164] HUANG W R,TSAI T Y,LIN Y J,et al. Experimental investigation of mid-spatial frequency surface textures on fused silica after computer numerical control bonnet polishing[J]. The International Journal of Advanced Manufacturing Technology,2020,108:1-14.

[165] 李晓静,王大森,张旭,等. 融石英光学材料离子束抛光去除特性研究[J]. 兵器材料科学与工程,2019,42(06):9-12.

[166] 唐瓦,邓伟杰,郑立功,等. 离子束抛光去除函数计算与抛光实验[J]. 光学精密工程,2015,23(01):31-39.

[167] 肖强,王嘉琪,靳龙平. 磁流变抛光关键技术及工艺研究进展[J]. 材料导报,2022,36(07):65-74.

[168] GOLINI DON,I. KORDONSKI W, et al. Magnetorheological finishing (MRF) in commercial precision optics manufacturing[C]. Proc. of SPIE,1999,3782:80-91.

[169] GEY L R. From VLT to GTC and the ELTs[J]. SPIE,2005,5965:25.

[170] BURGE J H. Mirror Technologies for Giant Telescopes[Z]. The University of Arizona:Tucson.

[171] MARTIN H M,BURGE J H,et al. Progress in manufacturing the first 8.4m off-axis segment for the Giant Magellan Telescope[C]. Proc. of SPIE,2008,7018:70180C.

[172] RICHARD FREEMAN. Corrective Polishing Machines[Z]. Zeeko Ltd,2010.

[173] LYNN N ALLEN,JOHN J HANNON,RICHARD W Wambach. Final surface error correction of an off-axis aspheric petal by ion figuring[C]. Proc. of SPIE,1991,1543:190-200.

[174] RUFINO DIAZ-URIBE, ALEJANDRO CORNEJO-RODRIGUEZ. Conic constant and paraxial radius of curvature measurements for conic surfaces[J]. Appl. Optics,1986,25(20):3731-3734.

[175] YING PI,PATRICK J REARDON. Determining parent radius and conic of an off-axis segment inter-

ferometrically with a spherical reference wave[J]. Optics Letters,2007,32(9):1063-1065.

[176] 程灏波,王英伟,冯之敬,等.光学非球面二次曲面常数及顶点曲率的研究[J].光学技术,2004, 30(3):311-317.

[177] 罗勇.二次非球面镜参数求解模型及求解算法研究[J].科学技术与工程,2010,10(36):8968-8971.

[178] 吴高峰,陈强,侯溪,等.干涉法测量非球面顶点半径和二次常数[J].光学学报,2009,29(10): 2804-2807.

[179] 张峰.高精度离轴凸非球面反射镜的加工及检测[J].光学精密工程,2010,18(12):2557-2563.

[180] BOB HALLOCK,BILL MESSNER,CHRIS HALL,et al. Improvements in Large Window and Optics Production[C]. Proc. of SPIE,2007,6545:654519.

[181] PAUL DUMAS,CHRIS HALL,BOB HALLOCK,et al. Complete sub-aperture pre-polishing&finishing solution to improve speed and determinism in asphere manufacture[C]. Proc. of SPIE,2007,6671:667111.

[182] MARC TRICARD. Status of Sub-Aperture Finishing and Metrology Development[Z]. Mirror Technology SBIR/STTR Workshop,2009.

[183] MARKUS SCHINHAERL,GORDON SMITH,RICHARD STAMP,et al. Mathmatical modeling of influence functions in computer-controlled polishing:Part I[J]. Applied Mathematical Modelling,2008,32 (12):2888-2906.

[184] 石峰.高精度光学镜面磁流变抛光关键技术研究[D].长沙:国防科学技术大学,2009.

[185] YANG M Y,LEE H C. Local material removal mechanism considering curvature effect in the polishing process of the small aspherical lens die[J]. Journal of Materials Processing Technology,2001,116:298-304.

[186] 李圣怡,戴一帆,等.大中型光学非球面镜制造与测量新技术[M].北京:国防工业出版社,2011.

[187] MO JALIE. Aspheric lenses thinner and lighter by design[J]. Continuing Education and Training,2005: 38-46.

[188] TUELL M T. Novel tooling for production of aspheric surfaces[D]. Tucson:University of Arizona,2002.

[189] 张峰,张学军,余景池,等.磁流变抛光数学模型的建立[J].光学技术,2000,26(2):190-192.

[190] 廖文林.高精度球体类零件离子束确定性修形技术研究[D].长沙:国防科学技术大学,2010.

[191] 周林,解旭辉,戴一帆,等.光学平面镜面离子束修形中速度模式的实现[J].机械工程学报, 2009,45(7):152-156.

[192] 张光澄.非线性最优化计算方法[M].北京:高等教育出版社,2005.

[193] 袁亚湘,孙文瑜.最优化理论与方法[M].北京:科学出版社,1997.

[194] 陈宝林.最优化理论与算法[M].北京:清华大学出版社,2005.

[195] BAZARAA M S,SHETTY C M. Nonlinear programming:theory and algorithms[M]. New York:Wiley,1979.

[196] 吴岳,刘红卫,谢迪.半定规划的齐次不可行内点算法[J].中国科学院大学学报,2016,33(03): 317-328.

[197] 迟晓妮,张睿婕,刘三阳.线性权互补问题的新全牛顿步可行内点算法[J].应用数学,2021,34 (02):304-311.

[198] TOUIL I,CHIKOUCHE W. Novel kernel function with a hyperbolic barrier term to primal-dual interior point algorithm for sdp problems[J]. Acta Mathematicae Applicatae Sinica,English Series,2022,38 (1):44-67.

[199] KHEIRFAM B,HAGHIGHI M. A wide neighborhood interior-point algorithm based on the trigonometric kernel function[J]. Journal of Applied Mathematics and Computing,2020:1-17.

[200] BYRD R H. Robust trust region methods for constrained optimization[C]. SIAM conference on Optimization,Houston,Tex,1987:17.

[201] 康念辉.碳化硅反射镜超精密加工材料去除机理与工艺研究[D].长沙:国防科学技术大学,2009.

[202] BULSARA V H,AHN Y,CHANDRASEKAR S,et al. Mechanics of polishing[J]. Journal of Applied

Mechanics,1998,65:410-416.
- [203] 周洋,李新南. 离轴二次曲面型参数测量归算方法的研究[J]. 天文研究与技术,2008,5(3):307-311.
- [204] FOREMAN JR J W. Simple numerical measure of the manufacturability of aspheric optical surfaces[J]. Appl. Opt,1986,25(6):826-827.
- [205] FOREMAN JR J W. Mercier's aspheric manufacturability index[J]. Appl. Opt,1987,26(22):4711-4712.
- [206] MARC TRICARD, PAUL DUMAS, GREG FORBES. Sub-aperture approaches for asphere polishing and metrology[C]. invited talk, Photonics Asia, Beijing, China, 2004:8-11.
- [207] 郑立功. 离轴非球面CCOS加工过程关键技术研究[D]. 长春:中国科学院长春光学精密机械与物理研究所,2003.
- [208] QED Application Note 1008. Minimizing Mid-Spatial Frequency Errors[Z]. 2010.
- [209] DAI Y F, SONG C, PENG X Q, et al. Calibration and prediction of removal function in magnetorheological finishing[J]. Appl. Opt,2010,49(3):298-306.
- [210] 王权陡. 计算机控制离轴非球面制造技术研究[D]. 长春:中国科学院长春光学精密机械与物理研究所,2001.
- [211] MICHAEL T HEATH. 科学计算导论[M]. 张威,贺华,冷爱萍,译. 北京:清华大学出版社,2005.
- [212] 范俊玲. 大口径非球面检测方法研究[D]. 哈尔滨:哈尔滨工业大学,2007.
- [213] BURKE JAN, WANG KAI, BRAMBLE ADAM. Null test of an off-axis parabolic mirror. I. Configuration with spherical reference wave and flat return surface[J]. Opt. Express,2009,17(5):3196-3210.
- [214] 郭培基. 补偿法检测非球面的若干关键技术研究[D]. 长春:中国科学院长春光学精密机械与物理研究所,2000.
- [215] 李锐钢,郑立功,薛栋林,等. 大口径高次、离轴非球面干涉测量中投影畸变的标定方法[J]. 光学精密工程,2006,14(4):532-538.
- [216] 罗勇,孙胜利,王敬,等. 非球面零位补偿检测中非线性误差的影响及去除[J]. 科学技术与工程,2007,7(16):4150-4162.
- [217] 程灏波. 零补偿干涉检测实现及误差量规律[J]. 哈尔滨工业大学学报,2006,38(8):1247-1250.
- [218] 程灏波,冯之敬. 波像差法构建非球面干涉检测的误差分离模型[J]. 清华大学学报(自然科学版),2006,46(2):187-190.
- [219] 李俊峰,宋淑梅. 离轴抛物镜检测中调整误差对波前畸变的影响[J]. 光学精密工程,2011,19(8):1763-1770.
- [220] 陈钦芳,李英才,马臻,等. 离轴非球面反射镜补偿检验的计算机辅助装调技术研究[J]. 光子学报,2010,39(12):2220-2223.
- [221] 陈钦芳,李英才,马臻,等. 利用调整技术补偿离轴抛物面反射镜面形误差[J]. 光子学报,2010,39(9):1578-1581.
- [222] 杨晓飞,韩昌元. 利用计算机辅助装调检测矩形大口径离轴非球面的方法研究[J]. 光学技术,2004,30(5):532-534.
- [223] 薛栋林,郑立功,王淑平,等. 离轴二次非球面补偿检验计算机辅助调整技术研究[J]. 光学精密工程,2006,14(3):380-385.
- [224] 郑立功,张学军,张峰. 矩形离轴非球面反射镜的数控加工[J]. 光学精密工程,2004,12(1):113-117.
- [225] PAUL DUMAS. Magnetorheological Finishing (MRF)[Z]. QED Technologies,2010. Uhttp://www.qedmrf.comU.
- [226] 久米 保. 高精度非球面の研磨と測定技術[Z]. QED Technologies,2010. Uhttp://www.qedmrf.comU.
- [227] 程灏波. 精研磨阶段非球面面形接触式测量误差补偿技术[J]. 机械工程学报,2005,41(8):228-232.

内容简介

本书介绍了光学元件磁流变抛光理论与关键工艺，尤其重点介绍了离轴非球面光学元件磁流变抛光关键技术。第 1 章～第 6 章侧重介绍磁流变抛光的理论和工艺研究，主要针对高精度光学镜面磁流变抛光过程中的去除函数多参数模型、表面与亚表面质量控制、驻留时间高精度求解与实现、修形工艺优化方法等关键问题进行深入研究和实验验证；第 7 章～第 12 章以离轴非球面光学零件的高精高效制造为需求牵引，针对离轴非球面磁流变抛光过程中的关键理论和工艺问题开展研究，旨在实现面形误差和特征量参数双重约束条件下的离轴非球面光学零件的磁流变抛光，形成基于磁流变抛光技术的加工工艺路线，从而进一步提高我国离轴非球面光学零件的制造水平。

本书可供从事机械工程和光学工程的研究人员和工程设计人员参考使用，特别是对高精度光学镜面的制造人员具有较好的参考价值。

Abstract

This book introduces the theory and key processes of magnetorheologicalfinishing of optical components, with particular emphasis on the key technologies of magnetorheological finishing of off – axis aspherical optical components. Chapters 1 to 6 focus on the theoretical and process research of magnetorheological finishing, mainly focusing on the multi – parameter model of removal function, surface and sub – surface quality control, high – precision solution and realization of residence time, optimization methods of shaping process and other key issues in the high – precision optical mirror magnetorheological finishing process for in – depth research and experimental verification. The aim of Chapters 7 to 12 is to realize the magnetorheological polishing of off – axis aspherical optical parts under the double constraints of surface shape error and characteristic quantity parameters, and to form a machining process route based on magnetorheological polishing technology, so as to further improve the manufacturing level of off – axis aspherical optical parts in China.

This book can be used as a reference for researchers and engineering designers engaged in mechanical engineering and optical engineering, especially for the fabricators of high – precision optical mirrors.

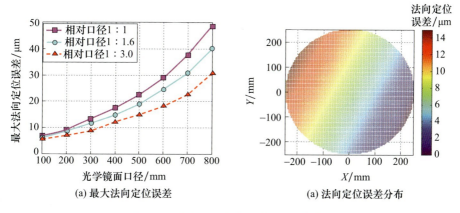

图 2.8 抛光轮法向定位误差仿真结果

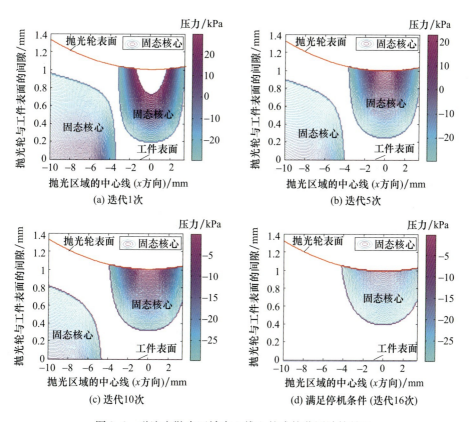

图 3.6 磁流变抛光区域中心线上的成核范围计算结果

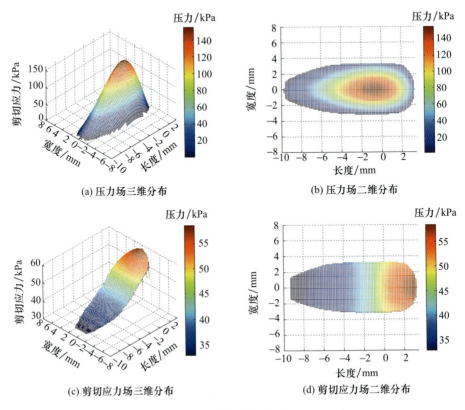

图 3.7 磁流变抛光区域的压力场和剪切应力场分布

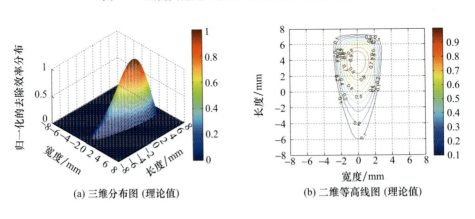

(a) 三维分布图 (理论值)　　(b) 二维等高线图 (理论值)

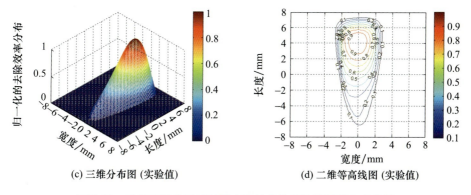

(c) 三维分布图 (实验值)　　　　(d) 二维等高线图 (实验值)

图 3.10　磁流变抛光区域材料去除效率的理论预测值和实验值

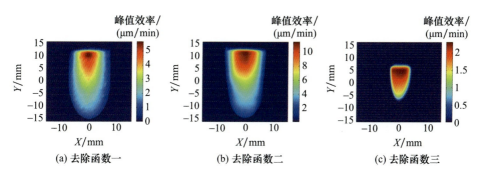

(a) 去除函数一　　　(b) 去除函数二　　　(c) 去除函数三

图 4.5　磁流变消除磨削亚表面裂纹层采用的去除函数

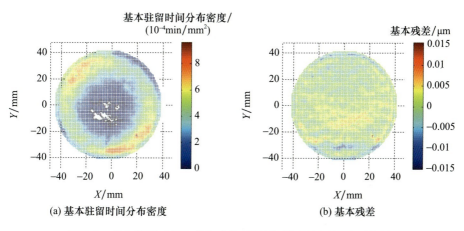

(a) 基本驻留时间分布密度　　　　(b) 基本残差

图 5.9　基本驻留时间和基本残差(线性扫描、WNNGMRES 算法)

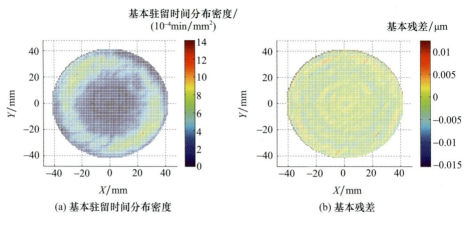

(a) 基本驻留时间分布密度　　　　　(b) 基本残差

图 5.12　基本驻留时间和基本残差（极轴扫描、WNNGMRES 算法）

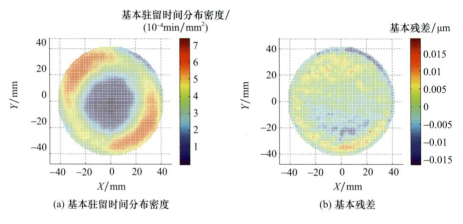

(a) 基本驻留时间分布密度　　　　　(b) 基本残差

图 5.15　基本驻留时间和基本残差（线性扫描、脉冲迭代法）

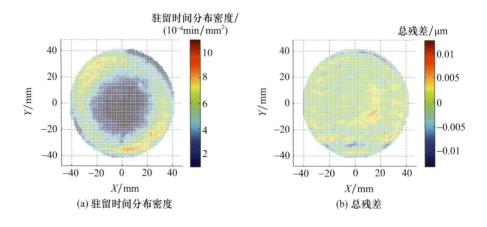

(a) 驻留时间分布密度　　　　　(b) 总残差

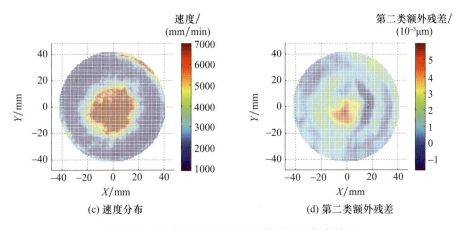

(c) 速度分布　　　　　　　　　　(d) 第二类额外残差

图 5.28　联合优化后的磁流变修形过程仿真结果

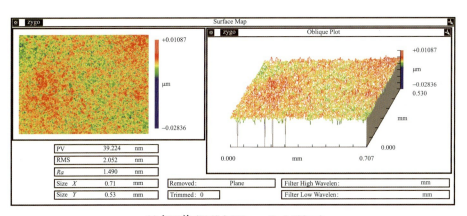

(a) 加工前 (RMS 2.052nm、Ra 1.490nm)

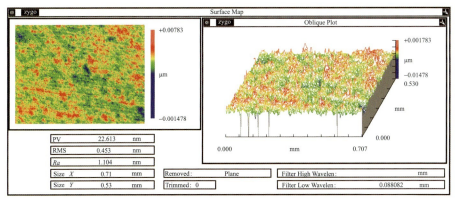

(b) 加工后 (RMS 1.453nm、Ra 1.104nm)

图 6.22　轻质薄型碳化硅平面反射镜磁流变加工前后的表面粗糙度

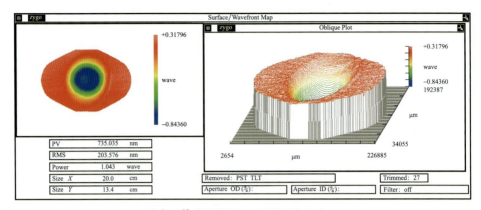

(a) 加工前 (PV 735.0nm、RMS 203.6nm)

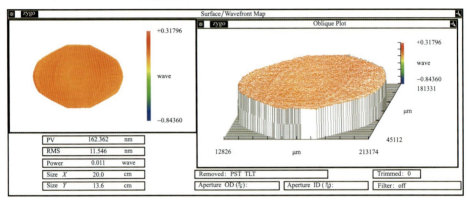

(b) 加工后 (PV 162.4nm、RMS 11.5nm)

图 6.24　异形碳化硅平面反射镜磁流变加工前后的面形误差

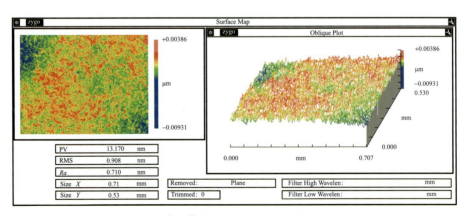

(a) 加工前 (RMS 0.908nm、Ra 0.710nm)

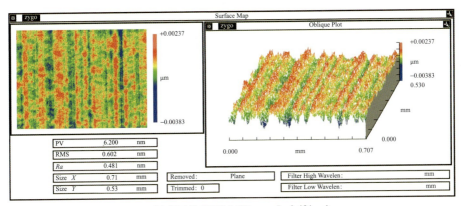

(b) 加工后 (RMS 0.602nm、Ra 0.481nm)

图 6.26 异形碳化硅平面反射镜磁流变加工前后的表面粗糙度

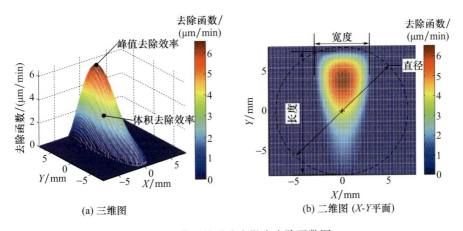

(a) 三维图   (b) 二维图 (X-Y平面)

图 9.1 典型的磁流变抛光去除函数图

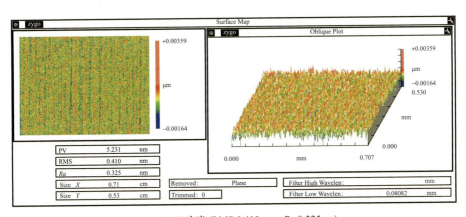

(a) K9玻璃 (RMS 0.410nm、Ra 0.325nm)

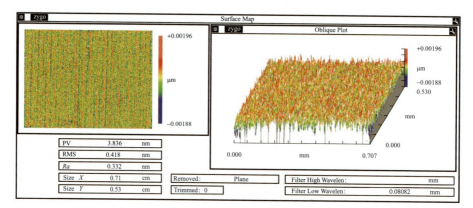

(b) 石英玻璃 (RMS 0.418nm、*Ra* 0.332nm)

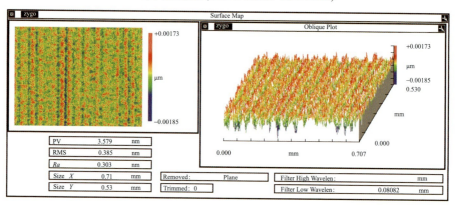

(c) CVD SiC (RMS 0.385nm、*Ra* 0.303nm)

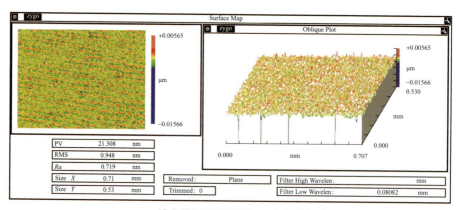

(d) S SiC (RMS 0.948nm、*Ra* 0.719nm)

图 9.20　D1#磁流变液抛光后的表面粗糙度

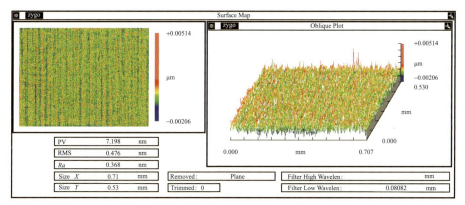

(a) K9玻璃 (RMS 0.476nm、Ra 0.368nm)

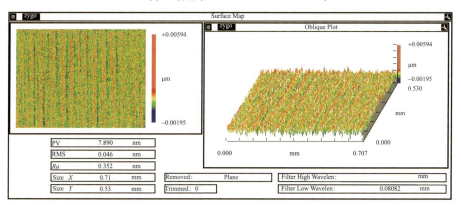

(b) 石英玻璃 (RMS 0.446nm、Ra 0.352nm)

图 9.22　C2#磁流变液抛光后的表面粗糙度

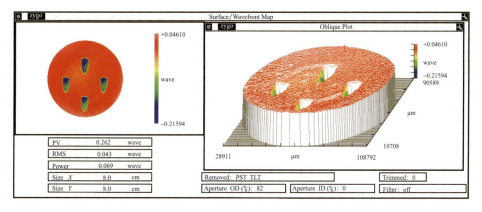

图 9.23　短时稳定性实验的去除函数测试结果

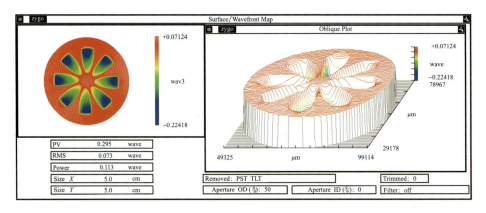

图 9.25　长时稳定性实验的去除函数测试结果

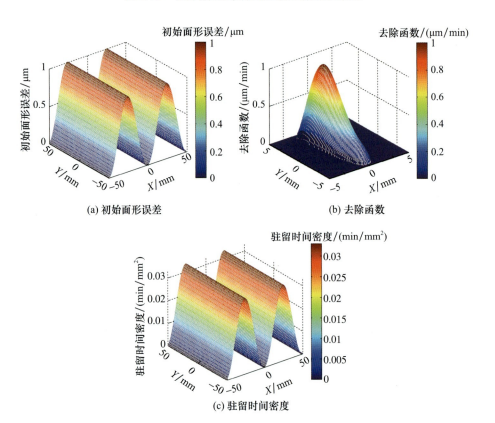

图 9.32　仿真采用的初始面形误差、去除函数和驻留时间密度

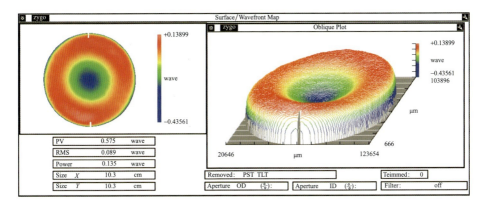

(a) 制作去除函数前的面形误差

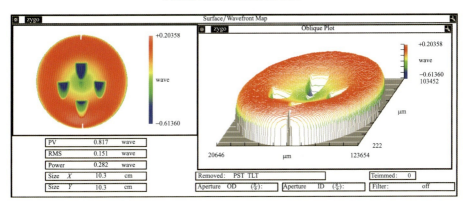

(b) 制作去除函数后的面形误差

图 9.39　制作去除函数前后的面形误差

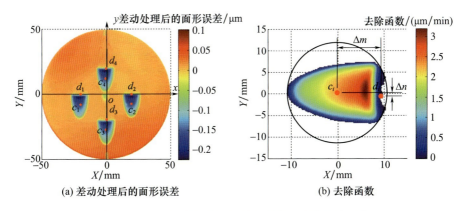

(a) 差动处理后的面形误差　　　(b) 去除函数

图 9.40　差动处理后的面形误差和提取出的去除函数

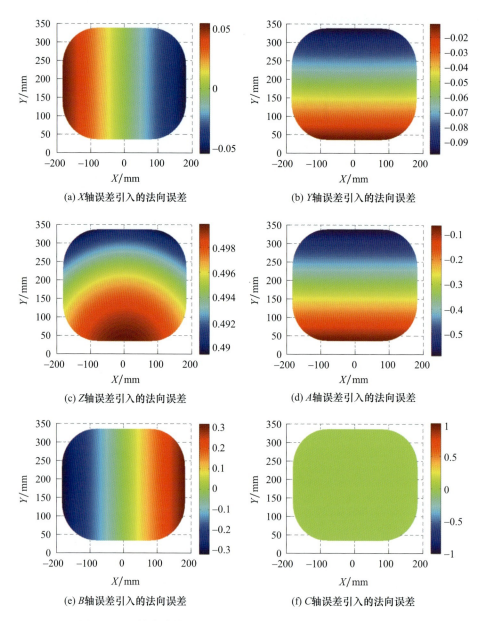

图 10.2 母镜位姿模型下各轴误差引入的法向定位误差分布形态

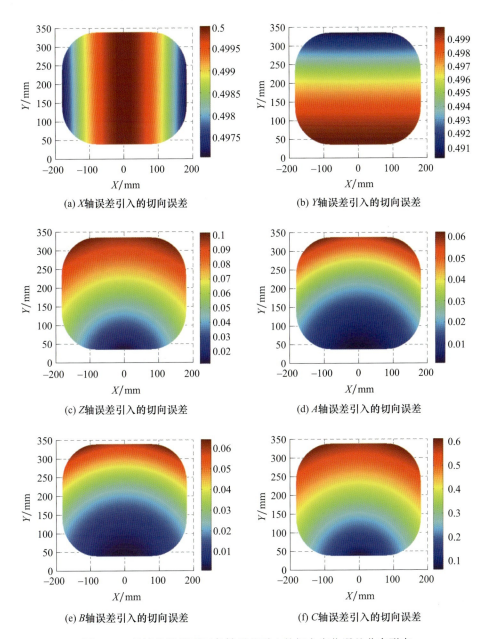

图 10.3 母镜位姿模型下各轴误差引入的切向定位误差分布形态

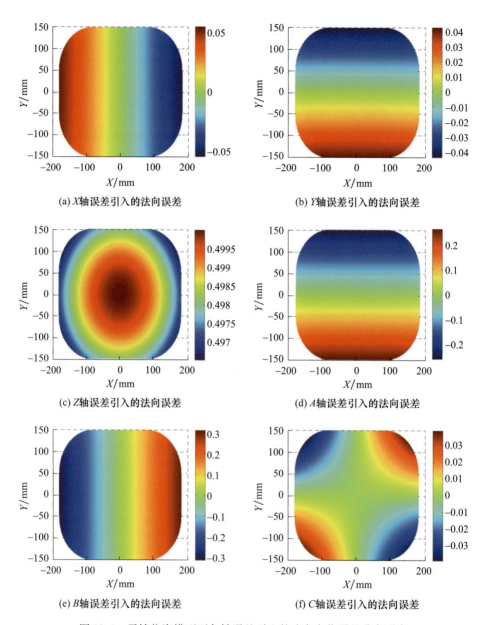

图 10.4　子镜位姿模型下各轴误差引入的法向定位误差分布形态

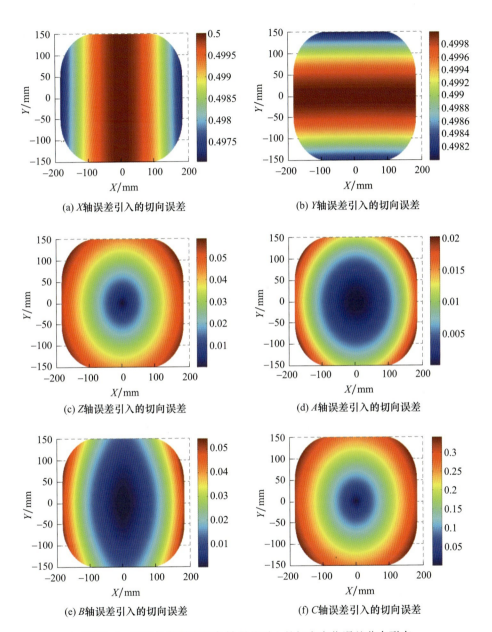

图 10.5 子镜位姿模型下各轴误差引入的切向定位误差分布形态

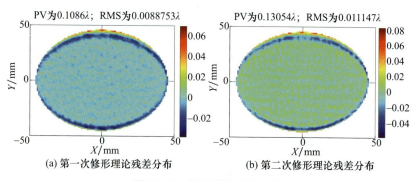

图 10.11　仿真理论残差分布

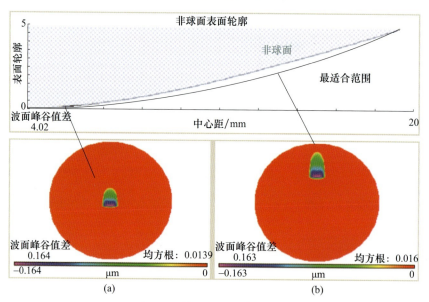

图 10.13　非球面中去除函数模型随加工位置的变化趋势

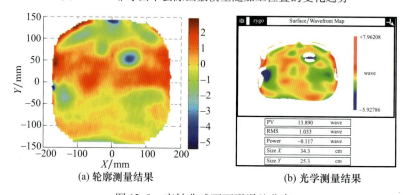

图 12.8　离轴非球面面形误差分布